智能夹具设计与制作

主　编：朱祖武
副主编：钟传枝　胡素萍　魏丹丹
参　编：杨　强　邹函滔　葛金喜

東南大學出版社
SOUTHEAST UNIVERSITY PRESS
·南京·

内容简介

本书依据教育部最新装备制造类专业教学标准和相关国家职业标准编写，是装备制造类专业一体化课程改革新形态教材。本教材以培养学生智能夹具设计与制作能力为目标，以典型工作项目为载体，以学生为中心，结合智能夹具设计与制作岗位的职业活动编写而成。

本书共分为 9 个项目，分别是夹具的应用、工件的定位方案设计、工件的夹紧方案设计、机器人夹具结构分析、机器人夹具（夹爪）设计、汽车车架焊接夹具结构分析、车架焊接定位夹紧单元机构设计、夹具的类型及智能设计、智能夹具的设计制造与结构工艺性分析。本书围绕学习项目，采用任务模式构建学习内容，便于学生通过实践掌握专业技能。

本书配套资源丰富，书中以二维码形式嵌入了拓展微课视频，并同步配套了在线课程，读者可用学习通等方式报名登录。

本书可作为高等职业院校、成人高校及本科院校职业技术学院装备制造相关专业的教材，也可作为五年制高职、中职相关专业的教学用书，以及相关社会从业人士的业务参考书及培训用书。

图书在版编目(CIP)数据

智能夹具设计与制作 / 朱祖武主编. --南京 : 东南大学出版社, 2025. 9. -- ISBN 978-7-5766-2249-2

Ⅰ. TH166;TG75

中国国家版本馆 CIP 数据核字第 2025RT6695 号

策划编辑:邹　垒　　责任编辑:赵莉娜　　责任校对:韩小亮　　封面设计:毕　真　　责任印制:周荣虎

智能夹具设计与制作

Zhineng Jiaju Sheji Yu Zhizuo

主　　编:朱祖武
出版发行:东南大学出版社
出 版 人:白云飞
社　　址:南京市四牌楼 2 号　邮编:210096
网　　址:http://www.seupress.com
经　　销:全国各地新华书店
排　　版:南京布克文化发展有限公司
印　　刷:丹阳兴华印务有限公司
开　　本:787 mm×1092 mm　1/16
印　　张:14.5
字　　数:345 千字
版 印 次:2025 年 9 月第 1 版第 1 次印刷
书　　号:ISBN 978-7-5766-2249-2
定　　价:49.00 元

本社图书如有印装质量问题，请直接与营销部联系(电话: 025-83791830)。

前言

为了贯彻《国家职业教育改革实施方案》等文件精神，落实立德树人的根本任务，深化产教融合，有效地促进职业教育与产业发展的深度融合，提升人才培养质量，推动经济社会的持续发展，江西工业贸易职业技术学院与数家装备制造企业联合开发了本书。本书主要有以下几个特点。

一、对接岗位，提取任务

本书紧跟装备制造业高质量发展趋势和智能装备行业人才需求，以智能夹具设计与制作岗位为定位，从完成智能夹具设计与制作典型工作任务入手，选取车架焊接夹具设计等较为典型的代表性工作任务，将其转化为学习任务。同时在学习任务中纳入智能制造发展的新技术、新工艺、新规范、新材料、新标准等要素。

二、知行合一，止于至善

本书以党的二十大精神为指引，挖掘课程思政教育融入点，注重理论联系实际，强化学生职业素养培养和专业技术积累，突出应用；围绕学习任务组织理论知识及操作技能学习，让所学知识、技能在学习任务中得到有效应用。在内容呈现上，突破传统的文字和平面图形的二维呈现方式，以二维码形式嵌入拓展微课视频，推进教育数字化。

三、因材施教，循序渐进

本书遵循技术技能人才成长规律，根据学生的学习基础，确定学习任务难易程度和范围。每个任务安排了任务目标、任务要求、任务分析、知识引入、任务实施、任务评价等环节，为学生设置学习路径与方法，便于自主学习。

四、工学交替，产教融合

本书以工程应用能力的培养为主线，基于工学交替、产教融合的理念，由江西工业贸易职业技术学院、江铃汽车股份有限公司智能装备中心、南昌江铃集团车架有限责任公司和江西五十铃汽车有限公司合作编写。经生产岗位、生活中具体实例引入，采用项目引领的编写方式，将智能夹具设计与制作技能和知识点融入实际工作任务之中，充分考虑学习者的认知心理过程，并将立德树人、课程思政有关内容有机融入教材中，将价值塑造、知识传授和能力培养三者融合为一体，实现了职业技能和职业精神培养高度融合。

本书包含9个项目，分别为夹具的应用、工件的定位方案设计、工件的夹紧方案设计、机器人夹具结构分析、机器人夹具（夹爪）设计、汽车车架焊接夹具结构分析、车架焊接定位夹紧单元机构设计、夹具的类型及智能设计、智能夹具的设计制造与结构工艺性分析，建议学时为 90 学时。本书由江西工业贸易职业技术学院朱祖武主编，具体编写分工如下：项目一和项目四由江西工业贸易职业技术学院魏丹丹编写；项目二、项目六、项目八和项目九由江西工业贸易职业技术学院朱祖武编写；项目三由江西工业贸易职业技术学院胡素萍编写；项目五由江西工业贸易职业技术学院钟传枝编写；项目七由江铃汽车股份有限公司智能装备中心杨强、南昌江铃集团车架有限责任公司邹函滔、江西五十铃汽车有限公司葛金喜共同编写。

本书的编写得到了学院各级领导、校内外专家及专业教师的大力支持，在此向他们表示衷心的感谢！

在本书的编写过程中，编者参阅了国内出版的相关教材和资料，在此对各位作者表示衷心感谢！

编者

2024 年 9 月

目录

项目一　夹具的应用

任务一　泵体工件钻孔工序图制定 …… 001
任务二　泵体工件钻孔夹具的选型 …… 007
任务三　培养爱国敬业、遵纪守法的职业素养 …… 013

项目二　工件的定位方案设计

任务一　工件定位方案的确定 …… 017
任务二　工件定位元件的设计 …… 028
任务三　培养互帮互助、团结协作的优良品质 …… 040

项目三　工件的夹紧方案设计

任务一　工件夹紧方案的确定 …… 042
任务二　工件夹紧机构的选择 …… 052
任务三　夹具动力装置的选择 …… 064
任务四　培养一丝不苟、精益求精的工匠精神 …… 070

项目四　机器人夹具结构分析

任务一　机器人末端执行器结构分析 …… 074
任务二　机器人手腕结构分析 …… 082
任务三　机器人手臂结构分析 …… 086
任务四　培养脚踏实地、真抓实干的奋斗精神 …… 088

项目五　机器人夹具(夹爪)设计

任务一　手指建模 …… 091
任务二　连杆建模 …… 096
任务三　支架建模 …… 098
任务四　气缸建模 …… 101

任务五　夹爪装配建模 …… 104
任务六　机器人夹具(夹爪)机构运动仿真 …… 112
任务七　培养注重细节、言行一致的诚信精神 …… 119

项目六　汽车车架焊接夹具结构分析

任务一　焊接夹具的定位方案制定 …… 123
任务二　焊接夹具的主要定位机构分析 …… 126
任务三　焊接夹具的主要夹紧机构分析 …… 130
任务四　培养严谨细致、勇于探索的科学精神 …… 137

项目七　车架焊接定位夹紧单元机构设计

任务一　焊接夹具的零件建模 …… 139
任务二　焊接夹具的定位、夹紧、支承单元结构装配建模 …… 168
任务三　培养基于标准化实践的敬业精神 …… 171

项目八　夹具的类型及智能设计

任务一　夹具类型及使用场合 …… 174
任务二　培养实干笃行、奋楫争先的信仰精神 …… 188

项目九　智能夹具的设计制造与结构工艺性分析

任务一　智能夹具的设计 …… 191
任务二　智能夹具的制造 …… 201
任务三　夹具的结构工艺性分析 …… 208
任务四　培养循序渐进、锐意进取的择业观与创业观 …… 215

附录 …… 219

参考文献 …… 225

项目一　夹具的应用

项目一　拓展微课视频

项目描述

夹具广泛应用于车床、铣床、磨床等机械加工设备中，用于固定工件并确保加工精度。如钻床夹具可通过分度装置实现多孔加工。在复杂零件加工过程中，通过使用夹具可减少工件位移误差，提升重复定位精度（误差可控制在±0.01 mm以内）。在发动机零部件加工、车身焊接和装配环节，夹具发挥着关键作用。例如焊接夹具可确保零部件位置准确，提升车身结构的一致性。在飞机零部件（如涡轮叶片）加工过程中，高精度夹具可满足高强度材料和复杂曲面的加工需求，其中智能监测型夹具可实时反馈运行状态。在精密电子元件（如芯片封装）加工领域，微型夹具通过轻量化设计和柔性夹持避免元器件损伤。

本项目的目的是让学生认识夹具的功用、组成，各类夹具的特点及使用场合，并根据某大批量生产的工件的零件图，绘制工件的加工工序图，选择合适的夹具类型。

任务一　泵体工件钻孔工序图制定

任务目标

1. 知识目标

（1）掌握机床夹具在机械加工中的作用；

（2）掌握机床夹具的组成；

（3）掌握机床夹具的概念及机床夹具的功用。

2. 能力目标

（1）能够熟练使用夹具；

（2）能够正确设计专用夹具。

3. 素质目标

（1）培养学生爱护与保养工艺设备的意识；

（2）培养学生对机械设备的理性与感性的认识；

（3）培养学生吃苦耐劳、刻苦钻研技术的精神；

（4）培养学生爱国敬业、遵纪守法的职业素养。

任务要求

工艺装备技术岗位是工业企业中负责整合装备技术与生产工艺的关键技术岗位，该岗位专注于工艺装备的全生命周期管理，包括专用设备选型、工装夹具设计、工艺参数优化及生产流程标准化，确保装备系统与制造工艺的高度适配。若从事工艺装备技术工作，面对以下工作任务时，需要快速熟悉生产设备的操作流程、维护规范及常见故障处理方法，并确保工艺参数符合标准要求，以提高生产效率和产品质量。

如图 1-1 所示泵体工件，年生产批量 50 万件，钻孔工序为加工 6×M6 孔，试设计钻孔加工工序的夹具，本次任务要求绘制工序图。

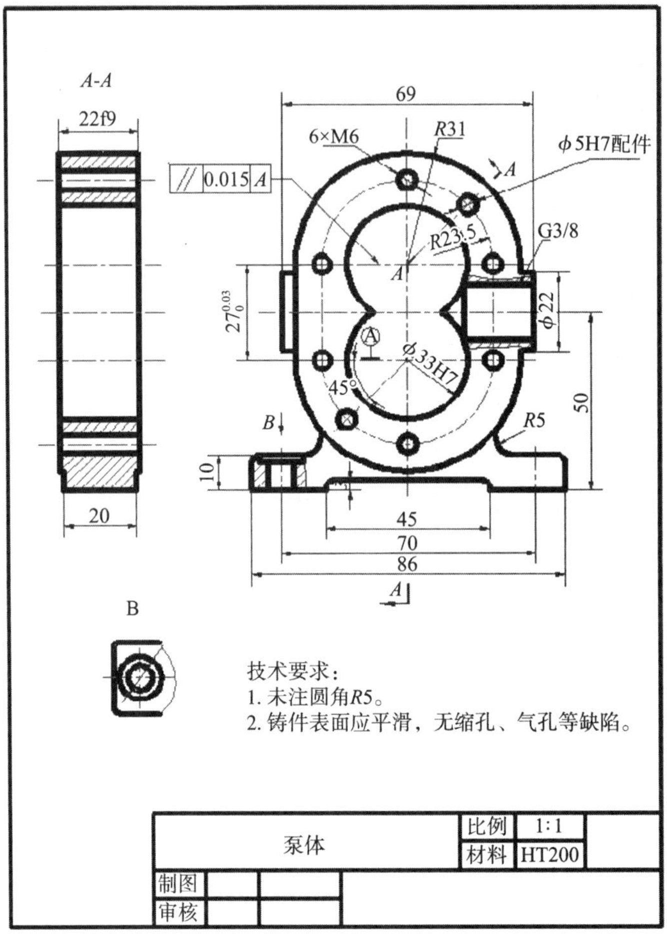

图 1-1　泵体工件图

任务分析

如图 1-1 所示，工件上孔的尺寸为 $2\times\phi5H7$，$2\times\phi33H7$，粗糙度为 $Ra1.6$，端面尺寸为 22f9。粗糙度 $Ra1.6$ 已经加工完成，作为定位基准。以该工件为例，分析该零件孔工序的加工需要什么类型的夹具，该夹具是如何对零件定位的，并指出对应的定位基准。

知识引入

一、机床夹具

在机械制造过程中，用来固定加工对象（工件），使之占据正确的位置，以接受加工或检测的工艺装备，统称为夹具。夹具有很多类型，如焊接过程中用于拼焊的焊接夹具，检验过程中用的检验夹具，装配过程中用的装配夹具，机械加工过程中用的机床夹具等。

在金属切削机床上使用的夹具称为机床夹具。本教材主要讲解机床夹具和焊接夹具，为便于表述，将机床夹具简称为夹具。

二、机床夹具的功用

在机床上加工工件时，为确保被加工表面能达到图纸规定的尺寸精度、几何形状以及与其他表面的相互位置精度等技术要求，加工前必须首先将工件装好夹牢。

把工件装好，就是要在机床上确定工件相对于刀具的正确加工位置。工件只有处在这一位置上接受加工，才能保证其被加工表面达到工序所规定的各项技术要求。这一过程称作定位。

把工件夹牢，就是指在已经定好的位置将工件可靠地夹住，以防止在加工时工件因受到切削力、离心力、冲击和振动等的影响，发生不应该有的位移而破坏定位。这一过程称作夹紧。

由此可见，工件装夹的实质，就是在机床上对工件进行定位和夹紧。我们把工件从定位到夹紧的整个过程，称为装夹或安装。装夹工件的目的，就是通过定位和夹紧使工件在加工过程中始终保持在正确的加工位置，以保证达到该工序所规定的加工技术要求。

三、机床夹具在机械加工中的作用

(1) 保证加工精度，稳定产品质量。用夹具装夹工件，工件相对于刀具及机床的位置精度由夹具保证，不受工人技术水平的影响，这样能使一批工件的加工精度趋于一致。

(2) 提高劳动生产率。使用夹具装夹工件，能显著提高生产效率，主要表现在三个方面：一是方便、快速，工件不需要划线找正，可显著地减少辅助工时；二是工件在夹具中装夹后刚性得到了提高，可选用较大切削用量，从而缩短加工时间；三是可通过设计、应用多件或多工位夹具，并采用高效夹紧机构提高工作效率。

(3) 扩大机床工艺范围，实现“一机多能”。在通用机床上采用专用夹具可以扩大机床的工艺范围，充分发挥机床的潜力，达到一机多用的目的。例如，使用专用夹具可以在普通车床上很方便地加工小型壳体类工件，甚至可以在车床上拉出油槽，这样可减少对昂贵的专用机床的依赖,降低成本。这一作用对中小型工厂尤其重要,例如,要镗削如图 1-2 所示(机体镗孔)工件上的阶梯孔,如果没有卧式铣镗床和专用设备,可设计夹具在车床上进行加工,如图 1-3 所示。从图 1-3 中可以看到,夹具安装在车床的床鞍上,它可使工件的内孔与车床主轴同轴,镗杆右端由尾座支承,左端由三爪自定心卡盘夹紧并带动旋转。

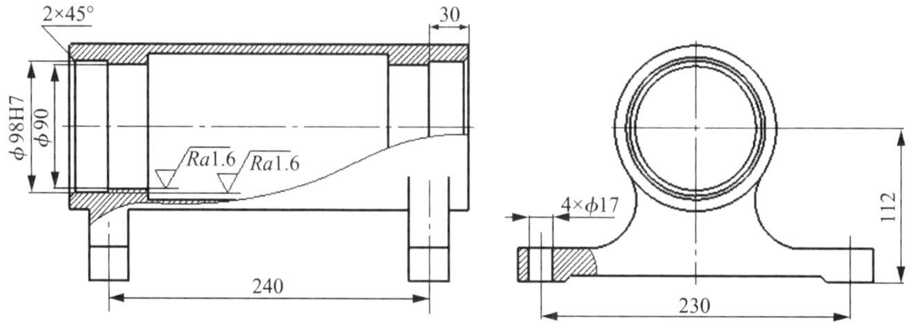

图 1-2 (机体镗孔)工件工序图

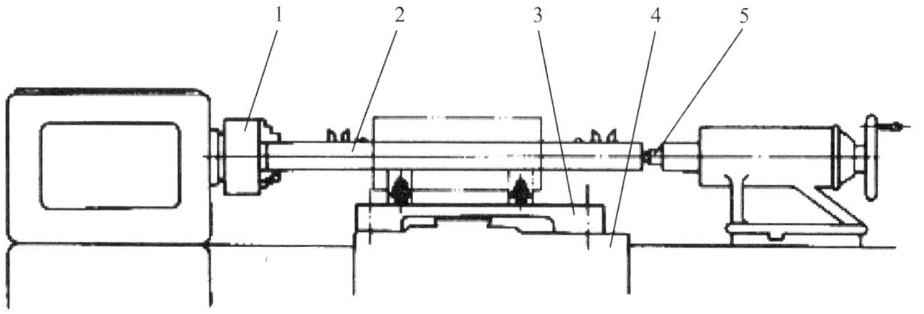

1—三爪自定心卡盘;2—镗杆;3—夹具;4—床鞍;5—尾座

图 1-3 在车床上镗机体阶梯孔示意图

(4) 降低对工人的技术要求,减轻工人劳动强度。夹具上设置有专门的定位元件以及气动、液压、电磁等夹紧机构,这样一方面可降低对工人的技术要求,减轻工人的劳动强度;另一方面也能保证夹紧工件的可靠性,并能实现与机床的互锁,避免发生事故,保证了操作者和机床设备的安全。

(5) 降低生产成本。在批量生产过程中使用夹具后,由于劳动生产率提高,可使用技术等级较低的工人以及废品率下降等因素,生产成本显著降低。虽然使用夹具增加了夹具的设计和制造成本,但此部分成本分摊在一批工件上,每个工件增加的成本是极少的,而且工件批量愈大,使用夹具所取得的经济效益就愈显著。

(6) 有助于平衡生产节拍。在自动化生产、流水线生产及智能制造场景中,当某些工序所需工时特别长时,可以采用多工位或高效夹具等提高生产效率,平衡生产节拍。

四、机床夹具的组成

虽然机床夹具的种类繁多,结构也各不相同,但它们的工作原理基本上是相同的。为了便于研究和说明问题,我们概括出一般夹具普遍共有的结构组成,如下所述。

(一) 定位元件

夹具的首要任务是实现定位,因此无论何种夹具,都应有定位元件。工件定位基准选定后,定位元件的结构也就基本确定了。图 1-4 所示为套筒工件钻孔夹具,其上的销轴是定位元件。定位元件的作用是使工件在夹具中占据正确的位置。

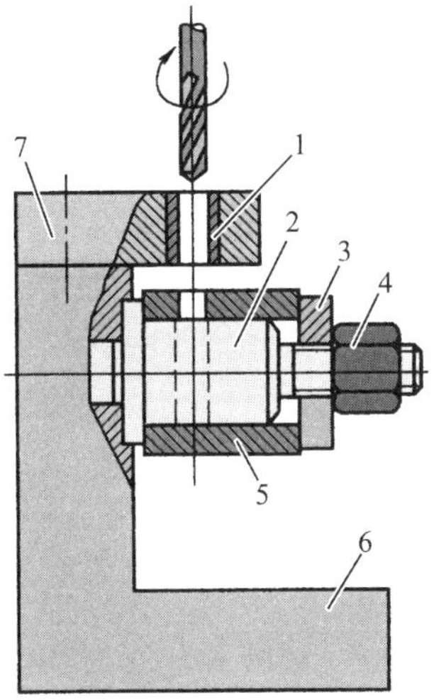

(a) 简图

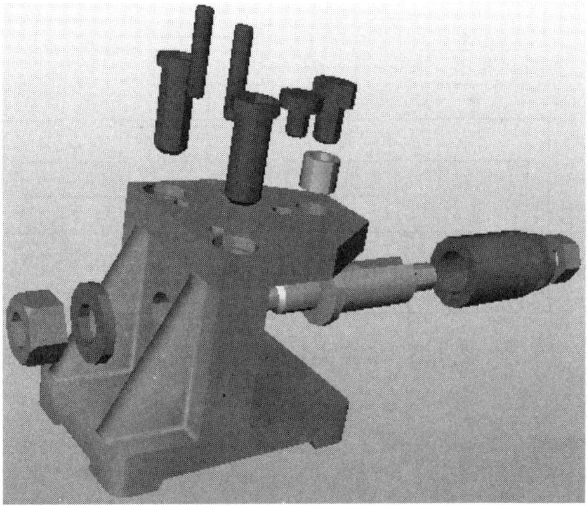

(b) 模型图

1—钻套;2—销轴;3—开口垫圈;4—螺母;5—工件;6—夹具体;7—钻模板

图 1-4　套筒工件钻孔夹具

(二) 夹紧装置

在夹具中将工件定位后,在加工前必须将其夹紧。夹紧装置的作用是保证在加工过程中工件的位置正确且保持不变,不受外力作用影响而破坏其定位。如图 1-4 所示,套筒工件钻孔夹具上的开口垫圈和螺母构成夹紧装置。

(三) 夹具体

夹具体是夹具的基体和骨架。夹具体的作用是将夹具所有元件构成一个整体。也有人称之为夹具底座或夹具本体。

(四) 对刀及导向元件

对刀或导向元件用于确定刀具相对于定位元件的正确位置。如图 1-4 所示,套筒工件钻孔夹具上的钻套和钻模板组成导向装置,用于确定钻头轴线相对定位元件的正确位置。

(五) 连接元件

连接元件是用于确定夹具在机床上正确位置的元件。如图 1-4 所示,套筒工件钻孔夹具上的夹具体的底面为安装基面,其能保证钻套的轴线垂直于钻床工作台以及销轴的轴线平行于钻床工作台。因此,夹具体可兼作连接元件。例如,车床夹具用过渡盘,铣床夹具用定位键作为连接元件。

(六) 其他装置或元件

根据加工需要,有些夹具还设有其他装置和机构,如分度装置、靠模装置、上下料装置、顶出器和平衡块等。这些元件或装置也需要专门设计。

定位元件、夹紧装置及夹具体是夹具的基本组成部分，也是夹具设计的主要内容。机床、工件、刀具和夹具组成机械加工工艺系统，它们之间相互联系、相互影响、相互制约，图 1-5 展示了它们之间的相互联系。在进行夹具设计时，要从工艺系统的角度进行考虑，不能孤立地看待问题。

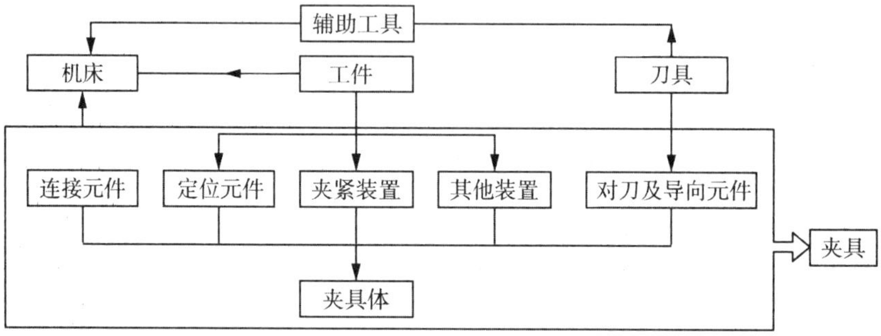

图 1-5　专用夹具的组成及各组成部分与机床工件刀具的相互联系

任务实施

根据图 1-1 完成泵体钻孔工序图。如图 1-6 所示，本道工序钻孔加工部位：6×M6 孔，用粗实线表示。端面尺寸 22f9 及粗糙度 *Ra*1.6 是第 1 定位基准，用√ 1 表示；两个尺寸为 2×ϕ5H7 的孔及粗糙度 *Ra*1.6 是第 2、3 定位基准，分别用√ 2 和√ 3 表示。其他部位用细实线表示。

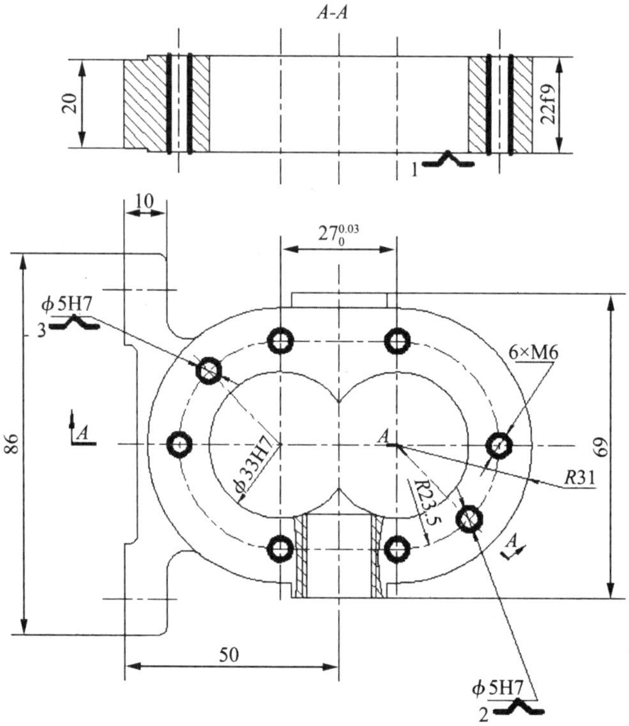

图 1-6　泵体钻孔工序图

任务评价

任务评价表

专业________　班级________　姓名________　学号________　组别________

项目	标准	自我评价	小组评价	教师评价
		占 50%	占 20%	占 30%
夹具的功用	正确分析			
夹具在机械加工中的作用	正确分析			
夹具的组成	正确分析			
工序图制定	快速、准确			
协作精神	交流、讨论顺畅			
纪律观念	课堂有序、讨论积极			
学习主动性	认真思考、积极回答问题			
知识应用情况	关键知识点内化			
完成任务过程中引以为豪的做法	简捷、高效(加分项 5～10 分)			
指导他人	帮助的人数及质量(加分项 5～10 分)			
小计				
总评				

注:每个项目得分为 2～10 分。

组长签字:　　　　　　任课教师:　　　　　　年　月　日

任务二　泵体工件钻孔夹具的选型

任务目标

1. 知识目标

(1) 掌握机床夹具的设计要求;

(2) 掌握机床夹具的分类。

2. 能力目标

(1) 能够充分使用夹具;

(2) 能够正确设计专用夹具。

3. 素质目标

(1) 培养学生爱护与保养工艺设备的意识;

(2) 培养学生对机械设备的理性与感性的认识;

(3) 培养学生吃苦耐劳、刻苦钻研技术的精神;

(4) 培养学生爱国敬业、遵纪守法的职业素养。

任务要求

图 1-1 所示泵体要大批量生产，要求设计的夹具适应生产率要求。可供选择类型有专用夹具、组合夹具、数控机床夹具、自动线夹具。分析如何选择合适类型的夹具。

任务分析

若要选择合适的夹具类型，首先应理解常见类型的夹具各有什么特点，然后结合生产要求，选择相应的夹具。下面对不同类型的夹具进行分析。

知识引入

一、机床夹具的分类

机床夹具的种类繁多，可以从不同的角度对机床夹具进行分类，常用的分类方法有如下三种。

(一) 按夹具的使用特点分类

根据在不同生产类型中的通用特性，机床夹具可分为通用夹具、专用夹具、可调夹具、组合夹具、成组夹具和自动线夹具六大类。

1. 通用夹具

已经标准化的可加工一定范围内不同工件的夹具，称为通用夹具，其结构、尺寸已规格化，而且具有一定通用性，常见的通用夹具及其特点和应用场合如表 1-1 所示。这类夹具适应性强，可用于装夹一定形状和尺寸范围内的各种工件。这类夹具可作为机床附件由专门的工厂制造供应。其缺点是精度不高，生产率也较低，且较难装夹形状复杂的工件，故一般适用于单件小批量生产场景。

表 1-1　常见通用夹具的特点及应用场合

序号	名称	实物图或模型图	特点及应用场合
1	三爪自定心卡盘		三爪自定心卡盘适应性强。主要用于回转体(圆柱形)工件，允许直径尺寸在一定范围内变化，能够自动确定工件中心位置，同时完成定位和夹紧，即工件的装卡。其缺点是加工精度不高，生产率较低，且难以装夹形状复杂的工件。其适用于单件小批生产场景

续表

序号	名称	实物图或模型图	特点及应用场合
2	四爪单动卡盘		主要用于非回转体、偏心件、四方形等复杂形状的工件，允许直径尺寸在一定范围内变化。其缺点主要有：不能快速确定工件中心位置，要求人工依据划线，用划针或百分表不断调整工件的位置，即找正工件的位置，才能完成装卡；加工精度不高，生产率最低。这类夹具适用于单件小批生产场景
3	机床用虎钳	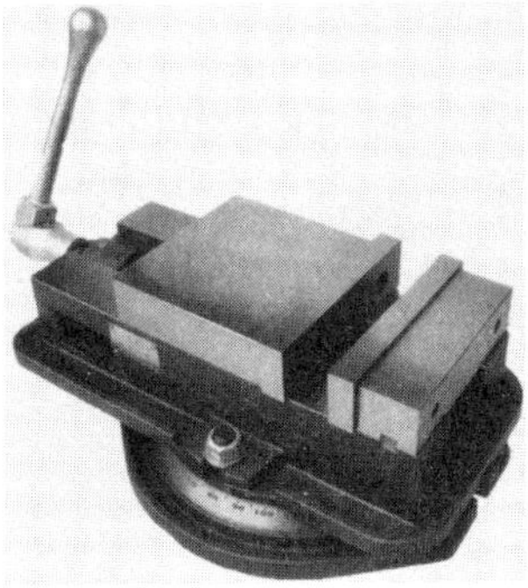 虎钳 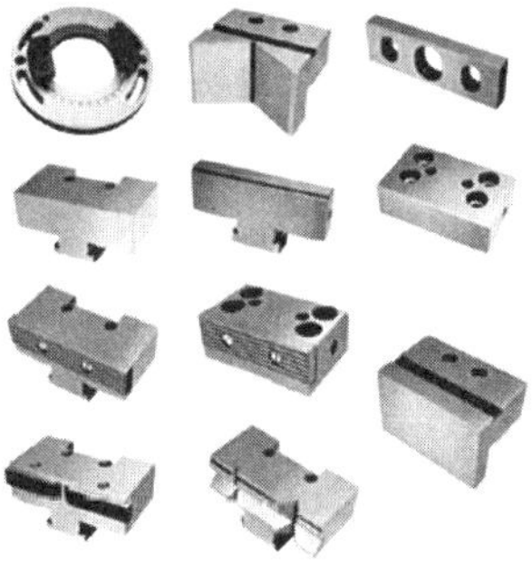 钳口附件	常用于铣床、钻床、刨床等机床。虎钳口分固定侧和活动侧，固定侧与底面为定位面，活动侧用于夹紧。平口钳适用于工件上有两相互平行侧面。可更换钳口附件，以适应不同形状的工件装夹。如V形钳口可装夹圆柱形工件。这类夹具适用于各种批量生产场景
4	T形槽工作台及螺栓、压板		对于一些尺寸较大、虎钳无法夹持的工件，可先用划线找正法确定工件的位置，再用螺栓、压板直接将工件装夹在机床的工作台上。这类夹具适用于单件小批生产场景
5	分度头		分度头是安装在铣床上用于将工件分成任意等份的机床附件，其利用分度刻度环、游标、定位销、分度盘及交换齿轮，将工件装卡在卡盘和顶尖之间，使工件圆周可被分成任意角度或任意等份。辅助机床完成各种不同形状的键槽、沟槽、齿轮、凸轮等工件的加工。这类夹具适用于单件小批生产场景

续表

序号	名称	实物图或模型图	特点及应用场合
6	磁力工作台		磁力工作台利用电磁原理，通过使内部线圈通电产生磁力，经导磁面板将接触于机床工作台的面板表面的铁钢材质的导磁性工件紧紧吸住，实现工件的装夹。线圈断电，磁力消失（退磁），此时可取下工件。磁力工作台是一种机床附件，适用于平面磨床等磨削加工平板形的工件，可用于各种批量生产
7	中心架	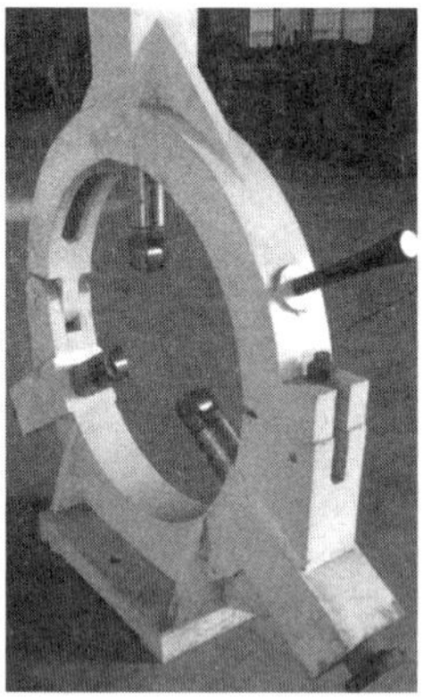	中心架用于细长轴类工件的支承，工件一端用卡盘夹住，中间由中心架支承。这种支承形式多用于车削长轴类工件的端面和中心孔，以及长轴上的深孔等。中心架是一种机床附件
8	顶尖	 活顶尖 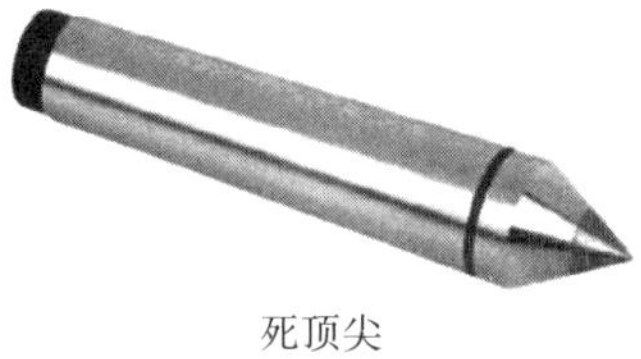 死顶尖	长轴类工件在轴端都设有中心孔。轴类工件精加工时（如磨削轴外圆柱面），可用顶尖抵住中心孔，确定工件的轴线位置。顶尖是一种机床附件，其与机床主轴卡盘或鸡心夹头配合使用。顶尖分为转动工作和不转动工作两种，即活顶尖、死顶尖。活顶尖的定位精度高于死顶尖

2. 专用夹具

专为某一工件的某道工序设计制造的夹具，称为专用夹具。在产品结构相对稳定、批量较大的生产场景中，采用各种专用夹具可获得较高的生产率和加工精度。专用夹具的特点是针对性较强，但其不具备通用性和柔性化特点，设计周期较长、投资较大。

专用夹具一般在批量生产场景中使用。除大批大量生产之外，中小批量生产中也可根据需要采用一些专用夹具。

3. 可调夹具

可通过调整或更换部分元件以适应多种工件加工的夹具，称为可调夹具。可调夹具是针对通用夹具和专用夹具的局限性而发展起来的一类新型夹具，其特点是具有较好的柔性化性能。对于不同类型和尺寸的工件，只需调整或更换夹具上的个别定位元件和夹紧元件便可使用。可调夹具一般可分为通用可调夹具和成组夹具两类，前者的通用范围比通用夹具更广；后者属于一种专用可调夹具，按成组原理设计，能加工一族相似工件，故在多品种、中小批量生产中有较好的经济适用性。

4. 组合夹具

采用标准化、模块化、系列化的组合元件和部件拼装而成的，专门用于某一工件的某道工序组装的夹具，称为组合夹具。其主要优点包括标准的模块元件具有较高的精度和耐磨性，夹具用毕可拆卸，清洗后可留待组装新的夹具，元件能重复多次使用，万能性好，适用范围广，柔性化程度高，使用成本低，库存面积小，生产准备周期短等，尤其适用于新产品试制场景。因此，组合夹具在单件、中小批量多品种生产和数控加工中，是一种较经济的夹具。其缺点是外形尺寸较大，结构较笨重，刚度较低，一次投资较大。

5. 成组夹具

成组夹具是在成组加工技术基础上发展起来的一类夹具。它是根据成组加工工艺的原则，针对一组形状相近的零件而专门设计的，也是由通用基础件和可换调元件组成的夹具。

6. 自动线夹具

自动线夹具一般分为两种，一种为固定式夹具，它与专用夹具相似；另一种为随行夹具，在使用中夹具随工件一起运动，并将工件沿自动线从一个工位移至下一个工位。最典型的自动线夹具是自动化托盘。

（二）按夹具适用的机床分类

按适用机床的不同，夹具可分为车床夹具、铣床夹具、钻床夹具、镗床夹具、齿轮机床夹具、数控机床夹具、自动机床夹具、自动线随行夹具以及其他机床夹具等。

（三）按夹具的动力源分类

按动力源的不同，可将夹具分为手动夹具和机动夹具两大类。机动夹具又分为气动夹具、液压夹具、气液夹具、电动夹具、电磁夹具以及真空夹具等。

二、机床夹具的设计特点和设计要求

（一）设计特点

（1）设计和制造周期较短。

（2）采用低成本设计。

（3）采用柔性化设计，以适应先进制造技术（FMC、MC、CNC、智能制造）。

（4）夹具的精度一般比工件的精度高 2～3 倍。

（5）夹具的设计与生产条件和操作习惯密切结合。

（6）夹具是单件生产，通常要求夹具在投产时一次成功。

（7）采用模块化、标准化、商品化的元件，以缩短设计、制造周期。

（8）设计时必须参考有关设计资料与经验，设计者要熟悉夹具的制造和调整方法。

（二）设计要求

（1）夹具要满足三项要求：确保工件在夹具中定位准确；保证夹具在机床上安装准确；确保刀具定位精准。夹具的设计精度保证工件的加工精度要求，具有一定的夹具制造精度。

（2）确保工人操作便捷、安全。

(3) 达到加工的生产率要求，若为自动化加工夹具，还需达到生产节拍要求。

(4) 满足夹具的使用寿命和经济性要求。

任务实施

实施夹具设计的具体步骤如下：

1. 分析泵体零件的加工要求

确定泵体零件的材料、尺寸、精度要求以及生产类型等信息。

2. 选择合适的夹具类型

根据泵体零件的加工要求，选择或设计合适的夹具，如固定钻套、分离式钻模板等。

3. 设计夹具的具体结构

设计夹具的具体结构，包括夹持模具、驱动组件、升降件、支撑管道等。

4. 模拟仿真和优化

利用工艺仿真技术对夹具设计进行模拟仿真，优化加工工艺，以提高产品合格率和质量一致性。

5. 制作夹具并进行试加工

制作夹具样品，并进行试加工，验证夹具的设计是否满足加工要求。

任务评价

任务评价表

专业________ 班级________ 姓名________ 学号________ 组别________

项目	标准	自我评价	小组评价	教师评价
		占 50%	占 20%	占 30%
夹具的分类	正确分析			
夹具的使用特点	正确分析			
夹具的设计要求	正确分析			
夹具的选型	快速、准确			
协作精神	交流、讨论顺畅			
纪律观念	课堂有序、讨论积极			
学习主动性	认真思考、积极回答问题			
知识应用情况	关键知识点内化			
完成任务过程中引以为豪的做法	简捷、高效(加分项 5～10 分)			
指导他人	帮助的人数及质量(加分项 5～10 分)			
小计				
总评				

注：每个项目得分为 2～10 分。

组长签字： 任课教师： 年 月 日

任务三 培养爱国敬业、遵纪守法的职业素养

任务目标

1. 知识目标

(1) 理解从热爱祖国的情感中获取无穷的内驱力和创造力的重要意义；

(2) 掌握将爱国情感转化为建设国家动力的方法；

(3) 认识遵纪守法对社会秩序的重要性。

2. 能力目标

(1) 增强学生的国家认同感，培养其责任意识；

(2) 深刻理解并自觉践行社会主义核心价值观。

3. 素质目标

(1) 引导学生将个人理想与国家命运紧密结合在一起；

(2) 培养学生自觉遵守学校规章制度和国家法律法规的意识；

(3) 培养学生吃苦耐劳、刻苦钻研技术的精神；

(4) 培养学生爱国敬业、遵纪守法的职业素养。

任务要求

在职业活动中积极开展爱国主义教育。例如，教师在教育教学中渗透爱国主义教育，培养学生的爱国精神，引导学生理解爱国的具体内涵和表现形式；企业员工可通过宣传等方式弘扬爱国精神，传播正能量。

任务分析

当个人以爱国为信念，在工作中践行敬业奉献、遵纪守法的准则，那将会获得内心的成就感和满足感；只要知足感恩、爱岗敬业，摆正心态认真工作，就能从工作中体会到快乐，进而珍惜现有生活和工作岗位。

知识引入

一、爱国敬业、遵纪守法的职业素养包括的内容

(1) 爱国敬业：爱国敬业是职业素养的核心。爱国要求个人热爱祖国，拥护党和国家的方针政策，志存高远，勤恳敬业，乐于奉献。敬业则要求对工作高度负责，不得敷衍塞责。

(2) 遵纪守法：遵纪守法是职业素养的基础。个人应自觉遵守法律法规，依法行使权利、履行义务，不得有违背党和国家方针政策的言行。在工作中，要诚实守信，廉洁奉公，

严格遵守保密规定，确保不泄露任何机密信息。

（3）诚信友善：诚信要求个人信守承诺，始终以诚恳的态度对待他人。友善则强调人与人彼此间的尊重、关心与帮助，旨在构建和睦友好的社会关系。在工作中，应尊重他人，团结协作，维护他人的人格尊严和合法权益。

（4）团结协作：团结协作是职业素养的重要组成部分。个人应团结同事，互利共赢，共同完成工作任务。在工作中，团结协作能显著提升工作效率和创新能力。

（5）尽职尽责：尽职尽责要求个人在工作中严格执行职责，勇于担当。无论面对何种挑战和困难，都要保持高度的责任心和使命感，保障工作质量和成效。

二、十大核心职业素养

在现代职场中，良好的职业素养是员工实现个人价值、促进团队协作和推动组织发展的重要基石。表1-2所示的十大核心职业素养，共同构成了职场人士应具备的专业形象和能力框架。

表1-2　十大核心职业素养

序号	职业素养	定义	重要性
1	诚信正直	恪守道德原则，言行一致，对待工作和同事保持真诚与公正	建立信任基础，维护良好的工作环境和人际关系
2	责任心	对自己的工作任务负责到底，主动解决问题，不推卸责任	确保任务高效完成，提升团队整体绩效
3	专业能力	具备岗位所需的知识、技能和经验，持续学习以提升专业水平	直接决定工作质量，是个人职业发展的基础
4	团队合作	积极融入团队，有效沟通，协同工作以达成共同目标	增强团队凝聚力，提高问题解决效率
5	积极主动	面对挑战时采取主动态度，不等不靠，主动寻找解决方案	激发创新思维，推动项目进展
6	时间管理	合理规划时间，优先处理重要事务，确保工作按时完成	提高工作效率，减少压力，保持工作与生活的平衡
7	适应变化	在快速变化的工作环境中，灵活调整策略以保持竞争力	应对市场和技术变革，促进个人和组织的持续成长
8	客户导向	始终将客户需求放在首位，提供优质服务	增强客户满意度，扩大市场份额，建立品牌忠诚度
9	情绪智力	识别并管理自己及他人的情绪，通过有效沟通建立正面关系	有助于在工作中保持冷静，妥善处理复杂的人际关系
10	职业形象	维护良好的个人形象，包括仪表、言行举止等，以符合职业要求	作为企业门面，会影响客户和合作伙伴对公司的印象，也能促进职业发展

这些职业素养不仅适用于个体职业发展，也是构建高效团队和实现组织愿景的关键因素。通过不断提升这些素养，员工可以在职场中脱颖而出，成为优秀人才，开启辉煌职业篇章。

三、职业素养的四项修炼

职业素养的四项修炼能够从不同维度提升个人在职场中的表现和竞争力，为个人的职业发展奠定坚实基础。

（一）信念是成功的基石

新晋员工需要实现从学生到企业人的转变，认识到信念是成功的基石，自觉完成角色转变，把心态调整到适合职场的状态。

（二）自动自发，走向卓越

目标是职业成功的前提，要深入了解职业生涯发展的阶段与规律，充分考虑职业锚定的因素。员工应快乐工作，追求卓越，走好脚下每一步，成为有高效执行力的人。

（三）勇担责任，高效执行

员工应认识到责任的重要性，养成勇担责任的习惯，并且能够高效执行工作任务。在工作中，将责任意识贯穿始终，以高度的责任感对待每一项工作，同时具备高效执行的能力，确保工作任务按时、高质量完成。

（四）合作制胜，真诚感恩

强调合作的重要性，学会有效沟通技巧，培养诚信和感恩的品质。通过典型案例让员工明白合作的力量，在团队中实现有效协作，通过良好的沟通达成合作目标，同时对同事、企业和工作心怀感恩。

四、七大意识提升职业素养

提升职业素养的关键在于培养七大意识，具体包括规则意识、责任意识、学习与发展意识、沟通意识、协作意识、礼仪意识和服务意识。

（一）规则意识

规则意识是指个人在职场中遵守规章制度的能力。它帮助员工明确哪些行为是被允许的，哪些行为是不被接受的。

（二）责任意识

责任意识要求员工对自己的工作负责，并且能够在出现问题时主动寻找解决办法而不是推卸责任。拥有强烈的责任感可以帮助员工兑现承诺，保持职业道德，增强对公司的忠诚度。

（三）学习与发展意识

持续学习和技能更新是职业发展的核心。通过阅读、参加培训、向他人学习等方式，可以确保知识结构与时俱进，同时也有助于规划个人职业生涯的发展路径。

（四）沟通意识

良好的沟通技巧对于建立有效的上下级关系非常重要。职场新人往往缺乏主动向上级汇报工作的习惯，这可能导致信息不对称，进而影响工作效率。因此，培养职业化的沟通意识有助于改善这种情况。

（五）协作意识

在团队合作过程中，应做到对事不对人，强调事实而非情感因素。此外，尊重少数意见并寻求共同解决方案也是协作意识的一部分。

(六) 礼仪意识

职业化的礼仪反映了一个人内心的成熟度与专业水平。从仪容仪表到言谈举止，每一个细节都可能影响别人对自己及所在企业的印象。

(七) 服务意识

无论是否直接面对客户，所有员工都应该具备服务意识。这意味着要始终以满足客户需求为目标，提供高质量的服务。即使是内部工作，也应该秉持“为他人服务”的态度。

通过对以上七个意识的培养，不仅可以提高个人的职业素养，还能促进整个组织的文化建设和发展。需要注意的是，这些意识的养成并不能一蹴而就，必须通过长期持续的实践才能转化为稳固的行为习惯。

任务实施

根据自我监督和他人监督的结果，对自己的职业素养进行全面评估。针对存在的问题，制定具体的改进措施，并在实践中不断完善。例如，如果发现自己在敬业方面存在工作效率不高的问题，可以学习时间管理技巧，优化工作流程，提高工作效率。

任务评价

任务评价表

专业________ 班级________ 姓名________ 学号________ 组别________

项目	标准	自我评价	小组评价	教师评价
		占 50%	占 20%	占 30%
激发内驱力与创造力	正确分析			
认真负责	正确分析			
践行职业道德规范	正确分析			
如何提升自己的职业素养	正确分析			
协作精神	交流、讨论顺畅			
纪律观念	课堂有序、讨论积极			
学习主动性	认真思考、积极回答问题			
知识应用情况	关键知识点内化			
完成任务过程中引以为豪的做法	简捷、高效(加分项 5～10 分)			
指导他人	帮助的人数及质量(加分项 5～10 分)			
小计				
总评				

注：每个项目得分为 2～10 分。

组长签字：　　　　任课教师：　　　　年　月　日

项目二 工件的定位方案设计

项目二　拓展微课视频

项目描述

加工工件前，必须首先使其在机床上相对于刀具处于正确的加工位置，这一过程就是定位。它包括以下环节：工件在夹具中的定位、夹具在机床上的安装、刀具在夹具中的对刀与导引、整个工艺系统的调整。对于批量生产来说，工件在夹具中定位的目的，就是要使同一批工件在夹具中处于一致的正确加工位置，即工件在机床中的定位是通过夹具来实现的。定位问题是夹具设计的首要考虑因素。

一般情况下，工件的定位基准决定了其定位方案，也决定了夹具的结构和复杂程度。这就要求夹具设计人员要懂得工艺设计，且要加强与工艺设计人员的沟通，相互协调，从工艺方案中获得定位基准的技术条件。

在实际生产中，由于定位基准和定位元件存在制造误差、装配误差、磨损误差，同批工件在夹具中的位置不可能完全一致，这种位置的变化会导致加工要素产生误差，这是不可避免的，但只要误差不超出允许范围，就认为工件在夹具中的定位是正确的，反之是不正确的。

工件的定位包括如下三项基本任务：

(1) 从理论上进行分析，如何使同一批工件在夹具中处于一致的正确位置；

(2) 设计合理的定位方案，选择合适的定位元件；

(3) 保证有足够的定位精度。

在定位基准已经选定的前提下，以下任务主要分析工件在夹具中的定位问题。

任务一　工件定位方案的确定

任务目标

1. 知识目标

(1) 掌握六点定位原则；

(2) 掌握常用定位元件对工件自由度的限制特性；

(3) 掌握并区分工件定位形式。

2. **能力目标**

(1) 能够对定位基准进行正确选择；

(2) 能够正确根据加工要求限制工件全部或部分自由度。

3. **素质目标**

(1) 培养学生爱护与保养工艺设备的意识；

(2) 培养学生对机械设备的理性与感性的认识；

(3) 培养学生吃苦耐劳、刻苦钻研技术的精神；

(4) 培养学生互帮互助、团结协作的优良品质。

任务要求

根据工件图 1-1 及工序图 1-6，选择和设计工件钻孔工序夹具定位元件的方案。

任务分析

根据钻孔工序图（图 1-6），找到∨‾ 1、∨‾ 2、∨‾ 3 符号（分别是第 1、2、3 定位基准），然后依据定位基准确定定位方案。

知识引入

一、工件定位的基本原理

（一）工件的 6 个自由度

一个尚未定位的工件，其空间位置是不确定的。如图 2-1 所示，将未定位工件放在空间直角坐标系中，工件沿 x、y、z 轴移动的自由度，称作工件沿 x、y、z 轴的移动自由度，用 $\vec{x}$、$\vec{y}$、$\vec{z}$ 表示；工件绕 x、y、z 轴转动的自由度，称作工件绕 x、y、z 轴的转动自由度，用 $\hat{x}$、$\hat{y}$、$\hat{z}$ 表示。用以描述工件位置不确定性的 $\vec{x}$、$\vec{y}$、$\vec{z}$ 和 $\hat{x}$、$\hat{y}$、$\hat{z}$，称为工件的 6 个自由度。

如果要使一个自由刚体在空间中有一个确定的位置，就必须设置相应的 6 个约束，分别用来约束刚体的 6 个运动自由度。在讨论工件的定位时，工件就是我们所指的自由刚体，无论工件的形状和结构怎么不同，如果工件的 6 个自由度都加以约束了，工件在空间的位置也就完全被确定下来了，因此，定位的实质就是约束工件的自由度。

（二）定位支承点

在夹具结构中，工件的 6 个运动自由度都是通过定位元件实体来限制的。为便于分析，我们将具体的定位元件抽象转化为相应的定位支承点，基本原理如下：

(1) 在限制工件自由度时，定位支承点始终与工件定位基准保持接触（紧贴）。若二者脱离，就表示定位支承点失去了限制工件自由度的作用，也即失去了定位作用。

(2) 在分析定位支承点起的定位作用时，不考虑力的影响。工件在某一坐标方向上的自由度被限制，是指工件在该坐标方向上有确定的位置（即定位），而不是指工件在受到外力的作用时不能运动；反过来说，使工件在外力的作用下不能运动，并不一定说工件的

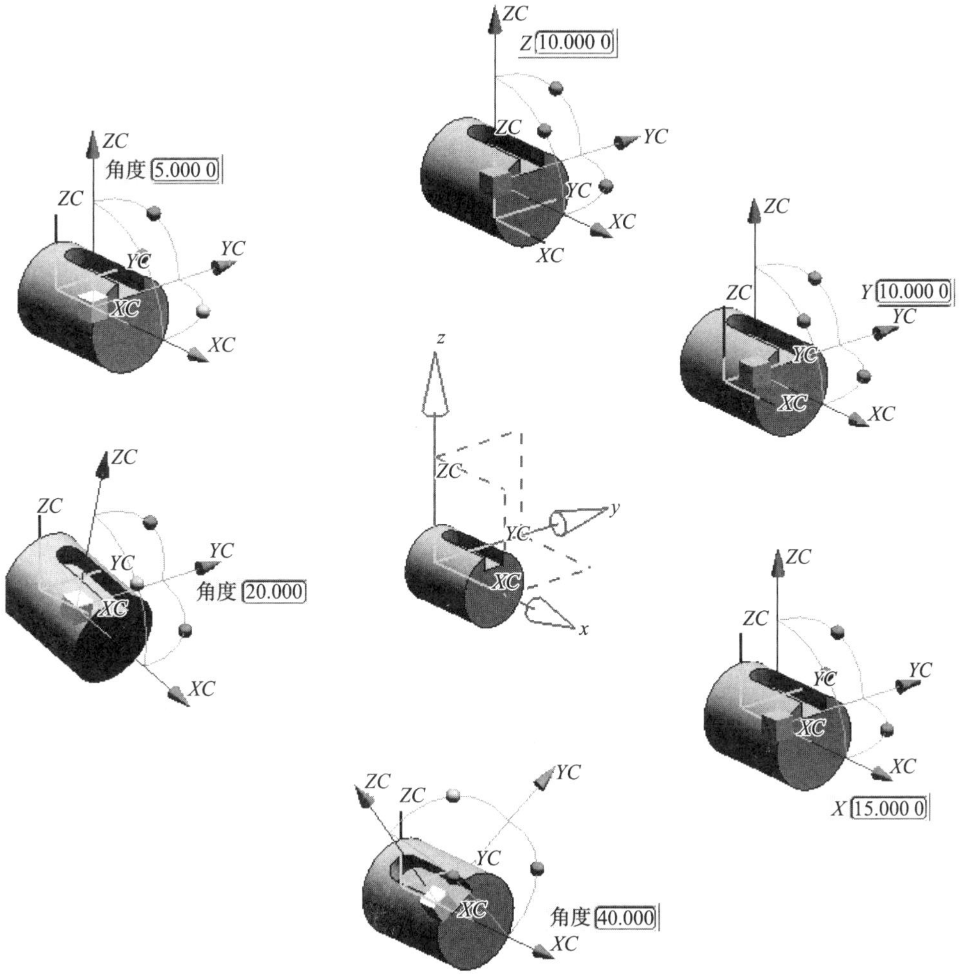

图 2-1　工件的 6 个自由度

注:图中 XC、YC、ZC 分别表示 x 轴、y 轴、z 轴。

所有自由度都被限制了。注意不要把定位与夹紧相互混淆,二者不能分离,也不能相互代替,且存在先后次序。

(3) 一般情况下,一个定位支承点只能限制工件的一个自由度。工件在夹具中定位时,所用定位支承点的数目最多不能超过 6 个。

(4) 每个定位支承点所限制的自由度,原则上不允许重复或互相矛盾。

(5) 工件在定位时应设置的定位支承点数目,完全由该工序的加工要求决定。

(6) 定位支承点的位置分布必须合理,同一个定位面上的两个定位支承点应保持等高,同一个定位面上的 3 个定位支承点应不在一条线上,且分布间距越大越好。否则 6 个支承点将无法限制工件的 6 个自由度,或无法有效地限制工件的 6 个自由度。

(三) 六点定位原则

在分析工件定位时,通常是用 1 个支承点限制工件的 1 个自由度,用合理分布的 6 个支承点限制工件的 6 个自由度,从而使工件在夹具中的位置完全确定,此即六点定位原理。

(四) 定位点分布规律

1. 平面几何体的定位

如图 2-2(a)所示,工件以 A、B、C 3 个不同方向的平面(简称 A 面、B 面、C 面)为定位基准,其中 A 平面最大,为主要定位基准。如图 2-2(b)、(c)所示,在定位基准 A 平面的定位点设置呈三角形分布的 3 个定位点 1、2、3,当工件与这 3 个点接触时,限制工件的 $\vec{z}$、$\widehat{x}$、$\widehat{y}$ 3 个自由度,这与三点确定一个平面的几何定律是等效的。B 平面比较窄长,其作为第二定位基准,设置两个定位点 4、5,当工件与这两点接触时,限制工件的 $\vec{x}$、$\widehat{z}$ 两个自由度,这与两点确定一条直线的几何定律是等效的。剩余的 1 个自由度 $\vec{y}$ 则由另一定位基准 C 平面上的定位点 6 限制。

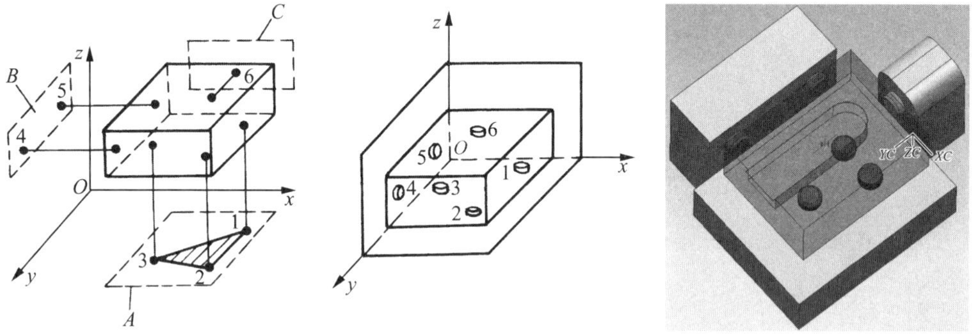

(a) 三个平面定位基准　　(b) 定位点的分布图　　(c) 定位点的分布模型图

图 2-2　六平面几何体的定位

2. 圆盘几何体的定位

圆盘几何体工件的特点是圆柱面较短,同样选择端面为主要定位基准。如图 2-3 所示,主定位基准面设置 3 个定位点,限制 $\vec{z}$、$\widehat{x}$、$\widehat{y}$ 3 个自由度。在短圆柱面上沿 x、y 轴反方向各设置 1 个定位点,分别限制 $\vec{x}$、$\vec{y}$ 自由度。在圆周槽口处设置 1 个定位点,限制自由度 $\widehat{z}$。

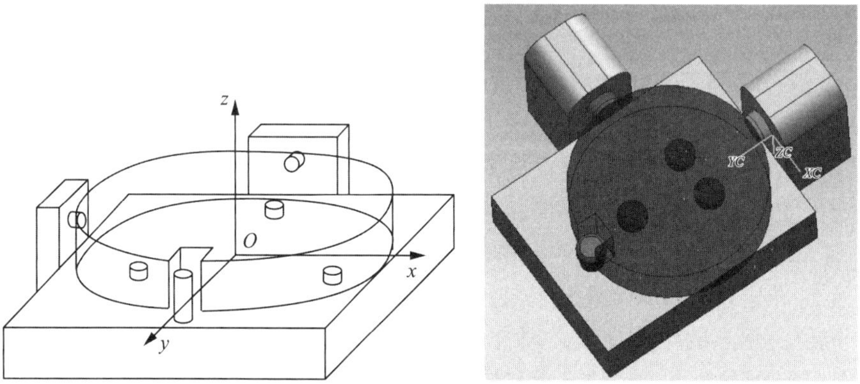

(a) 定位点的分布图　　(b) 定位点的分布模型图

图 2-3　圆盘几何体的定位

3. 圆柱几何体的定位

圆柱几何体工件的特点是圆柱面较长,可选择圆柱面为主要定位基准。如图 2-4 所示，主定位基准面设置 4 个定位点 1、2、3、4，即 V 形块上的两斜平面限制 $\vec{z}$、$\widehat{z}$、$\vec{x}$、$\widehat{x}$ 4 个自由度。在端面设置 1 个定位点 5，限制 1 个自由度 $\vec{y}$。在圆周槽口处，设置 1 个定位点 6，限制 1 个自由度 $\widehat{y}$。

（五）六点定位原则的几点说明

六点定位原则中“点”的含义是限制自由度，不能机械地理解成接触点。例如，如图 2-5 所示，板状工件安放在磁力工作台面上限制了 3 个自由度，属于三点定位，这也与三点确定一个平面的几何定律是等效的。实际上，工件与工作台面的接触点可能有多个。

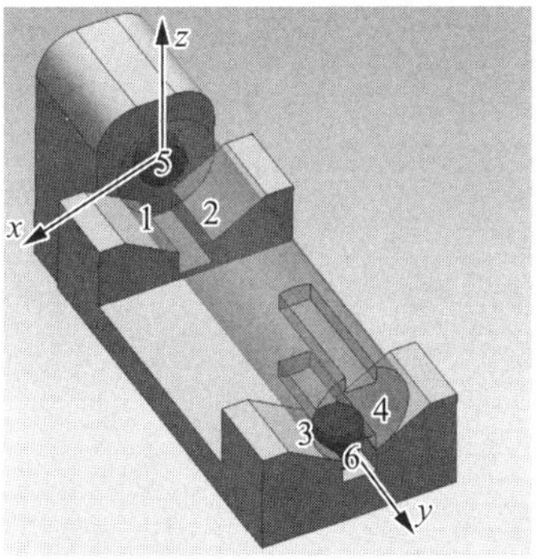

图 2-4　圆柱几何体的定位点分布图

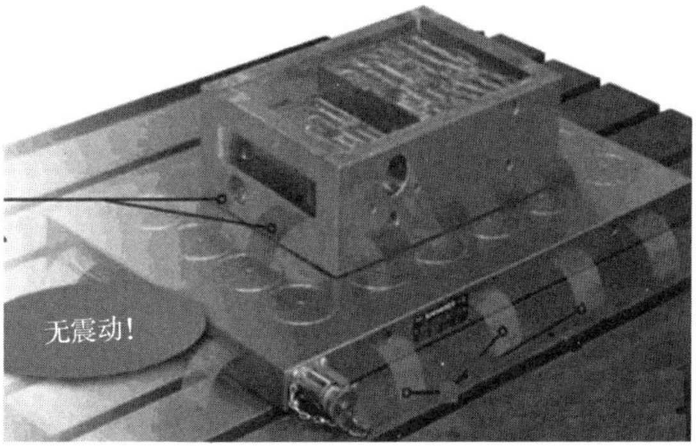

图 2-5　磁力工作台面

限制自由度与加工技术要求的关系如下：工件需限制的自由度的个数，具体要限制哪几个自由度，完全取决于加工技术要求。定位支承点所限制的自由度的名称，通常根据定位接触的形式确定。典型单一定位基准的定位特点见表 2-1。

表 2-1　典型单一定位基准的定位特点

定位接触形式	限制自由度数	自由度类别	特点
长圆锥面接触	5	3 个沿坐标轴方向的自由度 2 个绕坐标轴方向的自由度	可做主要定位基准
长圆柱面接触	4	2 个沿坐标轴方向的自由度 2 个绕坐标轴方向的自由度	
大平面接触	3	1 个沿坐标轴方向的自由度 2 个绕坐标轴方向的自由度	
短圆柱面接触	2	2 个沿坐标轴方向的自由度	不可做主要定位基准， 只能与主要基准组合定位
线接触	2	1 个沿坐标轴方向的自由度 1 个绕坐标轴方向的自由度	
点接触	1	1 个沿坐标轴方向的自由度 或 1 个绕坐标轴方向的自由度	

二、工件的定位形式

正确的工件定位形式有完全定位和不完全定位（又称部分定位）两种。这两种定位形式都能满足工件的加工精度要求。错误的定位形式有欠定位和过定位两种。

（一）完全定位

工件 6 个自由度完全限制的定位方式称为完全定位，这是一种正确的定位方式。切削不通沟槽工件时，6 个自由度完全限制，属于完全定位。图 2-2～图 2-4 的示例都属于完全定位。

（二）不完全定位

按加工要求，限制的自由度少于 6 个，这样的定位方式称为不完全定位，是正确的定位方式。如图 2-6 所示，铣削通槽只须限制 5 个自由度，属于不完全定位。

（三）欠定位

按加工要求，应限制的自由度没有被限制的定位称为欠定位，这是不正确的定位方式。欠定位在实际生产中是绝对不允许出现的。与图 2-4 比较，图 2-7 的示例在下部少一个定位点，使得上下键槽不能对称，产生形状误差。

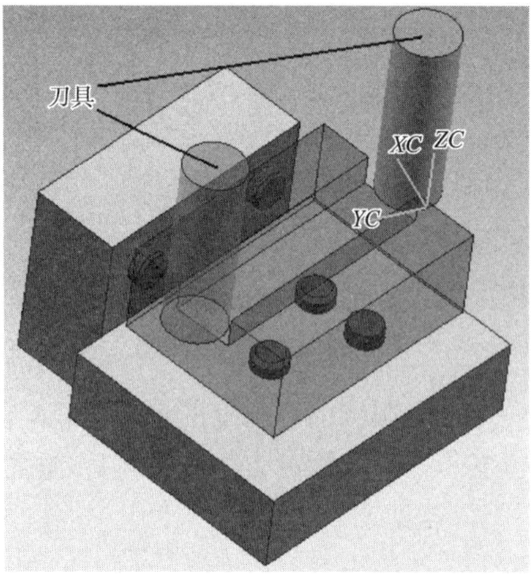

图 2-6　铣削通槽不完全定位示例

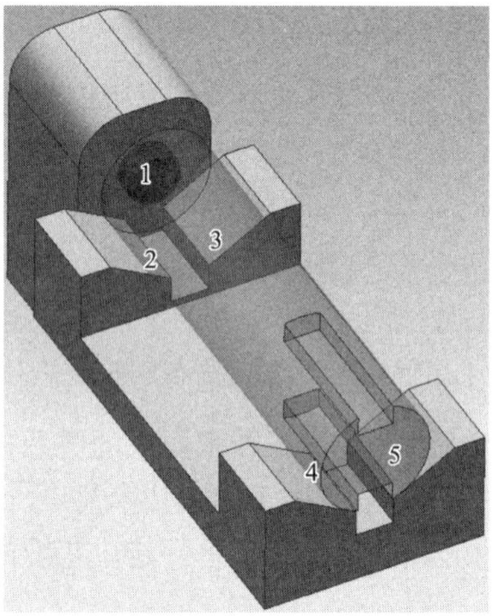

图 2-7　欠定位示例

（四）过定位

夹具上的两个或两个以上的定位元件重复约束同一个自由度的现象，称为过定位（重复定位），这是不正确的定位方式。

1. 过定位产生的原因

如图 2-8(a)所示，工件上的某个自由度被两个以上的定位元件重复限制，存在过定位。铣削加工顶面，要求与 A 面垂直，若采用 A、B 两个大平面定位，A 面会限制 $\vec{x}$、$\widehat{y}$、$\widehat{z}$ 3 个自由度，B 面会限制 $\vec{z}$、$\widehat{x}$、$\widehat{y}$ 3 个自由度，其中 $\widehat{y}$ 被重复限制，产生过定位。

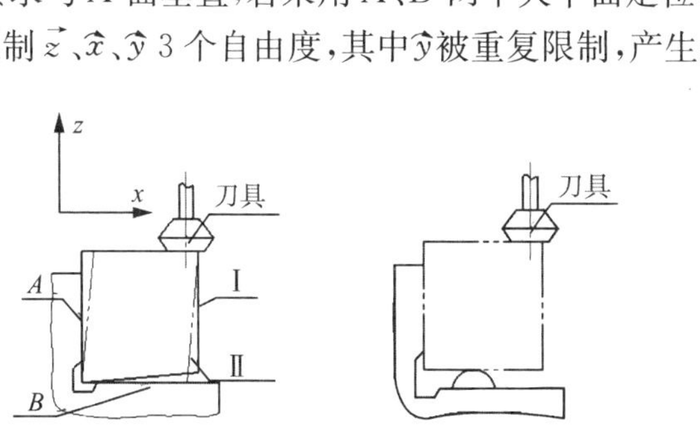

(a) 过定位使定位不稳定　(b) 改进定位结构，削除过定位

图 2-8　过定位及削除方法示例

2. 过定位对加工精度的影响

过定位会造成定位不稳定，影响工件加工精度，还会引起定位干涉，影响工件装夹，导致工件变形。一批工件中，若某些工件采用图 2-8(a)所示的第Ⅰ种形状及安装位置，可满足顶面与 A 面垂直的要求；若采用第Ⅱ种形状及安装位置，则不能满足顶面与 A 面垂直的要求。因此，在一批工件中，有些工件会报废。

3. 消除过定位的方法

通常采取下列措施消除过定位：

(1) 减少接触面积

如图 2-8(b)所示，可将第二基准 B 面改为线接触，即用一圆柱面代替平面接触。

(2) 将长圆柱定位销改成短圆柱销

图 2-9 展示了加工连杆小头孔工序中以连杆大头孔和端面定位的两种情况。从图 2-9(b)中可以看出，长圆柱销限制了 $\vec{x}$、$\vec{y}$、$\widehat{x}$、$\widehat{y}$ 4 个自由度，支承板限制了 $\vec{z}$、$\widehat{x}$、$\widehat{y}$ 3 个自由度。显然 $\widehat{x}$、$\widehat{y}$ 被两个定位元件重复限制，出现了过定位。如果能很好地保证工件孔与端面垂直度，则此过定位是允许的；但若工件孔与端面垂直度误差较大，且孔与销的配合间隙又很小，定位后会造成工件歪斜及端面接触不好的情况，压紧后就会使工件产生变形或圆柱销歪斜，结果将导致加工后的小头孔与大头孔的轴线平行度达不到要求。这种情况下应避免过定位的产生。最简单的解决办法是将长圆柱定位销改成短圆柱销，如图 2-9(a)所示，由于短圆柱销仅限制 $\vec{x}$、$\vec{y}$ 两个移动自由度，$\widehat{x}$、$\widehat{y}$ 的重复定位就被避免了。

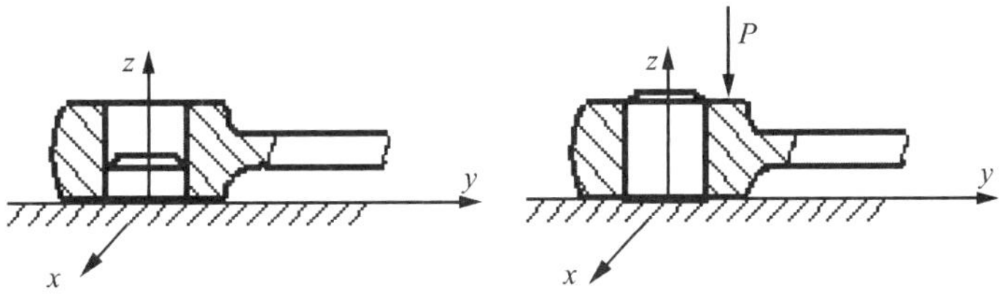

(a) 短圆柱销　　　　(b) 长圆柱定位销

图 2-9　连杆定位分析

注：图中 P 表示向下的压力。

(3) 工件以底平面定位

以图 2-10 所示工件为例对这一措施进行说明，要求限制该工件 $\widehat{z}$、$\widehat{x}$、$\widehat{y}$ 3 个自由度。图 2-10(a)所示工件采用了 4 个支承钉，属过定位。若工件定位面较粗糙（如毛坯面），则该定位面实际只能与 3 个支承钉接触，这会造成定位不稳定。如施加夹紧力强行使工件定位面与 4 个支承钉均接触，则必然导致工件变形而影响加工精度。

为避免过定位，可将支承钉改为 3 个，也可将 4 个支承钉中的 1 个改为辅助支承，辅助支承只起支承作用而不起定位作用。

如果工件的定位面是已加工面，且很规整，则完全可以采用 4 个支承钉，这不会影响定位精度，反而能增强支承刚度，有利于减小工件的受力变形。此时，还可用支承板代替支承钉[图 2-10(b)]，或用一个大平面代替支承钉（如平面磨床的磁性工作台）。

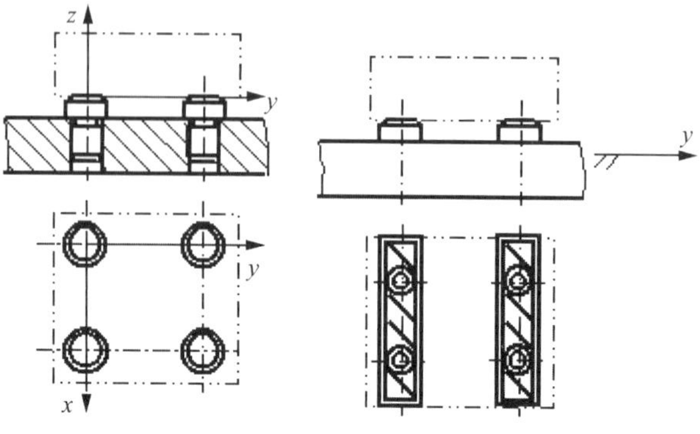

(a) 采用支承钉　　(b) 采用支承板

图 2-10　平面过定位分析

(4) 修改定位元件的形状

我们以图 2-11 所示工件为例对这一措施进行说明。图 2-11 中工件以一面两销定位，工件以底面及与其垂直的两圆柱孔为定位基准。若采用一个平面和两个短圆柱销定位[图 2-11(a)]，则这个平面限制 $\vec{z}$、$\widehat{x}$、$\widehat{y}$ 3 个自由度，短圆柱销 1 限制 $\vec{x}$、$\vec{y}$2 个自由度，短圆柱销 2 限制 $\vec{z}$、$\widehat{y}$ 2 个自由度。自由度被重复限制，属过定位。此时，工件孔心距的误差和两定位销中心距的误差可能导致两定位销无法同时进入工件孔内。为解决这一过定位问题，可将两定位销之一在定位干涉方向(y 向)上削边，做成菱形销[图 2-11(b)]，以避免干涉。

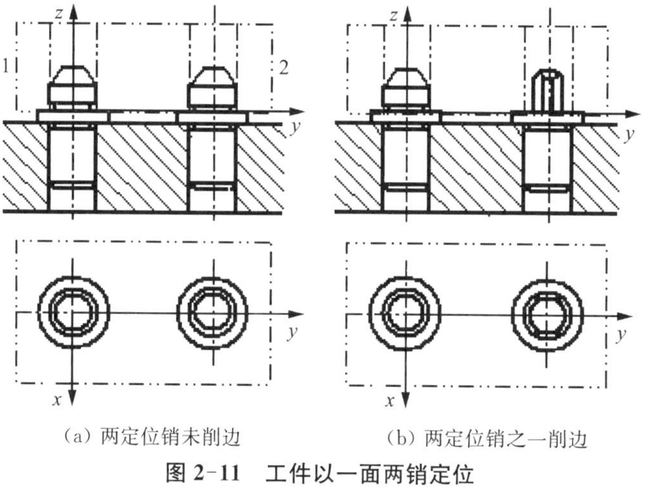

(a) 两定位销未削边　　(b) 两定位销之一削边

图 2-11　工件以一面两销定位

另外，过定位还常常与夹紧力的作用方向有关。例如，对于表 2-2 中长销小平面组合定位的情况，若夹紧力作用在工件右端面而指向定位小平面，则属于过定位。实际上在这种情况下，定位平面虽接触面积小，但其呈环形，相当于较大的平面。但若夹紧力的方向作用于定位孔的径向(如采用可涨心轴)，则不存在过定位。此时即使采用较大平面也无妨。

三、常用定位元件限制的自由度

不同的定位元件能够限制对应的自由度。表 2-2 列出了常用定位元件能限制的自由度情况。

表 2-2　常用定位元件能限制的自由度

工件的定位基准面	夹具的定位元件				
平面	支承钉		(1) 1 个支承钉	(2) 2 个支承钉	(3) 3 个支承钉
		图例	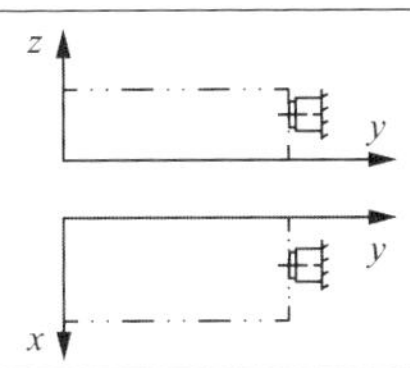	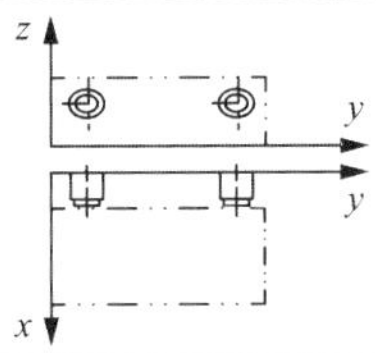	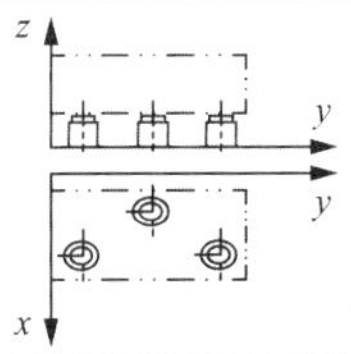
		限制自由度	$\vec{y}$	$\vec{x}$　$\widehat{z}$	$\vec{z}$　$\widehat{x}$　$\widehat{y}$
	支承板		(4) 1 块条形支承板	(5) 2 块条形支承板	(6) 1 块矩形支承板
		图例	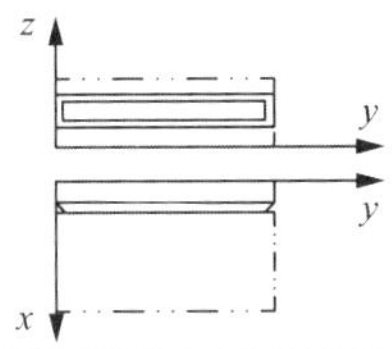	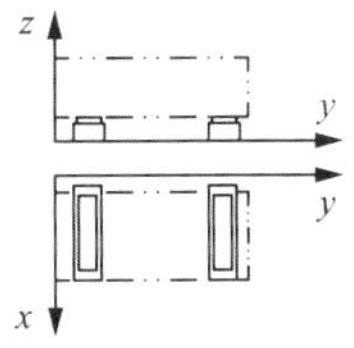	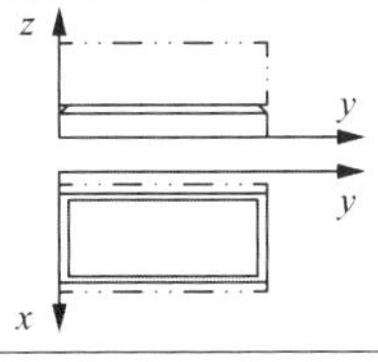
		限制自由度	$\vec{x}$　$\widehat{z}$	$\vec{z}$　$\widehat{x}$　$\widehat{y}$	$\vec{z}$　$\widehat{x}$　$\widehat{y}$
圆孔	圆柱销		(7) 短圆柱销	(8) 长圆柱销	(9) 两段短圆柱销
		图例	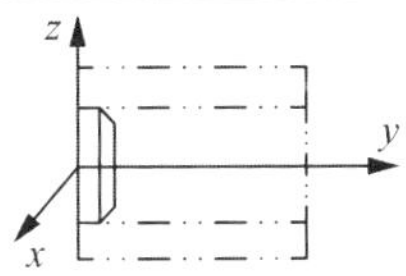	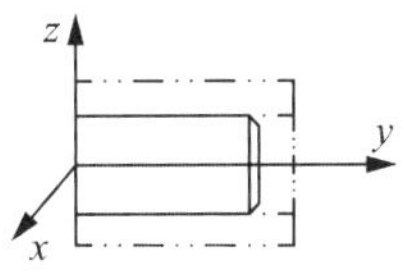	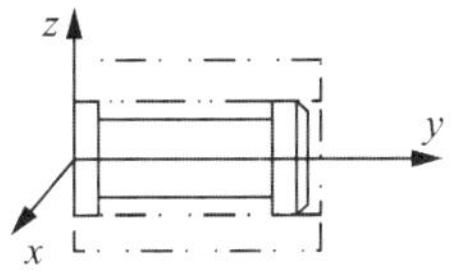
		限制自由度	$\vec{x}$　$\vec{z}$	$\vec{x}$　$\vec{z}$　$\widehat{x}$　$\widehat{z}$	$\vec{x}$　$\vec{z}$　$\widehat{x}$　$\widehat{z}$
			(10) 菱形销	(11) 长销与小平面组合	(12) 短销与大平面组合
		图例	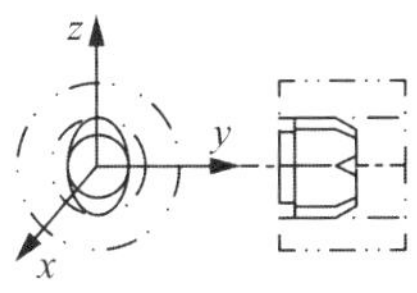	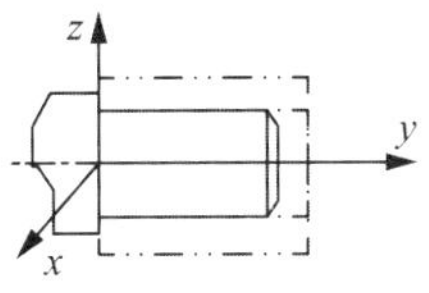	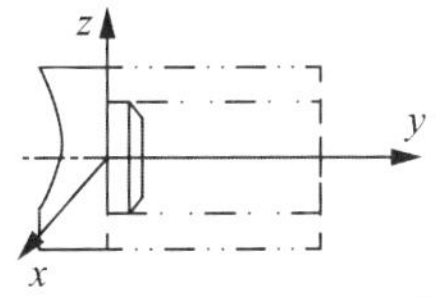
		限制自由度	$\vec{z}$	$\vec{x}$　$\vec{z}$　$\widehat{x}$　$\widehat{z}$　$\vec{y}$	$\vec{x}$　$\vec{z}$　$\widehat{x}$　$\widehat{z}$　$\vec{y}$
	圆锥销		(13) 固定圆锥销	(14) 活动圆锥销	(15) 固定与活动圆锥销
		图例	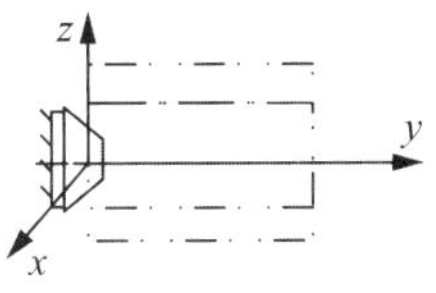	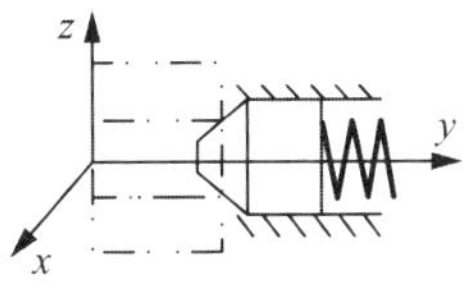	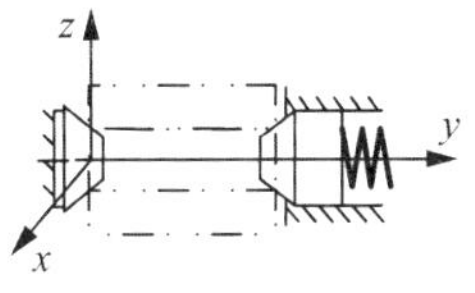
		限制自由度	$\vec{x}$　$\vec{z}$　$\vec{y}$	$\vec{x}$　$\vec{z}$	$\vec{x}$　$\vec{z}$　$\widehat{x}$　$\widehat{z}$　$\vec{y}$
	心轴		(16) 长心轴	(17) 短心轴	(18) 小锥度心轴
		图例	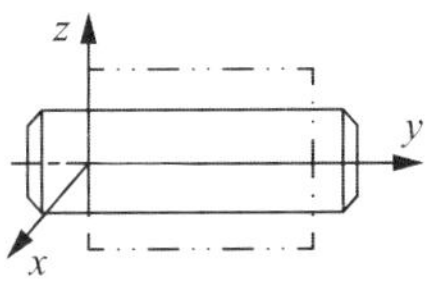	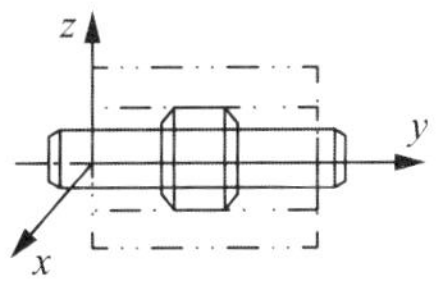	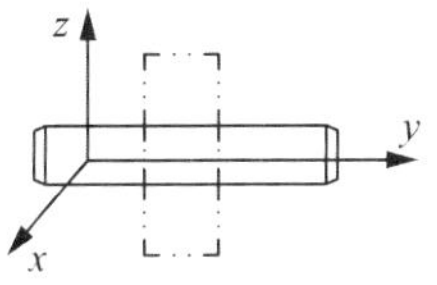
		限制自由度	$\vec{x}$　$\vec{z}$　$\widehat{x}$　$\widehat{z}$	$\vec{x}$　$\vec{z}$	$\vec{x}$　$\vec{z}$　$\widehat{x}$　$\widehat{z}$

续表

工件的定位基准面	夹具的定位元件				
外圆柱面	V形块	图例	(19) 短V形块 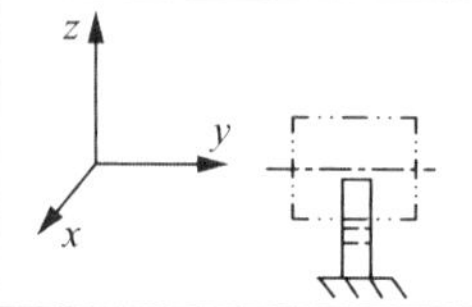	(20) 长V形块 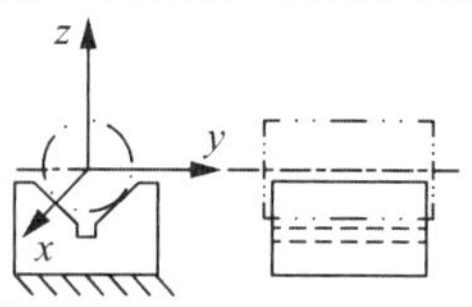	(21) 两短V形块组合 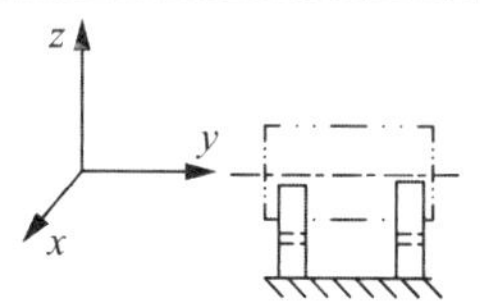
		限制自由度	$\vec{x}$ $\vec{z}$	$\vec{x}$ $\vec{z}$ $\widehat{x}$ $\widehat{z}$	$\vec{x}$ $\vec{z}$ $\widehat{x}$ $\widehat{z}$
	定位套	图例	(22) 短定位套 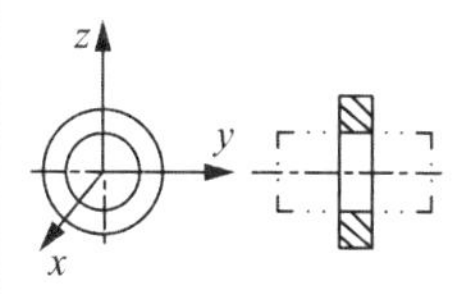	(23) 长定位套 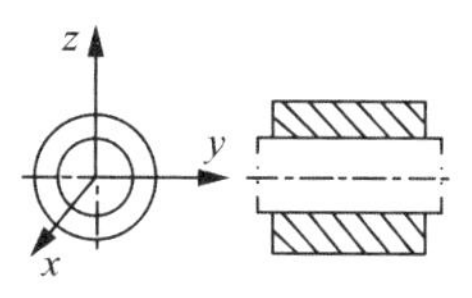	(24) 两短定位套组合 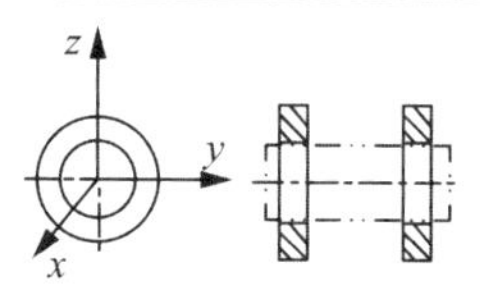
		限制自由度	$\vec{x}$ $\widehat{z}$	$\vec{x}$ $\vec{z}$ $\widehat{x}$ $\widehat{z}$	$\vec{x}$ $\vec{z}$ $\widehat{x}$ $\widehat{z}$
	三爪卡盘	图例	(25) 三爪卡盘夹持 L 较长 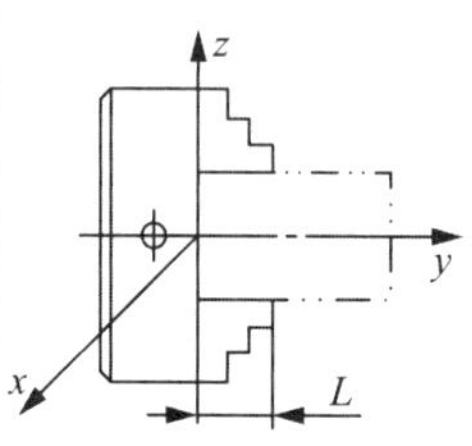	(26) 三爪卡盘夹持 L 较短 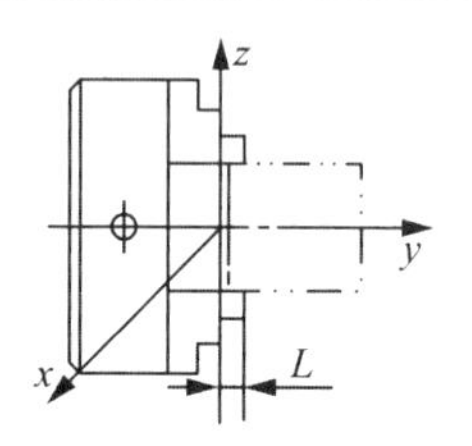	(27) 三爪卡盘与活动顶尖 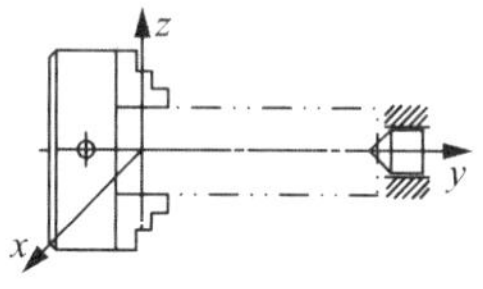
		限制自由度	$\vec{x}$ $\vec{z}$ $\widehat{x}$ $\widehat{z}$	$\vec{x}$ $\vec{z}$	$\vec{x}$ $\vec{z}$ $\widehat{x}$ $\widehat{z}$
圆锥面（中心孔）	顶尖	图例	(28) 固定顶尖 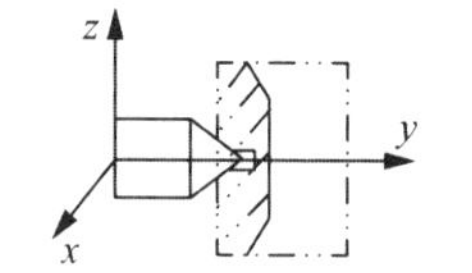	(29) 活动顶尖 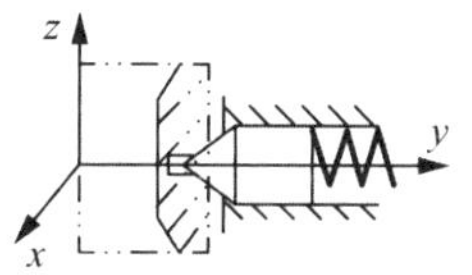	(30) 固定与活动顶尖 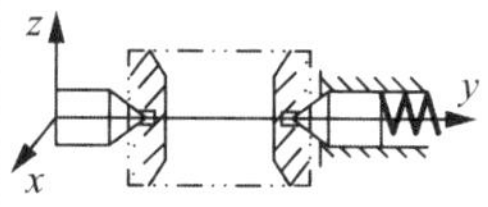
		限制自由度	$\vec{x}$ $\vec{z}$ $\vec{y}$	$\vec{x}$ $\vec{z}$	$\vec{x}$ $\vec{z}$ $\vec{y}$ $\widehat{x}$ $\widehat{z}$
组合面	图例		(31) 一面＋两V形块组合 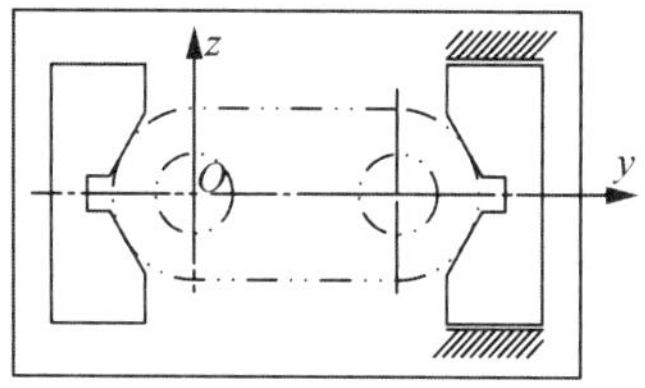	(32) 一面＋两短销组合 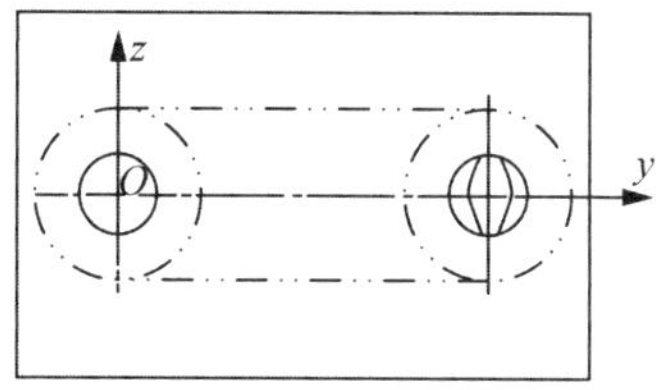	
	限制自由度		$\vec{x}$ $\vec{y}$ $\vec{z}$ $\widehat{x}$ $\widehat{y}$ $\widehat{z}$	$\vec{x}$ $\vec{y}$ $\vec{z}$ $\widehat{x}$ $\widehat{y}$ $\widehat{z}$	

四、定位基准的选择

定位基准分为粗基准、精基准和辅助基准。工件在起始工序中只能选择未经加工的毛坯表面作为定位基准，称为粗基准。在后续工序中用已加工表面作为定位基准，称为精基准。

(一) 粗基准的选择原则

(1) 保证相互位置要求原则。必须保证工件加工表面与非加工表面的相互位置要求，应选择不加工表面为粗基准。

(2) 余量均匀分配原则。保证工件上重要的表面加工余量均匀，应选择该重要的表面为粗基准。

(3) 首选余量最小原则。选择余量最小和公差最小的表面为粗基准。

(4) 选择平整、光滑、有足够大面积的表面为粗基准。

(5) 粗基准只允许使用一次，不得重复使用。

(二) 精基准的选择原则

(1) 基准重合原则。确保设计基准与定位基准重合。

(2) 基准统一原则。在半精加工、精加工工序中采用同一基准。

(3) 互为基准原则。当两个表面相互位置要求较高时，以两个表面互为基准反复加工，可以不断地提高加工精度，保证两个表面的相互位置精度。

(4) 自为基准原则。当精加工或光整加工工序要求余量小且均匀时，可选择加工表面本身为精基准，以保证加工质量和提高生产效率。

(5) 便于装夹原则。选择面积大、精度高、粗糙度低、装夹稳定可靠、方便的表面为精基准。

任务实施

泵体定位基准为“一个平面＋两孔”。参照项目一图 1-6，结合本任务相关知识，分析表 2-2 各定位方案。“(32)一面＋两短销组合”定位方案，符合“一个平面＋两孔”作为定位基准。先选择矩形支承板为第 1 基准的定位元件，再选择短圆柱销为第 2 基准的定位元件，最后选择菱形销为第 3 基准的定位元件，最终得到“一面＋两短销组合”定位方案。[定位元件矩形支承板，短圆柱销、菱形销见表 2-2 中(6)、(7)、(10)。]

任务评价

任务评价表

专业_______　班级_______　姓名_______　学号_______　组别_______

项目	标准	自我评价	小组评价	教师评价
		占 50%	占 20%	占 30%
工件的 6 个自由度	正确分析			
工件的定位形式	正确分析			
常用定位元件限制的自由度	正确分析			

续表

项目	标准	自我评价	小组评价	教师评价
		占 50%	占 20%	占 30%
定位基准的选择	快速、准确			
协作精神	交流、讨论顺畅			
纪律观念	课堂有序、讨论积极			
学习主动性	认真思考、积极回答问题			
知识应用情况	关键知识点内化			
完成任务过程中引以为豪的做法	简捷、高效(加分项 5～10 分)			
指导他人	帮助的人数及质量(加分项 5～10 分)			
小计				
总评				

注:每个项目得分为 2～10 分。

组长签字: 任课教师: 年 月 日

任务二　工件定位元件的设计

任务目标

1. 知识目标

(1) 明确常用定位元件所能限制的工件自由度的数目;

(2) 掌握利用六点定位原则正确选择定位方式的方法;

(3) 掌握常用定位元件的结构、形状、尺寸及布置形式等;

(4) 掌握常用定位元件的设计方法。

2. 能力目标

(1) 能够正确分析常用定位元件对工件自由度的限制情况;

(2) 能够正确根据加工要求选择定位元件;

(3) 能够正确区分浮动支承和辅助支承。

3. 素质目标

(1) 培养学生爱护与保养工艺设备的意识;

(2) 培养学生对机械设备的理性与感性的认识;

(3) 培养学生吃苦耐劳、刻苦钻研技术的精神;

(4) 培养学生互帮互助、团结协作的优良品质。

任务要求

根据项目一图 1-6,以"一个平面+两孔"作为定位基准,选定表 2-2 中"(32)一面+两短销组合"定位方案,设计相应的定位元件。

任务分析

设计定位元件时，首先要了解定位元件的结构、形状、尺寸、布置形式、设计标准及作用。在设计定位元件时，需要综合考虑工装的类型和功能要求。以夹模设计为例，既要考虑其在虎钳上的实际应用场景，又要考虑如何通过设计辅助定位装置来提高产品的稳定性。定位元件的结构和尺寸必须严格匹配工件的加工要求和定位基准，如仪表夹头的设计就需要依据产品内孔的具体尺寸结构来确定。为确保定位元件的互换性和可靠性，必须严格遵循相关国家标准和行业规范。同时，定位元件不仅要提供稳定的支撑，还需具备适应不同加工条件和工件变化的能力，如浮动定位元件可自动适应定位基准面的位置变化。因此，定位元件的设计必须统筹考虑结构、形状、尺寸、布置形式等要素，同时兼顾标准化和功能性要求，从而确保其满足特定加工需求并具备可靠的性能表现。

知识引入

工件定位方法及定位元件的选择(包括定位元件的结构、形状、尺寸及布置形式等)，主要取决于工件的加工要求、工件的定位基准和外力的作用状况等因素。下文将按不同的定位基准面分别介绍相应定位元件的结构形式。

一、工件以平面定位

在机械加工过程中，大多数工件是以平面作为定位基准而在夹具中进行定位的，如箱体、机座、支架、杠杆、圆盘、板状类零件等。根据是否起限制自由度作用、能否调整等情况，所用的定位元件可分为主要支承和辅助支承。

(一) 主要支承

用来限制工件自由度，起定位作用的支承称为主要支承，它又可分为固定支承、可调支承和自位支承。

1. 固定支承

固定支承有支承钉(JB/T 8029.2—1999)和支承板(JB/T 8029.1—1999)两种形式。如图 2-12 所示，常用的支承钉又分为平头支承钉(A 型)、球头支承钉(B 型)和齿纹支承钉(C 型)。

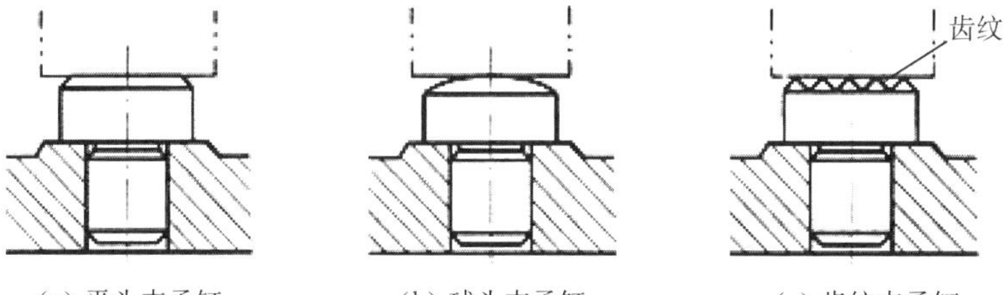

(a) 平头支承钉　(b) 球头支承钉　(c) 齿纹支承钉

图 2-12　支承钉

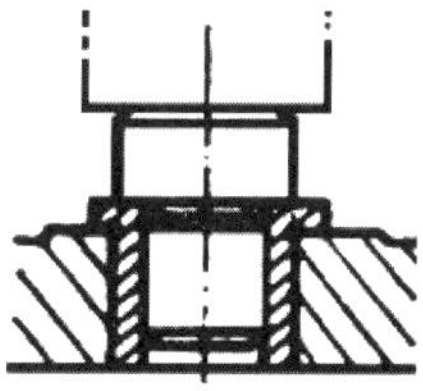

图 2-13　衬套的应用

平头支承钉(A 型)主要用于精基准定位；球头支承钉(B 型)与粗基准面接触良好，主要用于粗基准定位；齿纹支承钉(C 型)可防止工件在加工时滑动，但不易清除切屑，常用于工件的侧面定位。各种支承钉在夹具上的安装方式为固定式安装，靠钉的安装部与夹具安装孔间的适量配合过盈胀紧在夹具体上，它与夹具体孔可用$\frac{H7}{r6}$或$\frac{H7}{n6}$配合。若支承钉需经常更换，可加衬套，如图 2-13 所示，衬套外径与夹具体孔的配合同支承钉，衬套内径与支承钉的配合采用$\frac{H7}{js6}$。考虑到元件磨损后拆卸更换的方便，夹具体上的安装孔应做成通孔。支承板一般用 2～3 个螺钉（M6～M12）紧固在夹具体上。

支承板大多用于精基准平面定位。如图 2-14 所示，常用的支承板又分为光面支承板（A 型）、带斜槽的支承板（B 型）两种。光面支承板（A 型）结构简单，便于制造，但沉孔处积屑不易清除干净，宜作侧面或顶面支承；带斜槽的支承板（B 型）切屑容易清除，宜作底面支承。

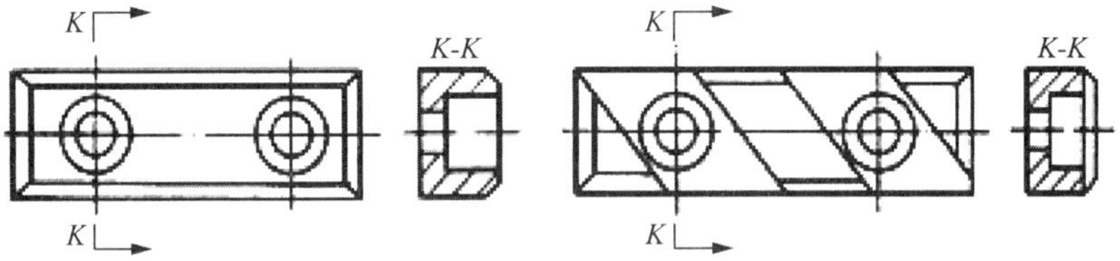

（a）光面支承板　（b）带斜槽的支承板

图 2-14　支承板

支承钉和支承板的支承高度是固定的，不可调整，所以为保证其定位精度，在夹具上安装 A 型支承钉及支承板时，其定位高度均应留有磨削余量，待其余元件装齐后，再随夹具体一起，在平面磨床上磨出定位平面，以保证各支承点的等高。

2. 可调支承

支承点的位置可调节的定位元件称为可调支承。可调支承主要用于工件的粗基准定位。图 2-15 所示为可调支承的几种形式，这几种形式已标准化，可限制 1 个自由度。当调整到需要的高度时，必须锁紧螺母，此时可调支承变为固定支承。需要注意的是，可调支承在一批工件加工前调整一次，在同一批工件加工过程中，其作用相当于固定支承。

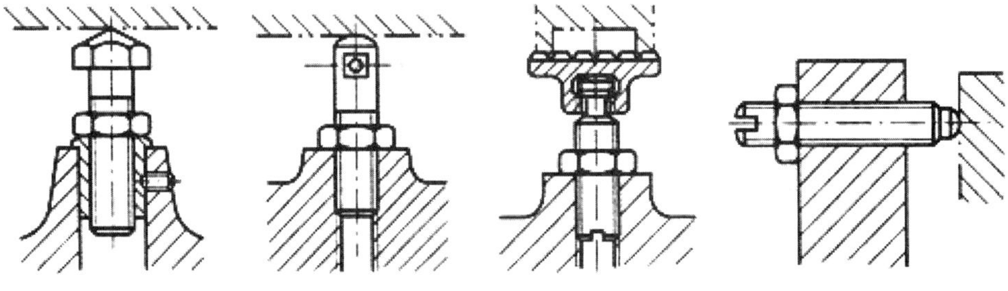

（a）六角头支承　（b）调节支承　（c）圆柱头调节支承　（d）顶压支承

图 2-15　各种可调支承

可调支承的应用如图 2-16 所示。图 2-16(a)中所示的可调支承用于箱体加工过程中支承高度的调节，以保证镗孔时的工序基准至毛坯孔中心的尺寸 H_1 和 H_2 符合要求，并使镗孔余量均匀。图 2-16(b)所示为利用同一夹具加工形状相同但尺寸不同的工件时采用的可调支承。在轴上钻径向孔时，只需调整支承钉的伸出长度，便可加工出孔至端面距离不等的几种工件。

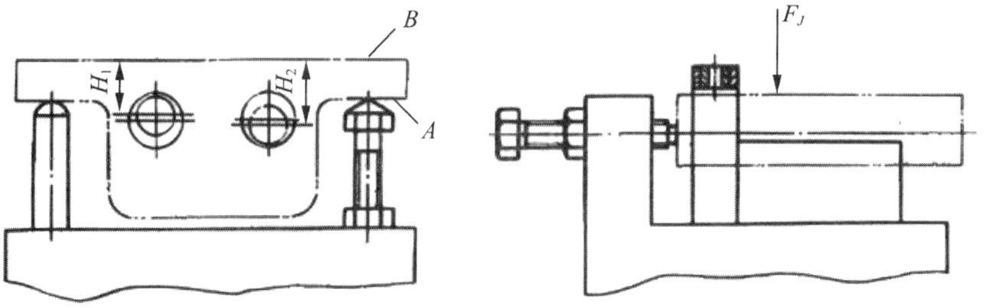

(a) 用于箱体加工的可调支承　(b) 用于加工形状相同尺寸不同工件的可调支承

图 2-16　可调支承的应用

注：图中 A、B 表示工件定位基准面，F_J 表示压紧力。

3. 自位支承（又称浮动支承）

在工件定位过程中，自位支承能自动调节位置。自位支承与工件的支承点有多个，支承点的位置随工件定位基准面的不同而自动调节，直到各点都与工件接触，从而提高工件的装夹刚度和稳定性。但其作用仍相当于一个固定支承，只限制 1 个自由度。

图 2-17 所示为自位支承的具体应用实例，其中图 2-17(a)、(b)、(c)所示为杠杆两点式自位支承，图 2-17(d)为球面三点式自位支承。

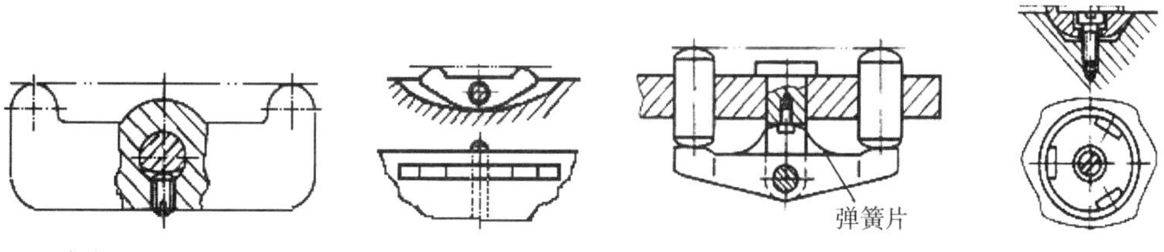

(a) 杠杆两点式自位支承 1　(b) 杠杆两点式自位支承 2　(c) 杠杆两点式自位支承 3　(d) 球面三点式自位支承

图 2-17　自位支承的应用

(二) 辅助支承

在实际生产中，由于工件形状以及夹紧力、切削力、工件重力等因素的影响，工件在装夹后可能会产生变形或不稳定现象，为提高工件的装夹刚度和稳定性，常需设置辅助支承。辅助支承不起定位作用，即不限制工件的自由度。辅助支承的结构形式很多，图 2-18 所示为辅助支承常见的几种形式。

1. 螺旋式辅助支承

螺旋式辅助支承与可调支承结构相近，但操作过程不同。如图 2-18(a)所示的支承，调节时需要转动螺杆 1，这样可能会损伤工件定位面，甚至带动工件破坏定位；而图 2-18(b)所示推引式结构则避免了这种缺点。螺旋式辅助支承结构简单，但效率较低。

2. 推引式辅助支承

推引式辅助支承如图 2-18(b)所示，当工件定位后，推动手轮 1，使滑柱 3 与工件接触，然后转动手轮使斜楔 2 开槽部分张开而锁紧。

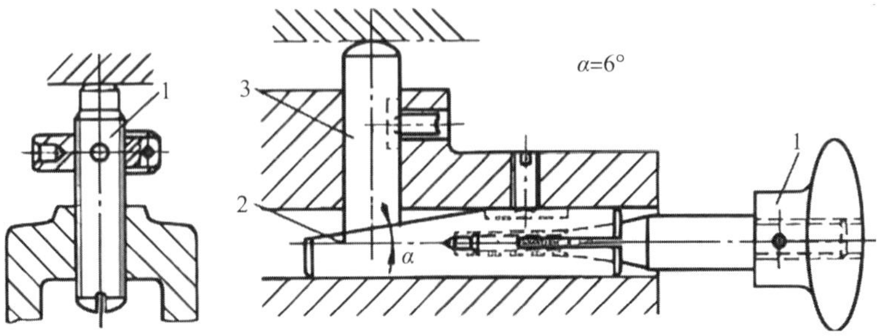

(a) 螺旋式

1—螺杆

(b) 推引式

1—手轮;2—斜楔;3—滑柱

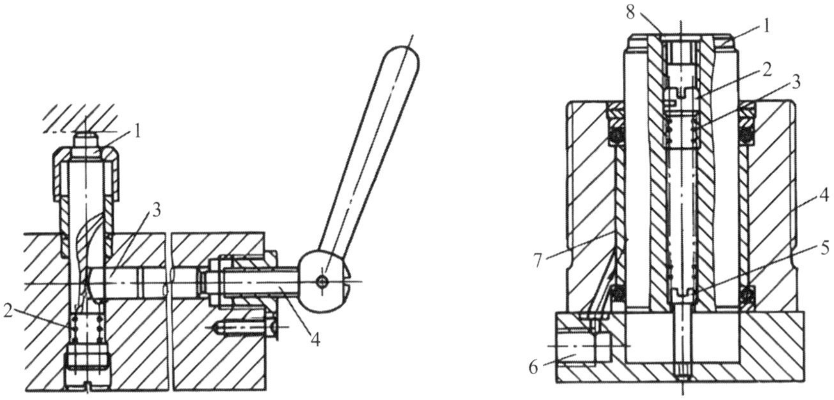

(c) 自位式

1—滑柱;2—弹簧;3—滑块;4—螺杆

(d) 液压锁紧式

1—滑柱;2—调节螺钉;3—弹簧;4—支承;5—螺钉;6—液压油孔;7—薄壁夹紧套;8—盖帽

图 2-18　各种辅助支承典型结构

3. 自位式辅助支承

自位式辅助支承如图 2-18(c)所示,弹簧 2 推动滑柱 1(支承)与工件接触,用滑块 3 锁紧。弹簧力应适中,能使滑柱弹出,但不可顶起工件。

4. 液压锁紧式辅助支承

液压锁紧式辅助支承如图 2-18(d)所示,滑柱 1 依靠弹簧 3 与工件接触,弹簧力可用螺钉 2 调节。由液压油孔 6 通入压力油,使薄壁夹紧套 5 锁紧滑柱。此种结构紧凑、操作方便、动作快速。

在每次卸下工件后必须将各种辅助支承松开、退出,装上工件后再调整、锁紧。

二、工件以圆孔定位

在生产中,常常遇到以孔作为定位基准的零件,如套筒、法兰盘、杠杆、拨叉等。工件以圆孔定位多属于定心定位,定位基准为圆柱孔轴线,定位基准面则为内孔。常用的定位元件是定位销、定位心轴和圆锥销。

(一) 定位销

定位销主要用于直径在 50 mm 以下的中小孔定位。与工件孔接触面较长的定位销为长销,其能限制工件的 4 个自由度;与工件接触面较短的定位销为短销,其能限制工件的 2 个自由度。

定位销一般可分为固定式和可换式两种。表 2-3 列出了定位销的类型。

表 2-3　定位销的类型

类型	固定式定位销(JB/T 8014.2—1999)			可换定位销(JB/T 8014.3—1999)		
	3<D≤10	10<D≤18	18<D	3<D≤10	10<D≤18	18<D
A 型 圆柱销	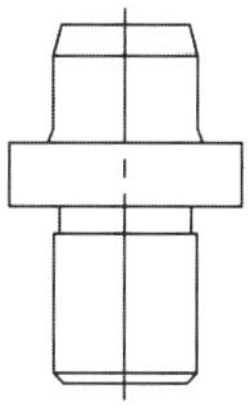	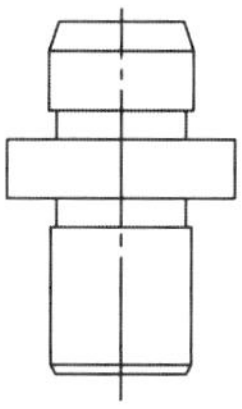	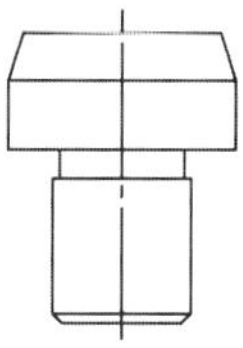	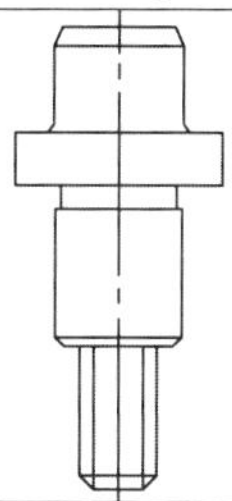	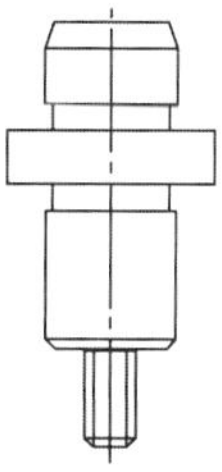	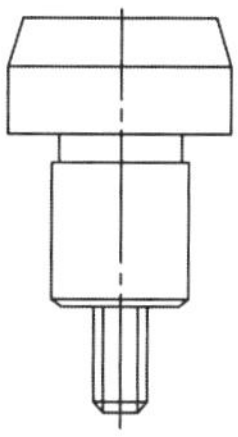
B 型 菱形销	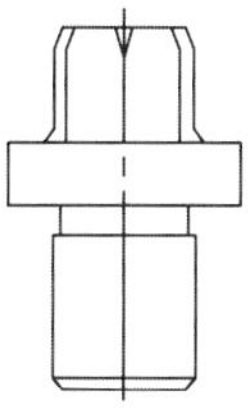	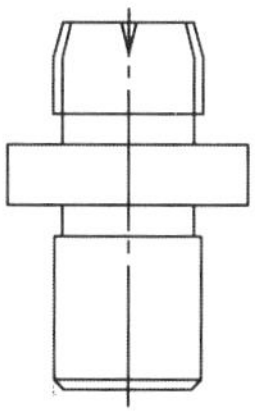	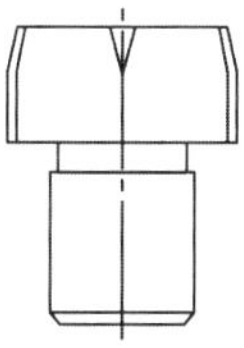	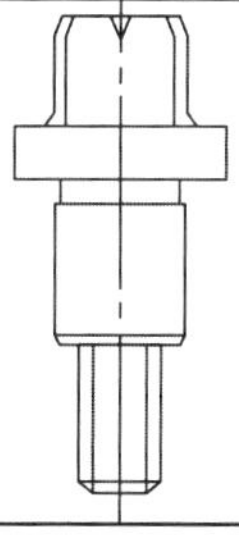	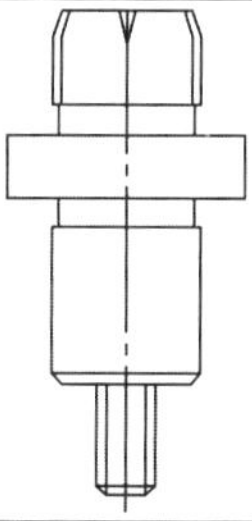	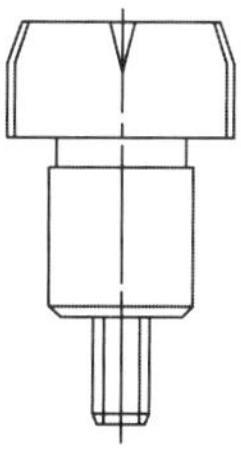

注:D 为定位销直径,单位为 mm。

图 2-19 所示为常用定位销的装配结构。当定位销直径 D 为 3～10 mm 时,为避免使用时折断或热处理时淬裂,通常把根部倒成圆角。夹具体上应有沉孔,沉孔可使定位销的圆角部分沉入孔内而不影响定位。大批量生产时,工件装卸频繁,定位销容易磨损,从而丧失定位精度,此时可采用可换式定位销,以便于定期维修更换,可换式定位销如图 2-19(d)所示。定位销的头部有 15°倒角以便于工件装入。定位销已标准化,其有关参数可查《现代夹具设计手册》,或本书附表 2。

定位销工作部分的直径,可根据工件的加工要求和安装方便的原则,按 g5、g6、f6、f7 精度等级确定,定位销可用$\frac{H7}{r6}$或$\frac{H7}{n6}$配合压入夹具体孔中;衬套外径与夹具体为过渡配合$\frac{H7}{n6}$,其内径与定位销为间隙配合$\frac{H7}{h6}$或$\frac{H7}{h5}$。

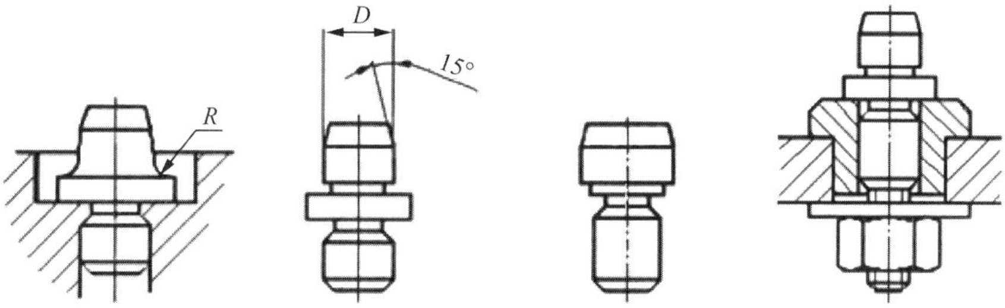

(a) 沉孔定位销　(b) A 型圆柱销　(c) B 型菱形销　(d) 可换式定位销

图 2-19　定位销的结构

注:图中 R 为定位销根部的圆角。

（二）定位心轴

加工套类和盘类工件时，为保证外圆和端面与内孔轴心线间的位置精度，常以孔作为定位基准，通过心轴上定位加工外圆和端面。心轴的结构形式较多，除下文介绍的刚性心轴外，还有弹簧心轴、液性塑料心轴等。这类心轴属于定心夹紧自动定位心轴，将在夹紧装置中介绍。

不论采用哪一种心轴，其限制工件的自由度的原理是相同的。长心轴（接触面较长）限制工件的 4 个自由度，相当于 4 个定位支承点；短心轴（接触面较短）限制工件的 2 个自由度，相当于 2 个定位支承点。

图 2-20 所示为常用的刚性心轴的结构形式。图 2-20(a)所示为间隙配合心轴，心轴的限位基面一般按 h6、g6 或 f7 精度等级制造，其装卸工件方便，但定心精度不高，常要求工件以孔和端面组合定位。因此，工件定位孔与定位端面之间、心轴限位圆柱面与限位端面之间都应有较高的垂直度，最好能在一次装夹中加工出来。

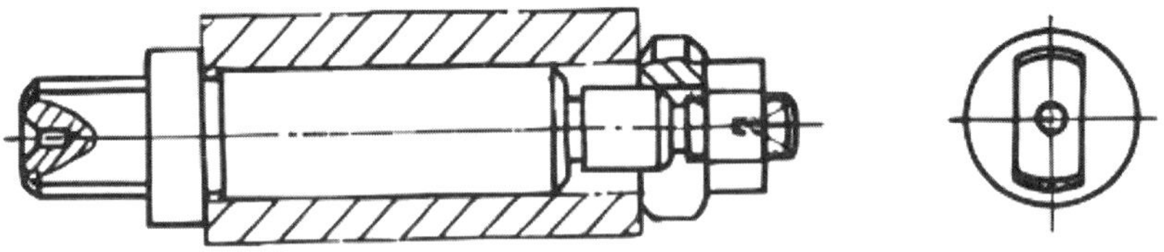

(a) 间隙配合心轴

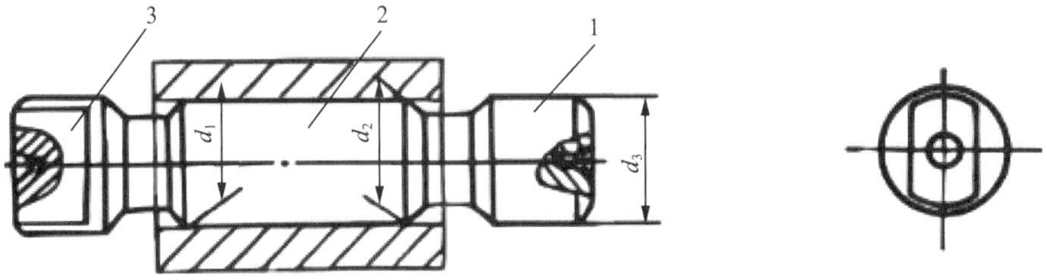

(b) 过盈配合心轴

1—引导部分；2—定位部分；3—传动部分

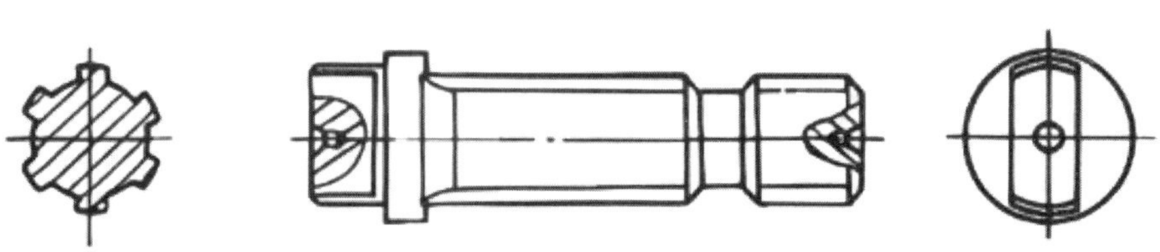

(c) 花键心轴

图 2-20　刚性心轴

图 2-20(b)所示为过盈配合心轴，其主要由引导部分、定位部分、传动部分组成。引导部分的作用是使工件迅速而准确地套入心轴，其直径 d_3 按 e8 精度等级制造，d_3 的基本尺寸等于工件孔的最小极限尺寸，其长度约为工件定位孔长度的一半。定位部分的直径按 r6 精度等级制造，其基本尺寸等于工件孔的最大极限尺寸。当工件孔的长径比 $L/D>1$ 时，心轴的定位部分应略带锥度，此时直径 d_1 按 r6 精度等级制造，其基本尺寸等于

工件孔的最大极限尺寸；d_2 按 h6 制造，其基本尺寸等于工件孔的最小极限尺寸。过盈配合心轴制造简单，定心精度高，能同时加工两端面，不用另设夹紧装置，但装卸工件不便，且易损伤工件定位孔，因此多用于批量不大而定心精度要求高的精加工。

图 2-20(c)所示为花键心轴，用于加工以花键孔定位的工件。当工件定位孔的长径比 $L/D>1$ 时，工作部分可稍带锥度。设计花键心轴时，应根据工件的不同定心方式来确定定位心轴结构，其配合可参考上述两种心轴。

心轴在机床上的常用安装形式如图 2-21 所示。

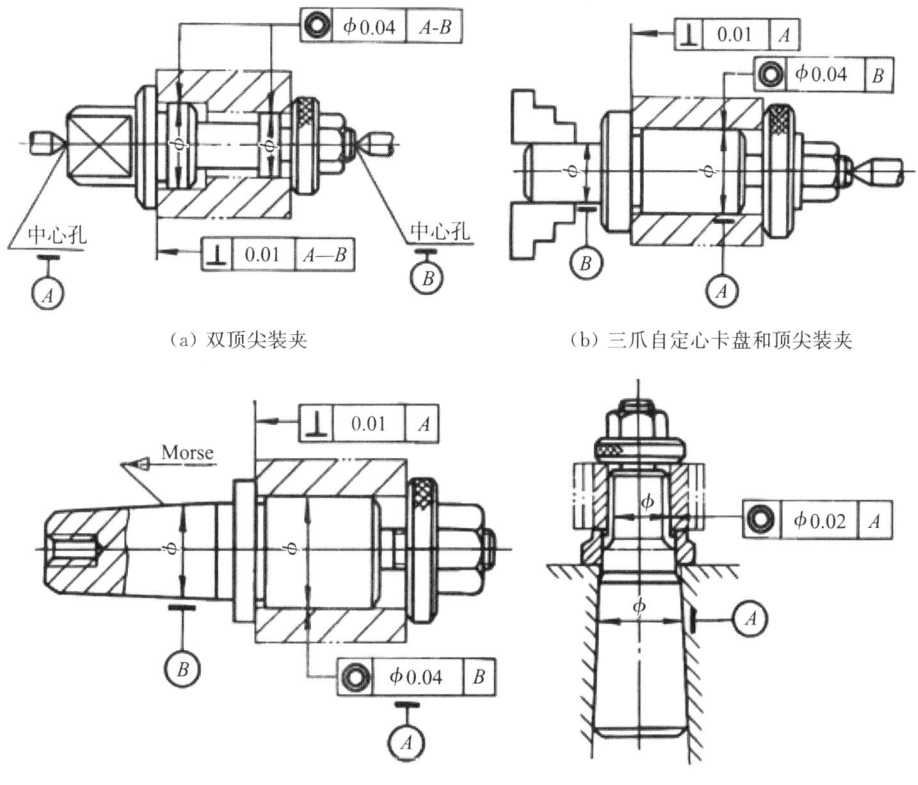

(a) 双顶尖装夹　(b) 三爪自定心卡盘和顶尖装夹　(c) 锥柄装夹　(d) 螺纹装夹

图 2-21 心轴在机床上的安装形式

注：图中 Morse 表示莫氏锥度。

为保证工件的同轴度要求，设计心轴时，夹具总图上应标注心轴各限位基面之间、限位圆柱面与顶尖孔或锥柄之间的位置精度要求，其同轴度可取工件相应同轴度的 1/3～1/2(图 2-21 中的标注作为示例，仅供标注尺寸时参考)。

(三) 圆锥销

图 2-22 所示为圆锥销定位的两种结构。圆锥销通过与工件孔缘接触定位，其能限制工件 3 个自由度。图 2-22(a)所示结构用于粗定位基准面；图 2-22(b)所示结构用于精定位基准面。

工件在单个圆锥销上定位容易产生倾斜，因此，圆锥销一般与其他定位元件组合使用。如图 2-23(a)所示，采用圆锥-圆柱组合心轴，圆锥部分使工件准确定心，圆柱部分则减少工件倾斜；如图 2-23(b)所示，以工件底面作主要定位基准面，采用活动圆锥销，只限制 $\vec{x}$、$\vec{y}$ 两个自由度，即使工件的孔径变化量较大，也能准确定位，避免重复定位；如图 2-23(c)所示，采用双圆锥销定位，左端固定圆锥销限制 $\vec{x}$、$\vec{y}$、$\vec{z}$ 三个自由度，右端活动圆锥销限制$\overset{\frown}{y}$、$\overset{\frown}{z}$两个自由度。以上 3 种定位方式均限制了工件的 5 个自由度。

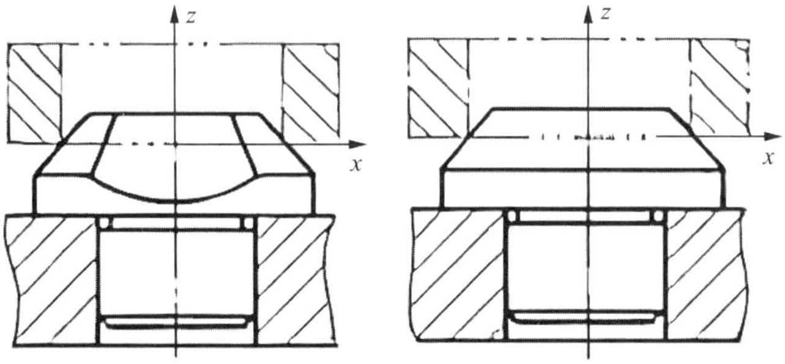

(a) 粗定位基准面　　(b) 粗定位基准面

图 2-22　圆锥销定位

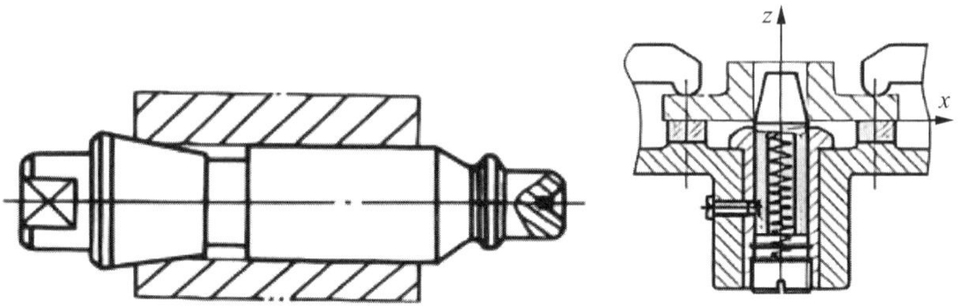

(a) 圆锥-圆柱组合心轴　　(b) 活动圆锥销

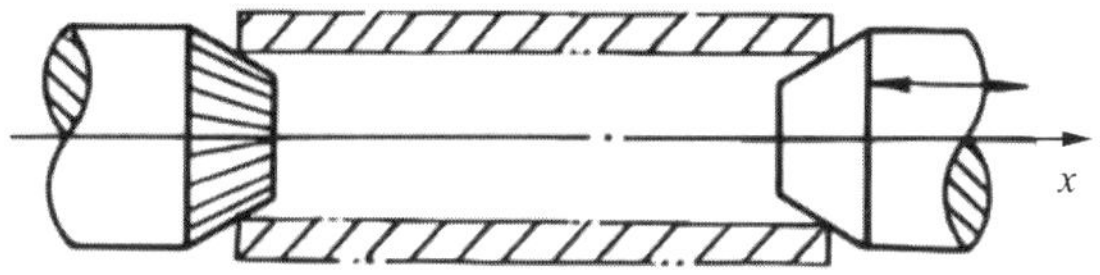

(c) 双圆锥销上定位

图 2-23　圆锥销组合定位

三、工件以外圆柱面定位

生产中有许多工件以外圆柱面作为定位基准面，此时应确保其轴线(即定位基准)与规定轴线重合。最常见的定位方法是以 V 形块、定位套、半圆套等作定位元件，以及使用定心夹紧机构进行定位并夹紧。关于定心夹紧机构的具体内容将在后续项目中详细阐述。

(一) V 形块

在外圆柱面定位元件中，各类 V 形块是应用最为广泛的定位元件，V 形块不仅安装工件方便，而且定位对中性好。不论定位基准是完整的、非完整的，还是阶梯状的圆柱表面，不论是粗基准还是精基准，都可采用 V 形块定位。V 形块既可用作主要定位元件，又可用作辅助定位元件。

当工件以圆柱面在V形块上定位时，工件轴线始终处于V形块的对称中心平面内，因此，在对工件对称性要求较高的铣、钻加工工序中，广泛应用各种V形块作为定位元件。V形块均已标准化，设计时可查看有关标准。长V形块与工件的接触线较长，可限制工件的4个自由度；短V形块与工件的接触线较短，可限制工件的2个自由度。

图2-24所示为常用的V形块结构形式。图2-24(a)所示为单V形块，适用于较短的精定位基准面；图2-24(b)所示V形块适用于较长的精定位基准面和相距较远的两个定位面；图2-24(c)所示V形块适用于粗定位基准面和阶梯轴定位面。V形块不必做成整体的钢件，可在铸铁底座上镶装淬硬支承板或硬质合金板，如图2-24(d)所示。

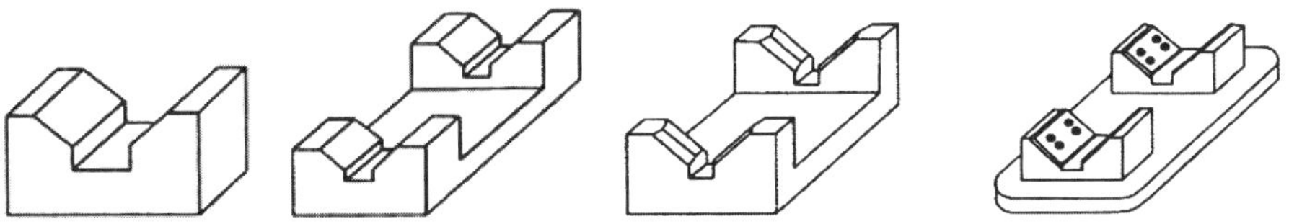

(a) 标准V形块　(b) 长V形块　(c) 组合V形块　(d) 铸铁底座镶装淬硬V形块

图2-24　常用V形块的结构形式

V形块两斜面间的夹角 α 一般选用60°、90°、120°三种规格，其中以90°夹角应用最广。V形块有固定式、可调式和活动式之分。图2-25所示为活动式V形块的应用。图2-25(a)所示为加工轴承座孔时的定位方式，活动式V形块除限制工件1个自由度之外，还兼具夹紧作用；图2-25(b)中的活动式V形块只起定位作用，限制工件1个自由度。

固定式V形块与夹具体的连接，一般采用2个定位销和2～4个螺钉，定位销孔在装配调整好位置后，与夹具体一起配铰，然后打入定位销。中小尺寸V形块材料选用20号钢，渗碳淬火硬度为58～63HRC；大尺寸V形块材料可选用T8A、T12A或CrMn，淬火至相同硬度范围。

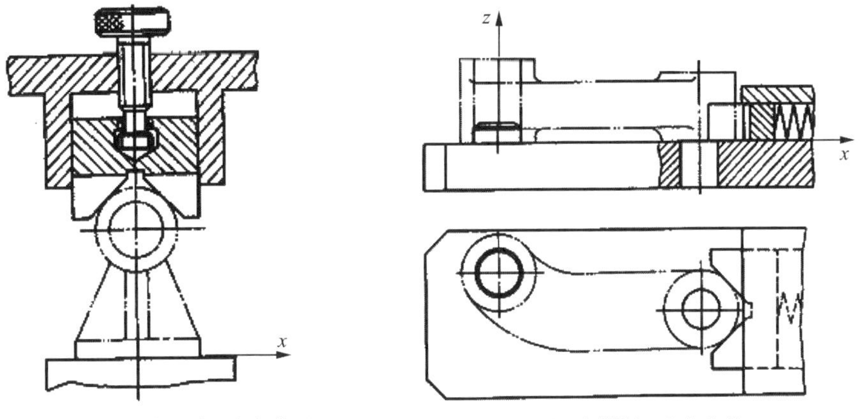

(a) 限制1个自由度且兼具夹紧作用　(b) 仅限制1个自由度

图2-25　活动式V形块的应用

(二) 定位套

工件以外圆柱面作定位基准在圆孔中定位时，其定位元件常做成钢套装于夹具体中。

图 2-26 所示为常用的几种定位套,其内孔轴线是限位基准,内孔面是限位基面。为限制工件沿轴向的自由度,定位套常与端面联合定位。用端面作为主要定位面时,应控制套的长度,以免夹紧时工件产生不允许的变形。定位套结构简单、易于制造,但定心精度不高,故只适用于精定位基准面。长定位套与工件的接触线较长,可限制工件的 4 个自由度;短定位套与工件的接触线较短,可限制 2 个自由度。

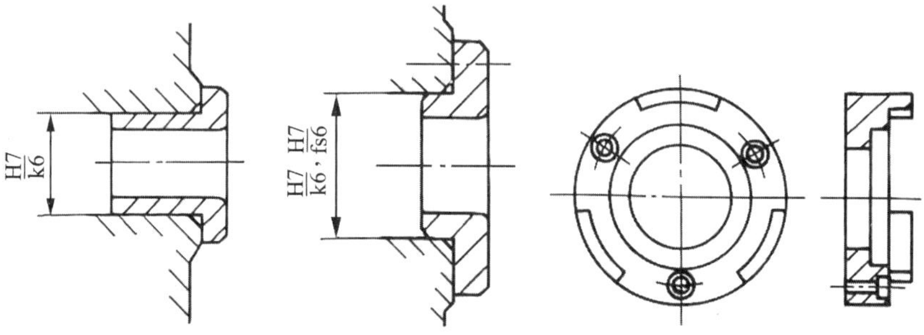

(a) 长定位套　(b) 短定位套　(c) 定位圈

图 2-26　常用定位套

(三) 半圆套

图 2-27 所示为半圆套定位装置。半圆套的下半部分是定位元件,装在夹具体上;上半部分仅起夹紧作用,可以制成可卸式,如图 2-27(a)所示,也可制成铰链式,如图 2-27(b)所示。下半圆套的最小内径应取工件定位基准面的最大直径,常用于大型轴类零件的精基准定位且不便于轴向装夹的场合。

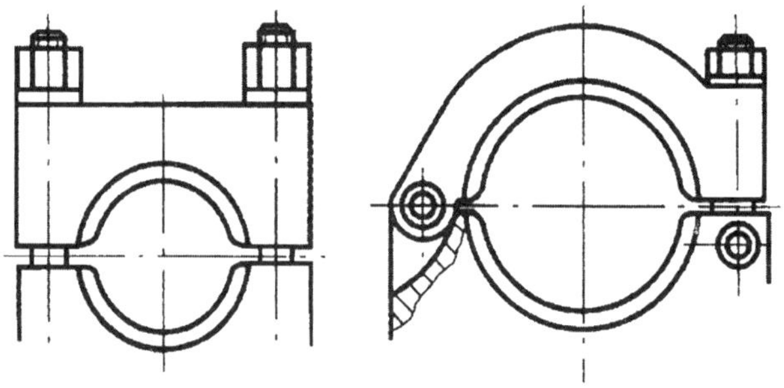

(a) 可卸式　(b) 铰链式

图 2-27　半圆套定位装置

半圆套一般不直接做在夹具体上,而是用铜套制造或用 45 钢淬硬至 35HRC 左右,衬套与本体及盖的配合为 $\frac{H7}{n6}$ 或 $\frac{H7}{h6}$。为保证夹紧可靠,必须在两半孔间留有间隙。

任务实施

依据本项目任务一完成的“一面＋两短销组合”定位方案,定位元件设计方案如图 2-28 所示。按照夹具制图规范绘制夹具,工件用透明体(双点画线)表示,夹具元件用粗实线表示。

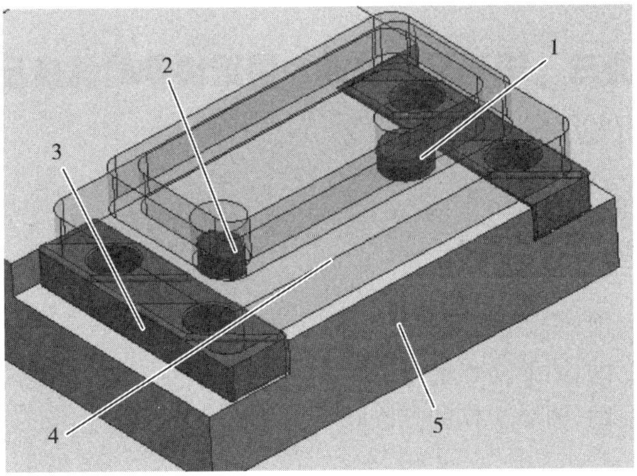

1—圆柱定位销；2—菱形销；3—支承板；4—工件；5—夹具体

图 2-28　大批量生产泵体钻孔工序定位元件设计方案图

任务评价

任务评价表

专业________　班级________　姓名________　学号________　组别________

项目	标准	自我评价	小组评价	教师评价
		占 50%	占 20%	占 30%
常用定位元件限制工件自由度的数目	正确分析			
利用六点定位原则正确选择定位方式	正确分析			
常用定位元件的结构、形状、尺寸及布置形式等	正确分析			
常用定位元件的设计	快速、准确			
协作精神	交流、讨论顺畅			
纪律观念	课堂有序、讨论积极			
学习主动性	认真思考、积极回答问题			
知识应用情况	关键知识点内化			
完成任务过程中引以为豪的做法	简捷、高效(加分项 5～10 分)			
指导他人	帮助的人数及质量(加分项 5～10 分)			
小计				
总评				

注：每个项目得分为 2～10 分。

组长签字：　　　　　　任课教师：　　　　　　年　月　日

任务三　培养互帮互助、团结协作的优良品质

任务目标

1. 知识目标

(1) 理解互帮互助、团结协作的概念；

(2) 认识互帮互助、团结协作的重要性；

(3) 掌握互帮互助、团结协作的方法技巧。

2. 能力目标

(1) 能够清晰准确地表达自己的想法和需求；

(2) 提升个人及团队解决问题的能力。

3. 素质目标

(1) 培养学生良好的团队协作意识；

(2) 培养学生自我认知与调控能力；

(3) 培养学生社会责任感与人际交往能力；

(4) 培养学生互帮互助、团结协作的优良品质。

任务要求

明确团队的共同目标，将个人目标与团队目标相结合，认识到只有团队成功，个人才能更好地实现自身价值。

任务分析

团队需要明确共同的目标，并将其分解为具体的任务和指标，让每个成员都清楚自己的职责和任务。同时，要定期对团队目标和任务进行评估和调整，确保其合理性和可行性。

知识引入

列夫·托尔斯泰曾说过："个人离开社会不可能得到幸福，正如植物离开土地而被抛弃在荒漠里不可能生存一样。"叔本华也曾经说过："单个的人是软弱无力的，就像漂泊的鲁滨孙一样，只有同别人在一起，他才能完成许多事业。"在《西游记》中，如果悟空离开取经队伍，无论多么神通广大，都无法独自完成西天取经的使命。这充分说明了团结协作的重要性。

一、要建立和谐的信赖关系，营造良好的人际氛围

心理学家指出，如果我们能与同事、领导形成和谐的信赖关系，团队氛围就会更加融

洽，这有助于形成相互尊重、相互理解的工作环境。这将激发我们的工作热情，使我们能更好地发挥聪明才智。对普通干部来说，应准确领会领导的意图，理清工作思路，明确工作目标，完成工作任务。

二、要积极参加集体活动，增强团结协作精神

参加集体活动能增强团结协作意识，进而产生协作效应——遇到困难时，大家共同想办法、出主意，凝聚集体的力量。试想，当工作中遇到困难时，我们最需要的是什么？是同事之间发自内心的鼓励和帮助，它可以使我们充分展示自我，使我们感受到团队的巨大力量。

三、要充分信任同事和周围的人

信任别人本身就是一种美德，在与同事相处的时候，一定要给予充分的信任。和周围的人共事，要多一点谦虚、多一点微笑、多一点宽容、多一点主动。

任务实施

根据任务评价表，制定具体的改进措施，并确保措施得到有效执行。例如，如果发现团队成员之间沟通不畅，可以加强沟通培训，以提高成员的沟通能力。

任务评价

任务评价表

专业________　班级________　姓名________　学号________　组别________

项目	标准	自我评价	小组评价	教师评价
		占50%	占20%	占30%
互帮互助、团结协作的内涵	正确分析			
营造良好氛围	正确分析			
合理分工协作	正确分析			
提供支持与激励	快速、准确			
协作精神	交流、讨论顺畅			
纪律观念	课堂有序、讨论积极			
学习主动性	认真思考、积极回答问题			
知识应用情况	关键知识点内化			
完成任务过程中引以为豪的做法	简捷、高效(加分项5～10分)			
指导他人	帮助的人数及质量(加分项5～10分)			
小计				
总评				

注：每个项目得分为2～10分。

组长签字：　　　　任课教师：　　　　年　月　日

项目三 工件的夹紧方案设计

项目三 拓展微课视频

项目描述

在机械加工领域，为了保证工件和刀具间的相对位置关系，提高加工精度、生产效率，减轻劳动强度，扩大机床的工艺范围，需要对工件进行合理的定位与夹紧。工件的夹紧方案设计项目旨在根据零件加工要求和特点，设计出能满足加工需求的夹紧方案，确保工件在加工过程中保持稳定，不发生移动、变形和振动等情况，从而保证产品质量和生产效率。

任务一 工件夹紧方案的确定

任务目标

1. 知识目标

(1) 掌握机床夹具夹紧装置的组成和基本要求；

(2) 掌握夹紧力确定的基本原则；

(3) 掌握如何确定夹紧方案并选择夹紧机构；

(4) 掌握基本夹紧机构的工作原理和使用条件。

2. 能力目标

(1) 能够运用夹紧力确定的基本原则进行实际分析；

(2) 具备使用 NX 软件设计箱盖工件夹紧机构的技能。

3. 素质目标

(1) 培养学生爱护与保养工艺设备的意识；

(2) 培养学生对机械设备的理性与感性的认识；

(3) 培养学生吃苦耐劳、刻苦钻研技术的精神；

(4) 培养学生一丝不苟、精益求精的工匠精神。

任务要求

根据项目二图 2-28 所示大批量生产泵体钻孔工序定位元件设计方案图，进一步选择夹紧机构的设计方案。

任务分析

当工件完成定位后，是否就完成了装夹呢？针对图 2-28 所示设计方案图如何来进行下一步的夹紧装置的设计呢？从“夹紧”的字面含义分析，其过程必然涉及力的作用，而力的产生和传递，需依赖相应的机构来实现。

知识引入

在机械加工过程中，工件会受到切削力、离心力等外力作用。为了保证在这些外力作用下，工件仍能在夹具中保持定位元件所确定的位置，防止发生振动或位移，夹具结构中都必须设置一定的夹紧装置将工件可靠夹牢。这种用于把工件压紧夹牢的装置，称为夹紧装置。

一、夹紧装置的结构分析

夹紧工件的方式多种多样，因而夹紧装置的结构形式也种类繁多。我们通过图 3-1 所示夹紧装置对其原理进行说明，气缸 1 推动斜楔 2 左右运动，通过滚子 3 驱使压板 4 绕着铰链转动，从而压紧和松开工件。

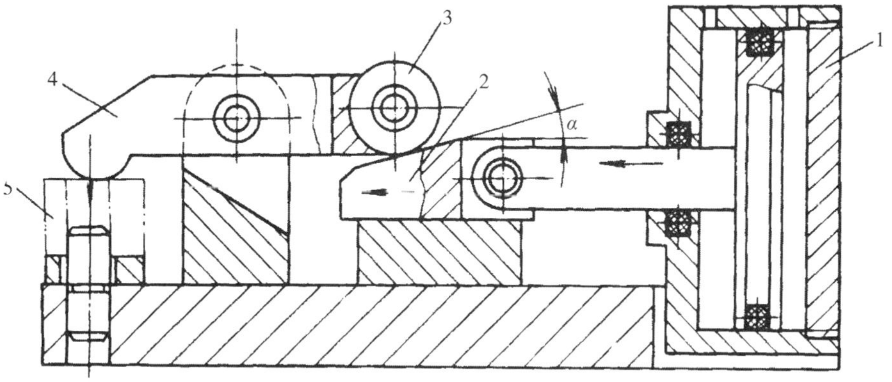

1—气缸；2—斜楔；3—滚子；4—压板；5—工件

图 3-1　夹紧装置结构

注：图中 α 指斜楔角度。

图 3-2 所示是手动夹紧的钻床夹具，其利用螺母、弹簧和压板将工件夹紧。有些联动夹紧机构可通过一个原始作用力操纵几个夹紧元件同时夹紧一个或多个工件。这些夹紧装置所用力源不同，由原始作用力传递至夹紧元件所经过的中间环节也不同，因此可将夹紧装置分为手动夹紧和机动夹紧两大类。从结构特点及功用角度分析，典型夹紧装置由三部分组成，即力源装置、中间传力机构和夹紧元件。

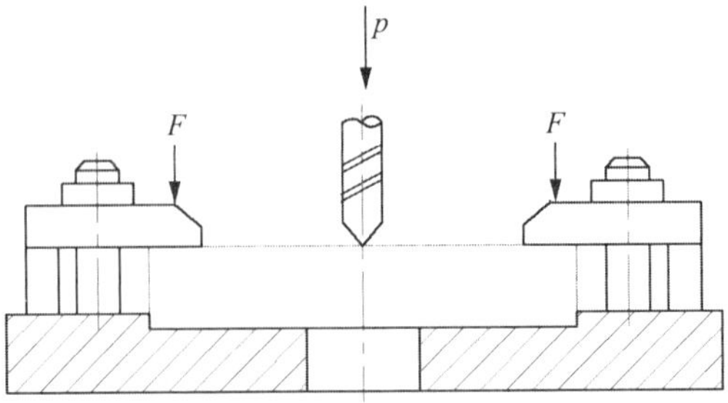

图 3-2　钻床夹具

注：图中 F 指压板给工件的正压力，p 指钻头给工件的正压力。

（一）力源装置

力源装置是产生夹紧力的装置。通常指机动夹紧时所用的气压、液压、电动、磁力、真空等动力装置。图 3-1 中的气缸 1 便是机动夹紧中的一种气压装置。手动夹紧的力源由人力保证，它没有力源装置。

（二）中间传力机构

中间传力机构是介于力源装置和夹紧元件之间的传力机构，它将力源装置产生的夹紧力传给夹紧元件，最终实现夹紧元件对工件的夹紧。中间传力机构的作用如下：

(1) 改变夹紧力的方向。

(2) 改变夹紧力的大小。

(3) 保证夹紧机构工作安全可靠并具有一定的自锁性能，以便在夹紧作用力意外消失后，仍能使整个夹紧系统处于可靠的夹紧状态。

图 3-1 所示的中间传力机构(斜楔)同时具有以上三种作用：力源装置(气缸)的活塞杆所产生的水平方向的夹紧作用力，通过中间传力机构的换向作用，变成垂直向上的力，推动压板 4 完成对工件的夹紧。同时斜楔可增大夹紧作用力；此外，斜楔本身具有一定的自锁性能，能保证整个夹紧系统的工作安全可靠。

（三）夹紧元件

夹紧元件是实现夹紧作用的最终执行元件，其通过和工件受压面直接接触而实现夹紧作用。如图 3-1 中的压板 4 便是机动夹紧装置中的一种夹紧元件。对于手动夹紧装置而言，夹紧机构由中间传力机构和夹紧元件组成。

以上夹紧装置各组成部分之间的相互关系可用图 3-3 所示的框图表示。夹紧装置的基本设计内容就围绕这三个部分展开。

工程上，确定夹紧方案、装置具体组成时，需依据工件的加工工艺、定位方案、加工要求、生产类型(即产品生产批量的大小)等要求。但在有些场合下，例如在重型箱体工件上钻小孔时，由于工件本身的重量，其对机床工作台会产生很大的摩擦力，这足以克服钻削力和钻削力矩，因此不必夹紧工件，允许直接加工，此时无需设置夹紧装置；又如在孔口倒角、孔口锪小平面、去毛刺等工序中，由于加工面很小，加工时产生的切削力和切削力矩不大，往往在工件侧面设置一个或两个防转挡销，便可防止工件转动，甚至用手握住工件也能完成加工，因此也无需设置夹紧装置。

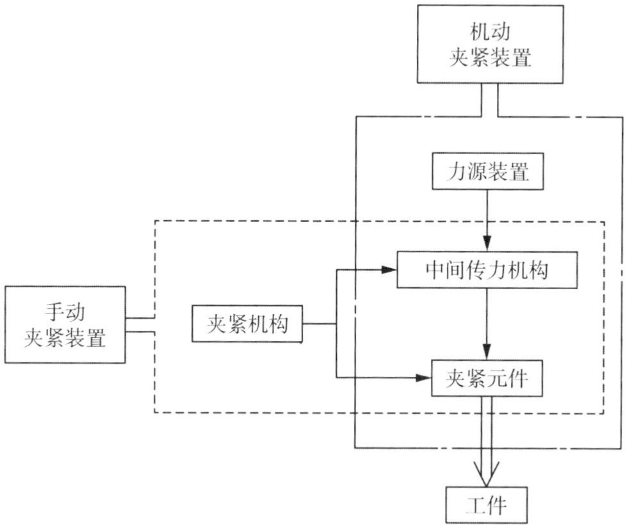

图 3-3　夹紧装置的组成方框图

二、夹紧力的确定

(一) 夹紧装置的基本要求

通过对夹紧装置组成及其作用进行分析可知，夹紧装置的设计或选用是否合理、可靠及安全，对工件加工的精度、生产率和工人的劳动条件有着重大的影响，因此，在夹具设计中，夹紧装置应满足如下基本要求：

1. 具有合适的夹紧力

(1) 夹紧过程中，必须保证定位准确可靠且不破坏原有的定位，以免影响加工精度。

(2) 加工过程中，工件不得松开或脱落。

(3) 夹紧力的大小要可靠、适当，不要使工件产生过大的夹紧变形，影响加工精度。

(4) 防止工件在加工时发生振动。

2. 具有一定的增力比

夹紧力 F_W 与原始作用力 F_Q 之比称为增力比，记为 i_F，$i_F=F_W/F_Q$。夹紧装置应具有一定的增力比。

3. 具有自锁性

夹紧装置应具有良好的自锁性，以保证源动力波动或消失后仍能保持夹紧状态。

4. 操作方便、省力、安全

装卸工件应方便、省力，无障碍，以降低工人劳动强度，缩短辅助时间，提高生产率。

5. 设计、制造成本低

通常夹紧装置设计、制造成本较高。因此，大量选用市场上的模块化、标准化、系列化的商品(外购件)有利于降低成本，企业仅需完成部分组装、调整工作。

(二) 夹紧力确定的基本准则

设计和选用夹紧装置的核心问题，就是如何正确施加夹紧力。夹紧力由力的作用方向、作用点和大小三个要素决定。夹紧力用 F_W 表示，其方向用箭头“↓”表示，箭头指向处为夹紧力作用点。

夹紧力的确定是一个综合性问题，必须结合工件的加工要求和特点、定位元件的结构形式和布置方式以及工件的自身重力和所受外力作用的情况等进行研究。

1. 夹紧力方向确定准则

夹紧力的方向和工件定位基准的配置情况以及工件所受外力的作用方向等有关。为此，夹紧力方向的确定要遵守以下准则：

(1) 夹紧力应指向主要支承面，使定位稳定

我们以图 3-4 所示示例对这一准则进行说明。工序简图如图 3-4(a)所示，在直角支座零件上镗孔，要求保证孔轴线与 A 面垂直度。根据加工要求，以 A 面为主要定位基准面，夹紧力 F_W 的方向应指向 A 面，这样能保证定位可靠，满足上述垂直度要求。图 3-4(b)、(c)中的夹紧力 F_W 都不利于保证镗孔轴线与 A 面的垂直度，是错误的。图 3-4(d)中的夹紧力 F_W 朝向主要限位面，有利于保证镗孔轴线与 A 面的垂直度，所以是正确的。

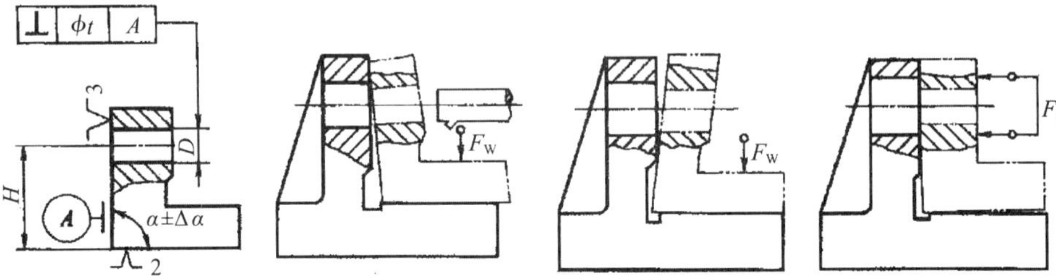

(a) 工序简图 (b) 错误 (c) 错误 (d) 正确

图 3-4 夹紧力应指向主要支承面

注：图中 H 表示孔中心到底面的垂直距离，D 表示孔直径，α 表示角度。

(2) 夹紧力的方向应有利于减小夹紧力

这一准则的目的是减小工件变形、减轻劳动强度。这样既使操作者省力，又可缩小夹紧装置的结构尺寸。我们以图 3-5 所示示例对这一准则进行说明。

工件在夹具中加工时常见的几种受力情况如图 3-5 所示，加工过程中工件一般要受到切削力 F 和工件重力 G 的作用。这些外力的方向和夹紧力的作用方向的关系，对于实际夹紧力的大小影响极大。为此，夹紧力 F_W 的方向最好与切削力 F、工件的重力 G 的方向重合。

我们具体分析以下各种情况下夹紧力的大小。

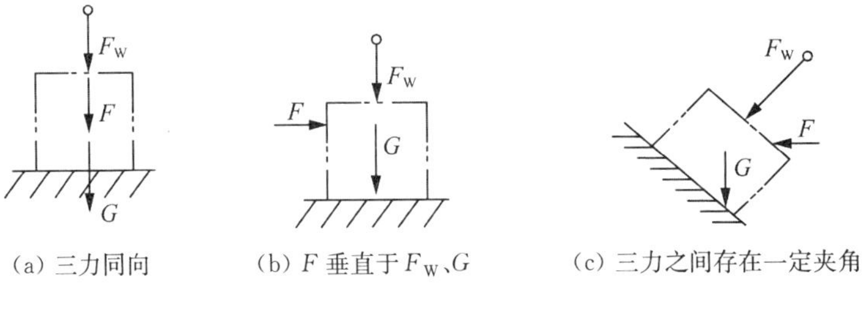

(a) 三力同向 (b) F 垂直于 F_W、G (c) 三力之间存在一定夹角

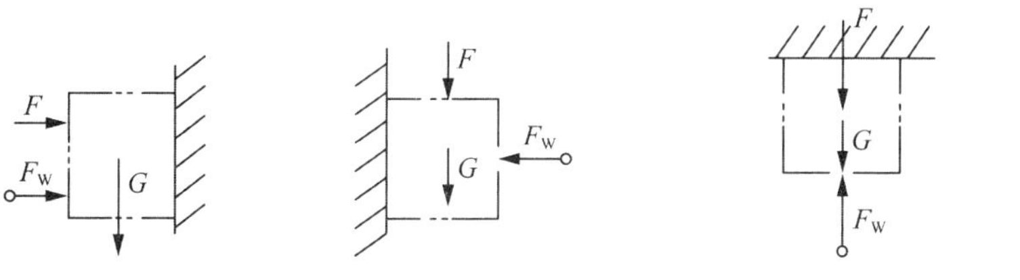

(d) G 垂直于 F、F_W　　(e) F_W 垂直于 F、G　　(f) F_W 与 F、G 方向相反

图 3-5　夹紧力的方向与夹紧力大小的关系

图 3-5(a)中，F、F_W、G 三力同向且指向夹具体，这时夹紧力 F_W 最小。F、G 产生的摩擦力可以补偿一部分为防止工件转动所需的夹紧力，所以此时实际施加在工件上的夹紧力就较小。

图 3-5(b)中，F 垂直于 F_W、G。在这种情况下，如果重力很大，夹紧力可以很小，甚至不需要夹紧力。

图 3-5(c)中，F、F_W、G 三力之间存在一定夹角，夹紧力的大小取决于各力的方向和大小。

图 3-5(d)中，G 垂直于 F、F_W，此时夹紧力大小仅次于图 3-5(e)中 F_W。

图 3-5(e)中，F_W 垂直于 F、G，此时 F_W 较大。

图 3-5(f)中，F_W 与 F、G 的方向相反，此时夹紧力最大，而且由于 F 和 G 的方向直接朝向夹紧机构，便有迫使夹紧机构松开的趋势。这样，夹紧既不牢固，定位也不可靠，甚至在加工过程中还容易引起振动。因此，除非万不得已，一般应尽量避免采用这种 F_W 与 F、G 方向相反的夹紧方式。

从这个示例中也可看出，考虑重力 G 对工件的影响，工件的主要定位基准面不仅应设置在水平面内，还应该便于由上向下装夹工件。

(3) 夹紧力应朝向工件刚度较好的方向

夹紧力应朝向工件刚度较好的方向，这样有利于减小工件变形。

我们以图 3-6 所示示例对该准则进行说明。如图 3-6(a)所示，薄壁套筒的轴向刚性比径向好，若用卡爪径向夹紧，工件会产生较大变形；若沿轴向施加夹紧力，则变形情况就可大为改善。采用图 3-6(b)所示方案可避免工件发生严重的夹紧变形。

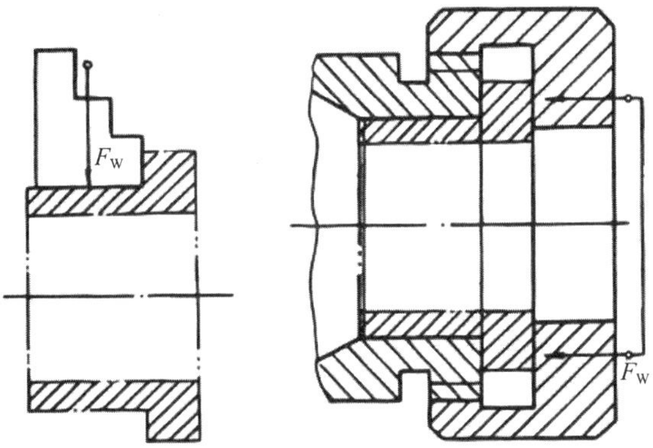

(a) 径向夹紧工件易变形　　(b) 轴向夹紧工件不变形

图 3-6　夹紧力的方向与工件刚度的关系

2. 夹紧力作用点确定准则

正确选择夹紧力的作用点，对于确保工件定位可靠性、防止夹紧变形、保证工件加工精度等，都有着很大的影响。

(1) 夹紧力的作用点应确保工件定位稳定可靠

夹紧力的作用点应设置在能使工件定位保持稳定可靠的位置，避免引起工件位移或偏转。

图 3-7(a)所示方案夹紧力作用点下面有支承，是正确的。图 3-7(b)所示方案夹紧力的作用点下面悬空，工件受夹紧力作用后，会发生侧倾，是错误的。

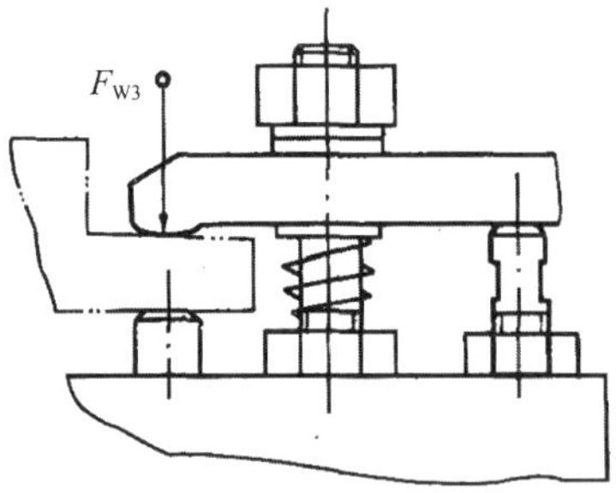

(a) 正确　　(b) 错误

图 3-7　夹紧力的作用点与定位支承点的关系

图 3-8 中的 F_W 可分解为两个分力：一个水平分力 F_{Wx}，一个垂直分力 F_{Wz}。其中水平分力 F_{Wx} 可将工件向左推，有保持工件可靠定位的作用；但图 3-8(a)中所示垂直分力 F_{Wz} 却有向上抬起工件的趋势，起着破坏工件定位的作用。应该改用图 3-8(b)所示方案，优化夹紧力作用点和方向，这样可以更加有效地保证工件可靠定位。

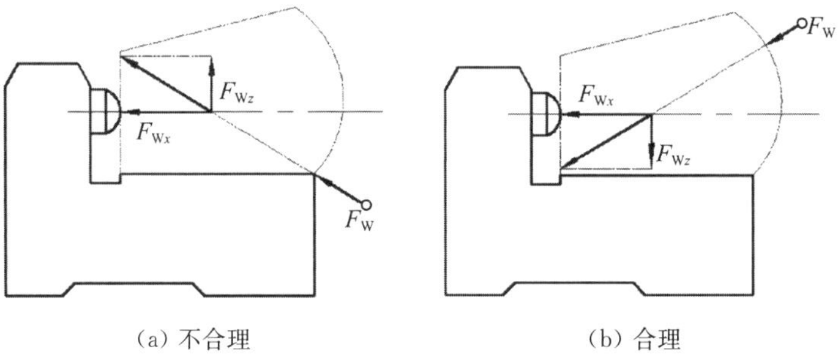

(a) 不合理　　(b) 合理

图 3-8　夹紧力作用点和方向的正误对比

(2) 夹紧力作用点应选在工件刚度较高的部位

夹紧力作用点应选在工件刚度较高的部位(夹实不夹空)，使夹紧系统的夹紧变形尽可能小。

由于工件在不同方向上的刚性是不等的，不同的受力表面也因其接触面积大小不同而变形各异。所以应在刚性最好的方向和部位施加夹紧力，并应使夹紧力均匀分布，以减小工件变形。夹紧力的作用点应选在使工件的夹紧变形较小的凸缘、耳座、筋肋、隔板等刚性较好的部位，只有选择这些部位，才能使工件夹得实，压得牢，且产生的夹紧变形也较小。图 3-9(a)中夹紧力作用点选在工件刚性最差的薄壁空腔顶部的中央，这样会造成工件顶面较大的压紧变形；图 3-9(b)中夹紧力作用点设置在工件底部凸缘处，此时所产生的夹紧变形就很小，且利用该位置可将工件压得很实、很牢，以确保加工安全。若工件无凸缘可以利用，可利用浮动压脚，把夹紧力作用点分散到箱壁及筋板处，这样也可有效地防止过大的夹紧变形，提高夹紧的可靠性。在夹压薄壁零件时尤其要注意，应将夹紧力的作用点选在工件刚度较高的部位。

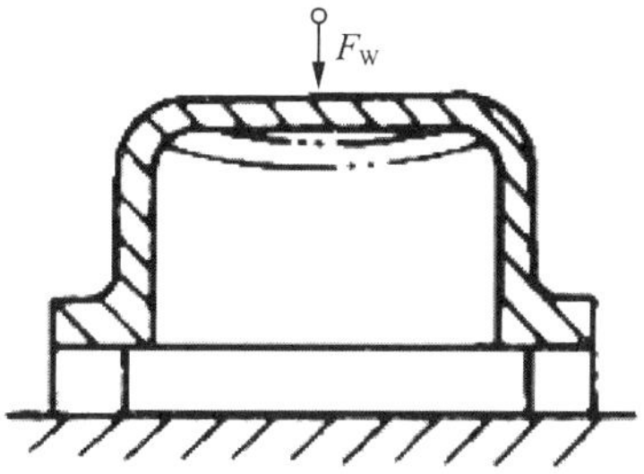

(a) 错误　　(b) 正确

图 3-9　夹紧力作用点与工件刚性的关系

(3) 夹紧力的作用点应尽量靠近加工表面

夹紧力作用点靠近加工部位，可提高加工部位的夹紧刚性，减小切削力对该点的力矩，这样有利于防止或减小工件振动。图 3-10 中，因力矩 $M_1 < M_2$，故在切削力大小相同的条件下，图 3-10(a)和图 3-10(c)中的夹紧力较小，而图 3-10(b)和图 3-10(d)中的夹紧力较大。

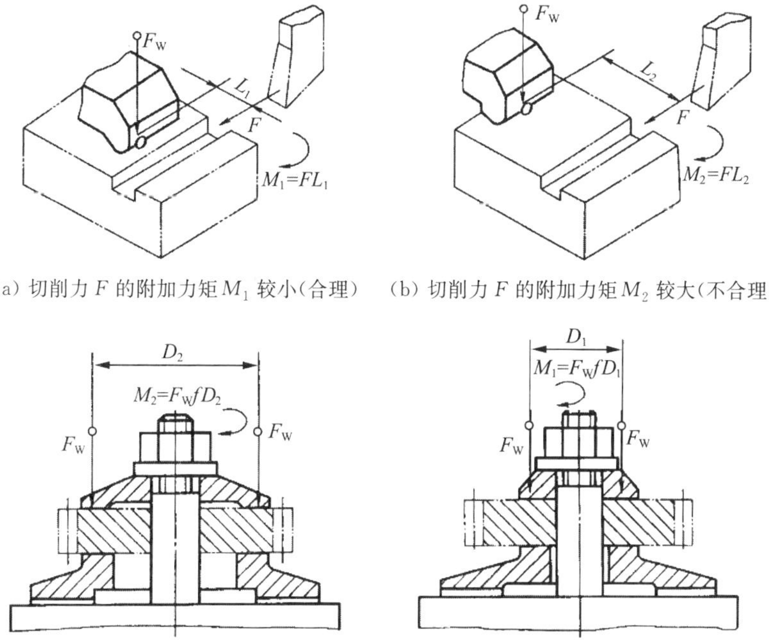

(a) 切削力 F 的附加力矩 M_1 较小(合理)　(b) 切削力 F 的附加力矩 M_2 较大(不合理)

(c) 夹紧力 F_W 的阻力矩 M_2 较小(合理)　(d) 夹紧力 F_W 的阻力矩 M_1 较大(不合理)

图 3-10　夹紧力 F_W 的作用点应靠近加工部位

若主要夹紧力的作用点距加工表面较远，则应增加附加夹紧力 F_{W1}，并在靠近加工表面处下方设置辅助支承。同理，附加夹紧力的位置也应尽可能接近工件被加工表面，以减小切削过程中的振动和变形。如图 3-11 所示，主要夹紧力垂直作用于主要定位基准，此时在靠近加工面处采用辅助支承或浮动夹紧机构，即可提高工件的安装刚度。

必须指出，设计夹紧装置时，要同时满足上述各条件有时存在困难，但应根据加工性质及工件的形状特点、重量和外力作用情况等因素，力求使主要矛盾得到解决。

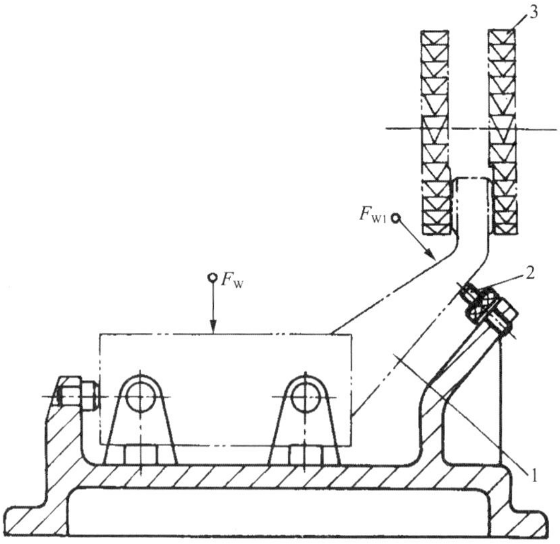

1—工件；2—辅助支承；3—刀具

图 3-11　增设附加夹紧力和辅助支承

3. 夹紧力大小估算

可根据工件受到的切削力、离心力、惯性力和工件自身重力等的作用情况，按静力平衡原理求出夹紧力的大小。为保证夹紧可靠，将结果再乘安全系数作为实际所需的夹紧力数值，计算公式如下：

$$F_{WK}=K\times F_W \tag{3-1}$$

式中：F_{WK}——实际所需夹紧力(N)；

F_W——在一定条件下，由静力平衡原理计算出的夹紧力(N)；

K——安全系数。

安全系数 K 按式(3-2)计算：

$$K=K_0K_1K_2K_3 \tag{3-2}$$

式中：K_0——基本安全系数；

K_1——加工性质系数；

K_2——刀具钝化系数；

K_3——切削特点系数。

各种因素的安全系数如表 3-1 所示。考虑到切削力的变化和工艺系统变形等因素，

一般取 $K=1.5\sim3.5$,视具体情况而定。对于良好的加工条件(如精加工、连续切削、切削刀具锋利),取 $K=1.5\sim2$;对于较差的加工条件(如粗加工、断续切削、刀具刃口钝化),取 $K=2.5\sim3.5$。

表 3-1 各种因素的安全系数

各种因素的安全系数		系数值
基本安全系数 K_0(考虑工件材质、余量是否均匀)		1.2～1.5
加工性质系数 K_1	粗加工	1.2
	精加工	1.0
刀具钝化系数 K_2		1.1～1.3
切削特点系数 K_3	连续切削	1.0
	断续切削	1.2

这种估算夹紧力大小的方法,对夹具设计来说,其准确程度是能够满足要求的。在实际工程应用中,建议结合相关夹具设计手册等资料进行综合分析。

任务实施

基于上述相关知识的学习理解,对大批量生产箱盖钻孔工序定位元件进行设计,选择的方案为:夹紧力的作用点设在泵体的边沿,对称布置。选择压板为直接夹紧机构,中间传力机构采用斜楔夹紧机构。夹紧装置如图 3-12 所示,定位元件包括支承板 4、菱形销 5、圆柱销 6;夹紧元件为压板 2。

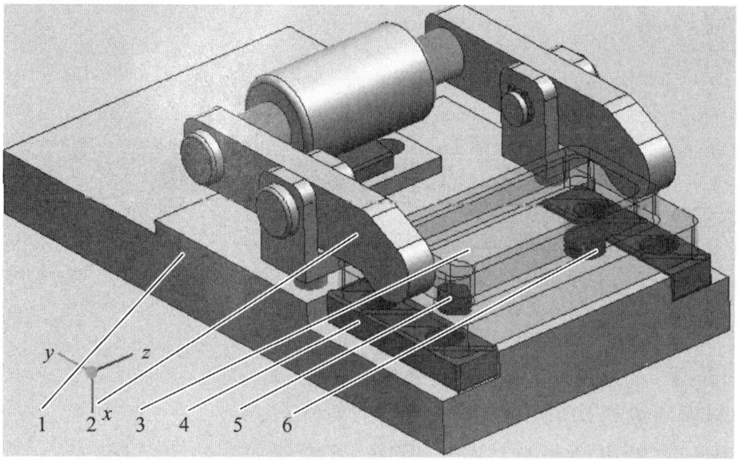

1—夹具体;2—压板;3—工件;4—支承板;5—菱形销;6—圆柱销

图 3-12 泵体批量生产定位、夹紧方案

任务评价

任务评价表

专业________ 班级________ 姓名________ 学号________ 组别________

项目	标准	自我评价	小组评价	教师评价
		占 50%	占 20%	占 30%
机床夹具夹紧装置的组成和基本要求	正确分析			
夹紧力确定的基本准则	正确分析			
基本夹紧机构的工作原理和使用条件	正确分析			
确定夹紧方案,选择夹紧机构	快速、准确			
协作精神	交流、讨论顺畅			
纪律观念	课堂有序、讨论积极			
学习主动性	认真思考、积极回答问题			
知识应用情况	关键知识点内化			
完成任务过程中引以为豪的做法	简捷、高效(加分项 5～10 分)			
指导他人	帮助的人数及质量(加分项 5～10 分)			
小计				
总评				

注:每个项目得分为 2～10 分。

组长签字: 任课教师: 年 月 日

任务二 工件夹紧机构的选择

任务目标

1. **知识目标**

(1) 掌握斜楔夹紧机构的工作原理和使用条件;

(2) 掌握螺旋夹紧机构和偏心夹紧机构的工作原理和使用条件。

2. **能力目标**

(1) 能够依据实际需求,合理选择斜楔的自锁条件和升角 α;

(2) 能够正确分析螺旋夹紧机构的受力情况和偏心夹紧机构的自锁条件。

3. **素质目标**

(1) 培养学生爱护与保养工艺设备的意识;

(2) 培养学生对机械设备的理性与感性的认识;

(3) 培养学生吃苦耐劳、刻苦钻研技术的精神；

(4) 培养学生一丝不苟、精益求精的工匠精神。

任务要求

根据图 3-12 所示泵体批量生产需求，进一步对夹紧机构进行设计和选型。

任务分析

对于图 3-12 所示的泵体，虽然初步确定了夹紧力的作用点位置，但具体如何进行夹紧，还需通过选择相应的夹紧机构来实现。夹紧机构的选择需综合考虑其工作原理、结构组成、特点、使用场合等因素。

知识引入

从前面所述的夹紧装置组成可知，不论采用何种力源形式(手动或机动)，一切外加的作用力都必须通过夹紧机构转化为夹紧力。由此可见，夹紧机构是夹紧装置中的一个很重要的组成部分。在夹具的各种夹紧机构中，多数夹紧机构是以斜楔夹紧机构、螺旋夹紧机构、偏心夹紧机构为基础构成的，这三种夹紧机构合称为基本夹紧机构。除此之外，常见的夹紧机构还包括铰链夹紧机构、定心夹紧机构、联动夹紧机构等。同时，完整的夹紧系统还需配备相应的动力装置。

一、斜楔夹紧机构分析

(一) 斜楔夹紧机构的特点

斜楔夹紧机构利用斜面的作用增力进行夹紧，其结构简单，增力比及夹紧行程较小。

图 3-13(a)所示案例需在工件两个互相垂直的侧面上钻 $\phi 8$ mm、$\phi 5$ mm 两组孔。工件 3 装入夹具体 1 中定位后，锤击斜楔 2 的大头，斜楔对工件产生夹紧力，对夹具体产生正压力，从而把工件楔紧。加工完毕后锤击斜楔小头即可松开工件。这一过程展示了斜楔夹紧机构的工作原理。由于用斜楔直接夹紧工件时夹紧力较小，且操作费时，所以在实际生产中单独使用斜楔的情况不多，多数情况下会将斜楔与其他机构联合起来使用。

图 3-13(b)所示为斜楔与滑柱组合夹紧机构，其斜楔 2 采用双升角设计——大升角 α_1 使压板迅速趋近工件 3，而小升角 α_2 可增大夹紧力。与斜楔连接的杆可采用手动、气动、液压驱动等驱动方式。

图 3-13(c)所示为螺旋端面斜楔与压板、滑柱和弹簧的组合，只需转动手把就可驱动压板将工件压紧。由此可见，斜楔主要是利用斜面移动时所产生的压力来夹紧工件的，即通常所说的楔紧作用。

设计斜楔夹紧机构时，需要解决三个问题：①如何计算斜楔的夹紧力大小；②如何保证斜楔自锁，即如何合理选择斜楔升角；③如何将原始作用力转换为夹紧力，即如何解决中间传力机构的增力特性和夹紧行程问题。

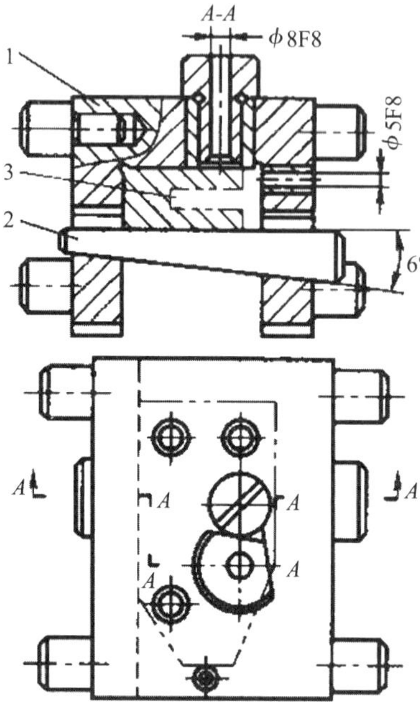

(a) 手动斜楔夹紧机构

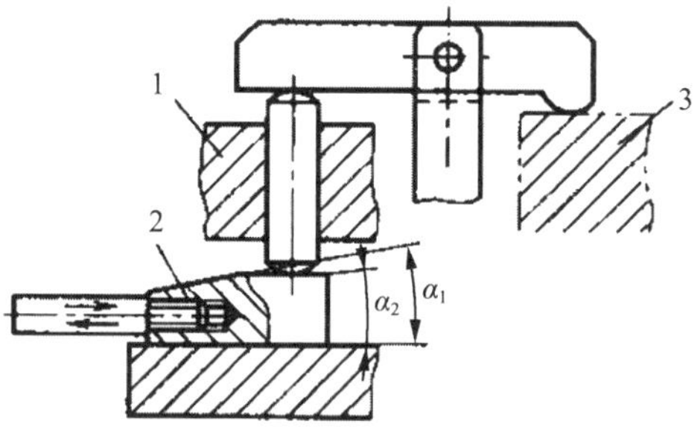

(b) 斜楔与滑柱组合夹紧机构

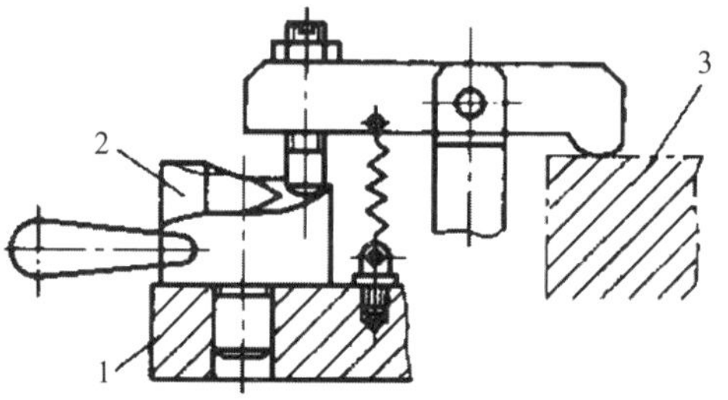

(c) 螺旋端面斜楔与压板、滑柱组合夹紧机构

1—夹具体；2—斜楔；3—工件

图 3-13　斜楔夹紧机构

(二) 增力比计算

基于图 3-14 进行受力分析，可直接推导出相关的计算公式。定义增力系数（增力比）为 F_W 与原始作用力 F_Q 之比，具体公式如下

$$i_F=\frac{F_W}{F_Q}=\frac{1}{\tan\varphi_1+\tan(\alpha+\varphi_2)} \tag{3-3}$$

式中：F_W——斜楔对工件的夹紧力(N)；

α——斜楔升角(°)；

F_Q——施加在斜楔上的作用力(N)；

φ_1——平面间的摩擦角(°)；

φ_2——斜面间的摩擦角(°)。

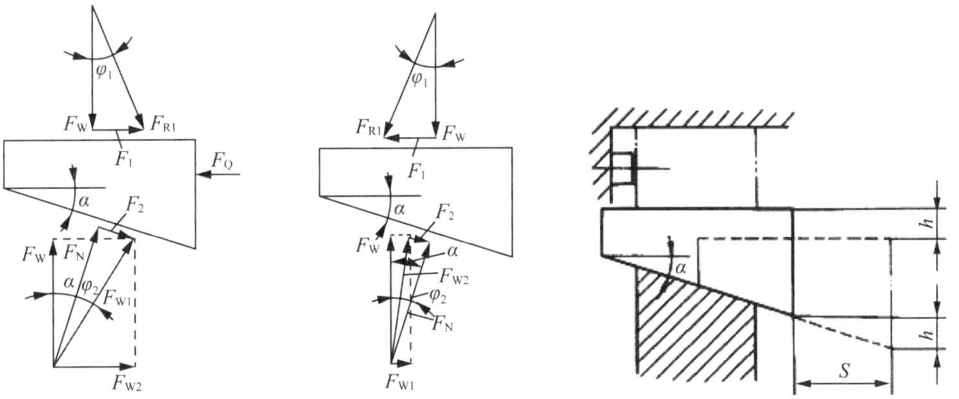

(a) 斜楔机构夹紧力分析图　(b) 斜楔机构自锁时受力分析图　(c) 斜楔机构工作行程图

图 3-14　斜楔的受力分析

注：S 表示斜楔行程；h 表示斜面的高度。

(三) 斜楔夹紧机构的自锁条件

夹具的夹紧机构通常需要具备自锁性能。所谓自锁，是指当夹紧力消失或撤除后(如夹紧动力装置的气动或液压源因停电而失效)，夹紧机构在纯摩擦力的作用下，仍应保持夹紧状态而不松开。斜楔的自锁条件为斜楔升角小于平面间和斜面间的摩擦角之和，即

$$\alpha < \varphi_1 + \varphi_2 \tag{3-4}$$

通常取 φ_1、φ_2 约等于 6°，因此，$\alpha < 12°$，但是考虑到斜楔的实际工作条件(如斜楔与工件的受压面接触不一定良好)，为了自锁更加可靠，实际可取 $\alpha = 6°$，这时 $\tan 6° \approx 0.1 = 1/10$，对应斜楔斜度为 1∶10，这就是斜楔标准斜度 1∶10 的由来。

(四) 斜楔夹紧机构的适用场合

斜楔夹紧机构具有结构简单、增力比大和自锁性能好等优点。但由于增力比、夹紧行程大小和自锁条件是相互制约的，故在确定斜楔升角 α 时，应兼顾三者在不同工作条件下的实际需要。单一斜楔夹紧机构夹紧力和增力比均较小，夹紧行程较小。因此可采用双斜楔升角 α[图 3-13(b)]，以获得较大的增力比和较大的夹紧行程。该结构通常用于机动夹紧或组合夹紧机构，且适用于工件精度要求较高的场景。

(五) 斜楔材料与热处理

斜楔材料一般用 20 号钢，经渗碳(深 0.8～1.2 mm)和淬火后硬度达到 58～62HRC，有时也用 45 号钢淬硬至 42～46HRC。

二、螺旋夹紧机构分析

采用螺旋直接夹紧工件或者与其他元件组合实现夹紧的机构，统称为螺旋夹紧机构，它是应用最广的一种夹紧机构。

(一) 螺旋夹紧机构的特点

螺旋夹紧机构可以看作由一个很长的楔块在圆柱面上环绕形成。因此，它的工作原理与斜楔是一样的，其具有增力比大、夹紧行程大、结构简单、自锁性好、应用广泛的优点，

但工作效率较低。为了提高效率，采用开口垫圈等。

(二) 增力比计算

螺旋夹紧机构受力分析如图 3-15 所示，其增力比计算公式如下

$$i_F = F_W/F_Q = L/\{d_2/[2\tan(\alpha+\varphi_1)]+r'\tan\varphi_2\} \qquad (3-5)$$

式中：L——作用力臂(mm)；

d_2——螺纹中径(mm)；

α——螺纹升角(°)；

φ_1——螺纹处摩擦角(°)；

φ_2——螺杆端部与工件间的摩擦角(°)；

r'——螺杆端部与工件间的当量摩擦半径(mm)，其计算可分为图 3-16 所示四种情形。

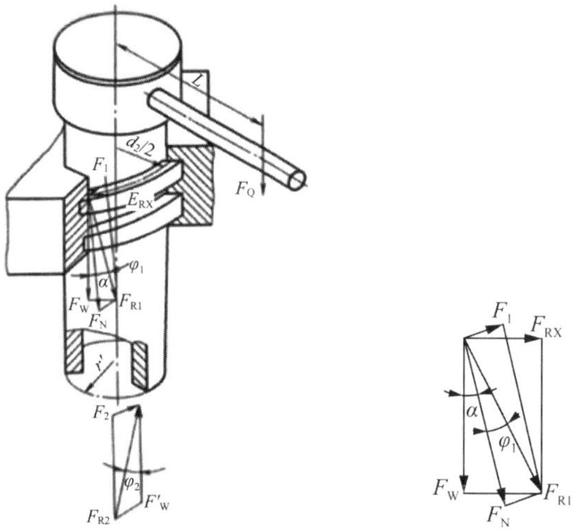

(a) 螺纹的形式　　(b) 螺旋机构夹紧力分析图

图 3-15　螺旋夹紧机构受力分析

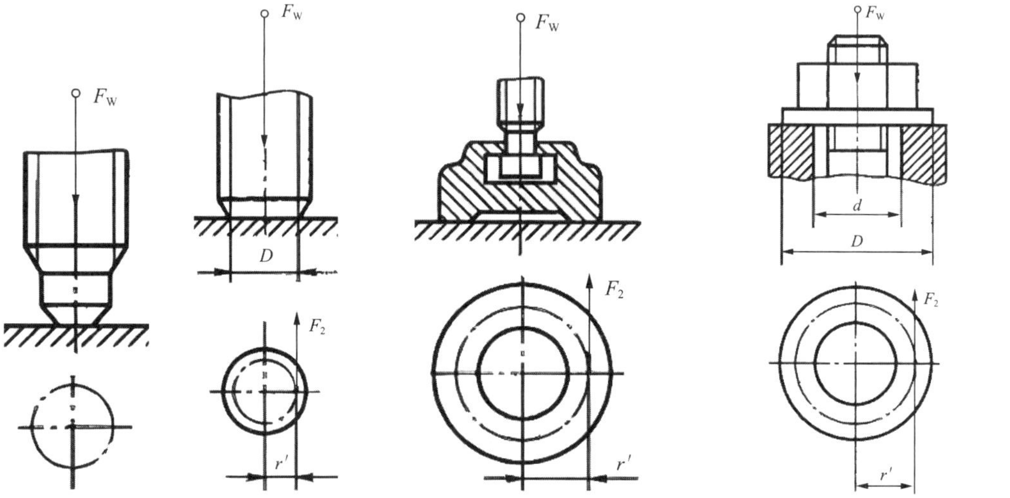

(a) 点接触 $r'=0$　(b) 面接触 $r'=1/3$　(c) $r'=(D^3-d^3)/[3(D^2-d^2)]$　(d) $r'=(D^3-d^3)/[3(D^2-d^2)]$

图 3-16　当量摩擦半径

(三) 螺旋夹紧机构的自锁条件

螺旋夹紧机构的自锁条件与斜楔夹紧机构相同,也是$\alpha<\varphi_1+\varphi_2$。

(四) 典型的螺旋夹紧机构

螺旋夹紧机构的结构形式很多,但按夹紧方式可分为单个螺旋夹紧机构和螺旋压板夹紧机构两种。

1. 单个螺旋夹紧机构

图 3-17 所示为最简单的螺旋夹紧机构,直接用螺钉压紧工件表面。

图 3-18 所示为典型的单个螺旋夹紧机构。手柄 1 固定在螺钉上,旋转手柄时,螺钉在螺母套筒 2 的内螺纹中转动,从而实现夹紧或松开动作。螺母套筒通过螺纹拧在夹具体上,使螺钉不直接与夹具体接触,以保护夹具体不致过快磨损,并简化修理工作。止动螺钉用于防止螺母套筒转动。若用螺钉头部直接压紧工件,不仅容易压坏工件表面,而且拧动螺钉时还会带动工件偏转而破坏定位。因此,在螺钉头部装有摆动的压块 5,这种压块只能随螺钉前后移动而不与螺钉一起转动。

螺旋夹紧机构中的螺旋升角$\alpha\leqslant4^\circ$,因此其自锁性能好,耐振动。设计螺旋夹紧机构时,应根据所需的夹紧力的大小选择合适的螺纹直径。

标准的摆动压块有三种类型,如图 3-19 所示。图 3-19(a)所示为光面压块,用于压紧已加工过的表面;图 3-19(b)所示为槽面压块,用于未加工过的毛坯表面;图 3-19(c)所示为球面压块,可自动调心。压紧螺钉及压块已标准化,具体参数可查阅相关手册。

螺旋夹紧机构结构简单、制造方便、增力比大且夹紧行程不受限制,所以在手动夹紧机构中应用广泛。为了克服螺旋夹紧机构动作慢、效率低等缺点,工程实践中出现了各种快速接近或迅速撤离工件的快速夹紧机构。

图 3-20 所示为几种快速螺旋夹紧机构,其中图 3-20(a)所示机构采用螺旋夹紧机构中广泛使用的开口垫圈,螺母的外径小于工件内孔直径,只要稍微放松螺母,即可抽出垫圈,工件便可方便地从螺母中取出。实际夹紧操作中,螺母的轴向移动量可以控制得很小,以提高夹紧效率。图 3-20(b)所示为栓槽式快速夹紧机构,推进螺杆 1 的夹紧螺旋槽前端设置有一段轴向快移导槽,用于松开状态下螺杆的轴向快速移动。装夹时,首先轴向推进螺杆 1,当前端压块 3 顶住工件时,螺杆应走出直导槽并进入夹紧螺旋槽,然后转动手柄 2,夹紧工件并自锁;松开时,把螺杆转至直导槽处,即可迅速轴向拉回螺杆,这样可达到快速装夹的目的。图 3-20(c)所示机构为快卸螺母,螺母孔内置有与螺纹孔轴线成一较小角度的光孔,其孔径略大于螺纹的大径,螺母斜着沿光孔套入螺杆,然后将螺母摆正,使螺母的螺纹与螺杆啮合,然后拧动螺母,便可夹紧工件。由于螺母的螺纹部分被切去一部分,导致啮合部分减少,故夹紧力不能太大。图 3-20(d)所示为快移式螺杆,它在工作时螺杆不转动。装夹时,先通过手柄 4 推动螺杆沿直槽方向快速接近工件,后将手柄 5 拉至图示位置,再转动手柄 4 带动螺母旋转,因手柄 5 的限制,螺母不能右移,致使螺杆带着摆动压块往左移动,从而夹紧工件。松开时,只要反转手柄 4,稍微松开后,即可推开手柄 5,为手柄 4 的快速右移让出空间。

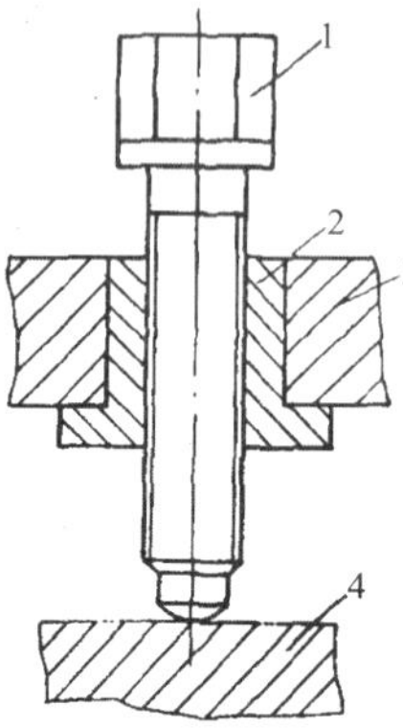

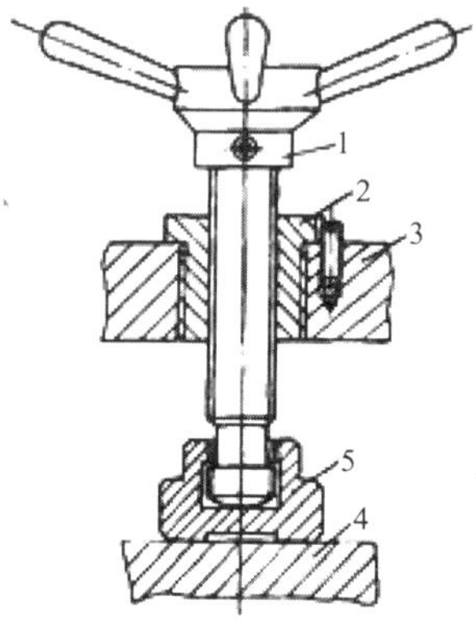

1—手柄；2—螺母套筒；3—夹具体；4—工件；5—压块

图 3-17　简单螺旋夹紧机构　　**图 3-18　典型螺旋夹紧机构**

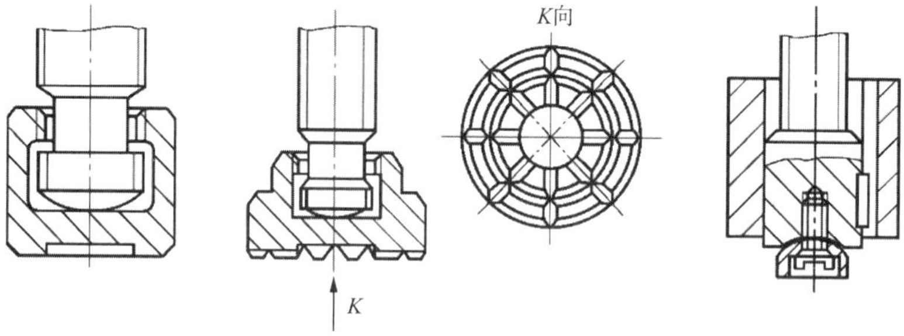

(a) 光面压块　　(b) 槽面压块　　(c) 球面压块

图 3-19　摆动压块

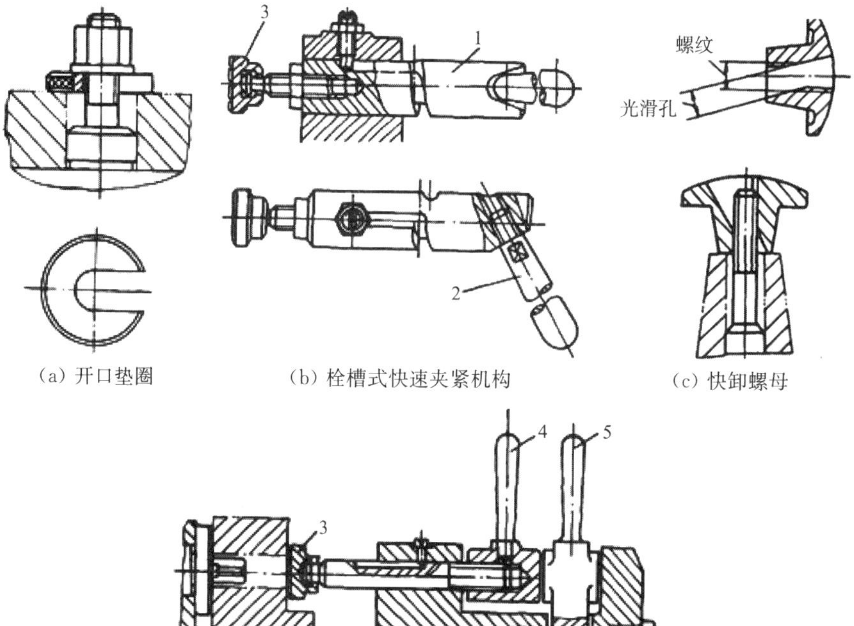

(a) 开口垫圈　　(b) 栓槽式快速夹紧机构　　(c) 快卸螺母

(d) 快移式螺杆

1—推进螺杆；2—手柄；3—压块；4—螺母手柄；5—手柄

图 3-20　快速螺旋夹紧机构

2. 螺旋压板夹紧机构

螺旋夹紧机构中，结构形式变化最多的是螺旋压板夹紧机构。把夹紧性能优良的螺旋与结构简单、灵活的各类压板相组合，可以得到较为理想的螺旋压板夹紧机构。

图 3-21 为几种较典型的螺旋压板夹紧机构，其中图 3-21(a)、(b)均为移动式压板；图 3-21(c)为回转式压板；图 3-21(d)为翻转式压板。这些结构灵活的压板的应用，克服了螺旋夹紧机构动作较慢的缺点，使整个机构的装夹效率提高。

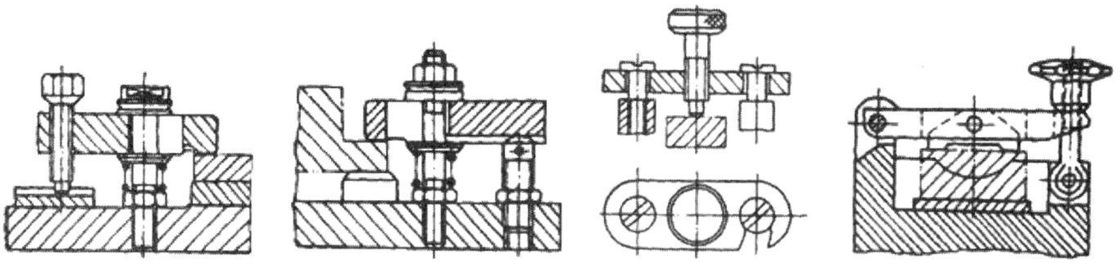

(a) 移动式压板 1　(b) 移动式压板 2　(c) 回转式压板　(d) 翻转式压板

图 3-21　典型螺旋压板夹紧机构

图 3-22 所示为典型螺旋压板夹紧机构的应用。其中，图 3-22(a)、(b)、(c)中螺旋压板分别起减力增大行程、改变力的方向和增力减小行程的作用。图 3-22(c)中压板 2 左下端做成斜面，控制压板翻转角度，压板 2 右下端做成斜面，以免伤人。图 3-22(d)所示为螺旋钩形压板，在空间尺寸受限时使用。图 3-22(e)、(f)为通用压板式结构，用于工件夹紧高度变化较大的小批量、单件生产中。

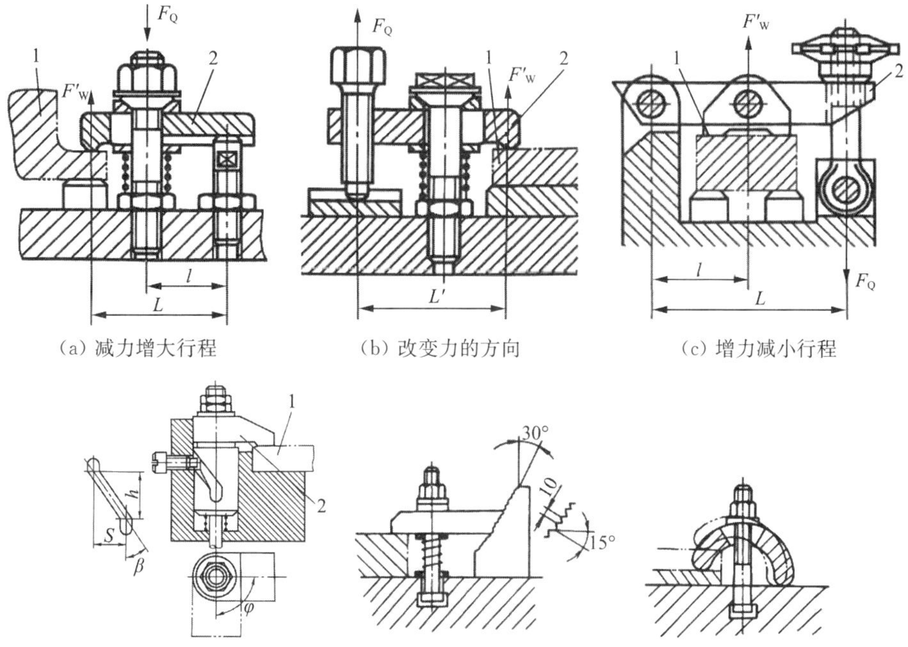

(a) 减力增大行程　(b) 改变力的方向　(c) 增力减小行程

(d) 螺旋钩形压板　(e) 通用压板 1　(f) 通用压板 2

1—工件；2—压板

图 3-22　典型螺旋压板夹紧机构的应用

注：图中 F_Q 指预紧力。

图 3-23 所示为万能调节压板，其工作原理为：转轴 3 中开有孔，用于让双头螺栓 1 通过，转轴 3 和压板 4 通过套盖 6 装成整体，可相对双头螺栓 1 上下移动，同时压板 4 可相对转轴 3 转动。夹紧工件时，转动螺母 2 压转轴 3，进而带动压板 4 压紧工件，夹紧工件的高度可在 0 与某一极限值之间无级变化。

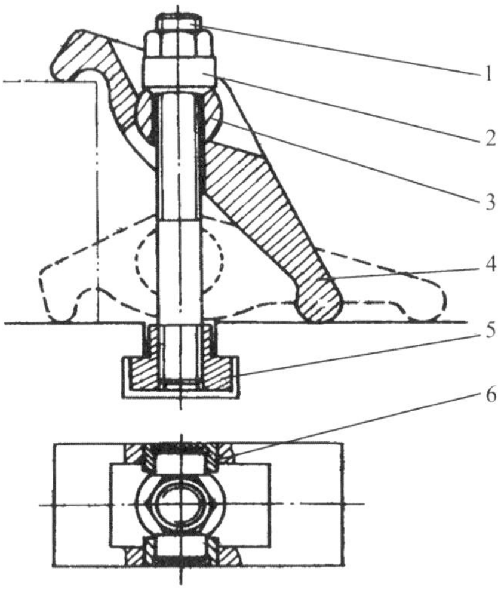

1—双头螺栓；2—螺母；3—转轴；4—压板；5—T 形槽螺母；6—套盖

图 3-23　万能调节压板

上述各种螺旋压板夹紧机构的结构尺寸均已标准化，设计者可参考相关国家标准、《现代夹具设计手册》、相关企业的夹具零件产品样本进行设计、选型，夹具零件产品样本示意图如图 3-24 所示。

图 3-24　夹具零件产品样本图

三、偏心夹紧机构分析

圆偏心夹紧机构是最典型的偏心夹紧机构，具体指使用圆偏心轮的夹紧机构。下面我们以此为例对偏心夹紧机构进行分析。

(一) 圆偏心夹紧机构特点

圆偏心夹紧机构的工作原理相当于弧形楔的夹紧，其结构简单、增力比中等($i_F=9\sim11$)、操作方便、夹紧迅速。缺点是夹紧行程小、自锁性差。圆偏心夹紧机构一般用在切削力不大、无振动，且对夹紧尺寸要求较严的场合。

图 3-25 所示是典型偏心夹紧机构的应用实例，转动手柄 1，带动圆偏心轮 2 转动，通过压板 5 夹紧和松开工件。

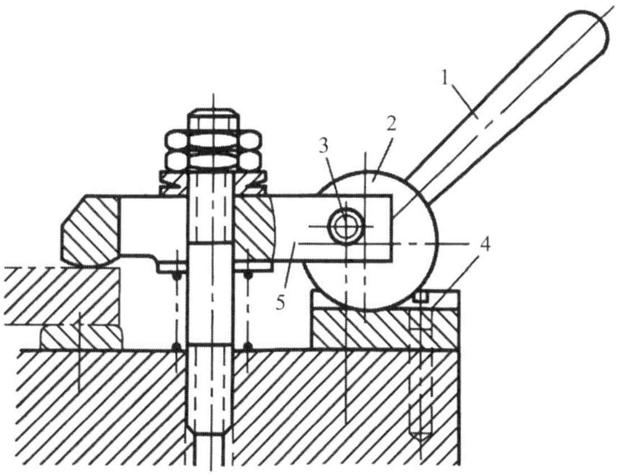

1—手柄；2—圆偏心轮；3—销；4—垫板；5—压板

图 3-25　偏心夹紧机构结构图

(二) 圆偏心轮

圆偏心轮是圆偏心夹紧机构的核心部件，下面我们将对其进行分析。

1. 圆偏心轮的工作原理

如图 3-26 所示，O_1 是圆偏心轮的几何中心，R 是圆半径，O 是圆偏心轮的回转中心(高度位置不变)，R_0 是最小回转半径，OO_1 的距离 e 为偏心距，且 $e=R-R_0$。当圆偏心

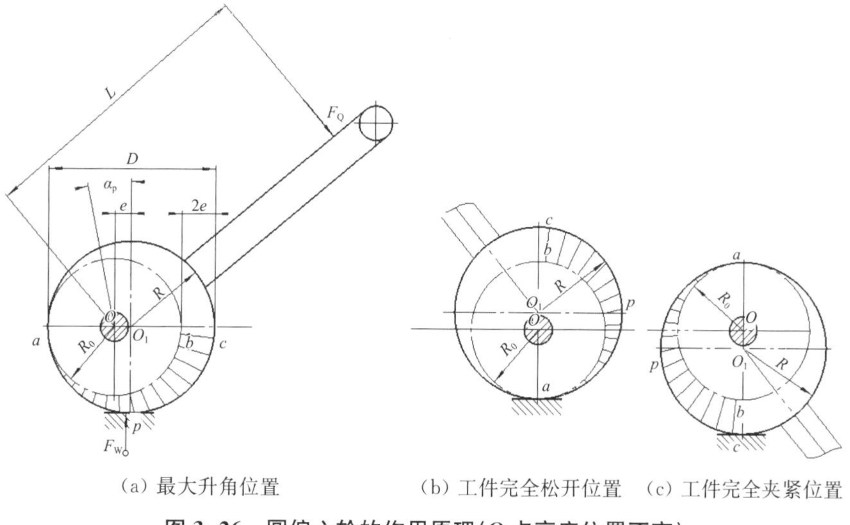

(a) 最大升角位置　(b) 工件完全松开位置　(c) 工件完全夹紧位置

图 3-26　圆偏心轮的作用原理(*O* 点高度位置不变)

轮绕 O 点回转时，圆上各点到 O 点的距离不断地变化。可以把图中阴影部分近似地看成一个绕在半径为 R_0 的圆上的曲线楔；圆偏心轮回转时，其回转半径不断增大，相应于曲线楔向前楔紧在 R_0 圆与工件之间，从而把工件压紧，圆偏心轮相当于曲线楔绕在基圆上形成，所以夹紧工件仍起楔紧作用。圆偏心轮回转角从 0°回转到 180°时，轮周上各点的升角(工件夹压表面的法线与回转半径的夹角)是变化的，当回转角为 90°时，升角 α_p 最大(α_{max})。图 3-26 中：O 点为固定回转中心或参考原点(高度位置不变)，通常作为坐标系原点。a 表示圆心 O 在水平方向(x 轴)的偏移量。b 表示圆心 O 在垂直方向(y 轴)的坐标。由于 O 点高度固定，b 通常为常量，以确保系统垂直方向稳定。c 表示偏心圆的几何半径(圆心 O 到圆周的距离)。

2. 圆偏心轮的增力比

圆偏心轮的增力比计算公式如下

$$i_F = F_W / F_Q = L / \{\rho[\tan\varphi_1 + \tan(\alpha_p + \varphi_2)]\} \tag{3-6}$$

式中：L——作用力臂(mm)，如图 3-26 所示；

ρ——夹紧力臂(mm)，$\rho = R\cos\alpha_p$；

α_p——最大升角(°)，p 点处升角接近最大值，OO_1 连线处于水平位置，$\alpha_p = \arctan(e/R)$，如图 3-26 所示；

φ_1——偏心轮外圆处摩擦角(°)；

φ_2——转轴处摩擦角(°)。

3. 圆偏心轮的自锁条件

圆偏心轮的自锁条件可用以下公式表示

$$R \geqslant e/f \tag{3-7}$$

式中：f——摩擦系数，一般 $f = 0.1 \sim 0.15$。

(三) 圆偏心夹紧机构应用

我们以图 3-27 所示示例为例对圆偏心夹紧机构的应用进行介绍。该图所示偏心夹紧机构用于铣轴槽的夹具，顺时针转动偏心轮 4，带动活钳口上的 V 形块向左移动，以夹紧工件；逆时针转动偏心轮 4，带动活钳口上的 V 形块向右移动，从而松开工件。

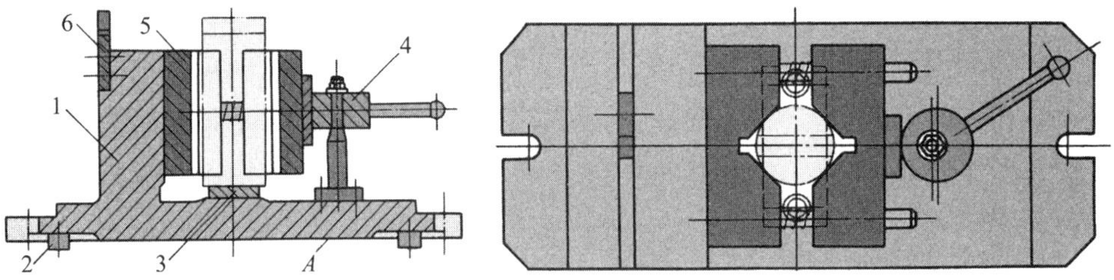

1—夹具体；2—定向键；3—定位支板；4—偏心轮；5—V 形块；6—对刀块

图 3-27 圆偏心夹紧机构用于铣轴槽的夹具

任务实施

根据图 3-12,从以下两个维度考虑,继续完成夹紧元件的设计。

1. 材料特性优化

为进一步提升夹紧元件的性能,可选用具有高弹性模量和良好耐磨性的特殊弹性材料,这类材料能确保在长时间使用过程中,压紧轮廓区域始终保持稳定的弹性和耐磨性,从而延长夹紧元件的使用寿命,减小更换频率,降低生产成本。

在夹紧元件的表面结构设计上,可在现有蜂窝状、疙瘩状、条状等宏观结构的基础上,增设微纳米级别的纹理结构。

2. 智能化设计

可引入智能化监测与反馈系统,在夹紧元件内部集成微型传感器,实时监测压紧过程中的压力、温度等参数;通过数据分析与反馈,及时调整压紧力度和时间,确保不同规格的材料都能获得最佳压紧效果,进而提高生产的自动化程度和产品质量的稳定性。

任务评价

任务评价表

专业________　班级________　姓名________　学号________　组别________

项目	标准	自我评价	小组评价	教师评价
		占 50%	占 20%	占 30%
夹紧机构的工作原理	正确分析			
夹紧机构的使用条件	正确分析			
自锁条件和升角 α 的选择	正确分析			
夹紧机构的受力分析	快速、准确			
协作精神	交流、讨论顺畅			
纪律观念	课堂有序、讨论积极			
学习主动性	认真思考、积极回答问题			
知识应用情况	关键知识点内化			
完成任务过程中引以为豪的做法	简捷、高效(加分项 5～10 分)			
指导他人	帮助的人数及质量(加分项 5～10 分)			
小计				
总评				

注:每个项目得分为 2～10 分。

组长签字:　　　　　　　　　　任课教师:　　　　　　　　　　年　月　日

任务三　夹具动力装置的选择

任务目标

1. 知识目标

（1）理解液压装置的特点和种类；

（2）理解气压装置的特点和选型。

2. 能力目标

（1）具备液压缸、气缸型号规格的选择能力和设计能力；

（2）具备液压缸、气缸与中间传力机构的连接方式设计能力。

3. 素质目标

（1）培养学生爱护与保养工艺设备的意识；

（2）建立学生对机械设备的理性与感性的认识；

（3）培养学生吃苦耐劳、刻苦钻研技术的精神；

（4）培养学生一丝不苟、精益求精的工匠精神。

任务要求

进一步选择图 3-12 所示批量生产泵体的夹紧机构的动力装置，完成箱盖的定位元件、夹紧机构、动力装置的 NX 模型设计。

任务分析

根据图 3-12 初步确定夹紧力的作用点位置，选择压板作为直接夹紧机构；采用斜楔夹紧机构作为中间传力机构。最后通过分析常用的夹具动力装置的工作原理、结构组成、特点及使用场合来选择夹具动力装置。

知识引入

为了实现夹具操作便捷化、减轻劳动强度、提升自动化水平并提高工作效率，工程中很多夹具需配备动力装置。常见的动力装置包括气压、液压、电动、磁力装置等。其中液压装置的应用对促进机械制造工艺的发展起着重要的作用。

一、液压装置分析

（一）液压装置的特点

（1）液压油压力高、传动力大，因此液压装置是应用最广泛的夹具动力装置。

（2）油液的不可压缩性使液压装置夹紧刚度高，工作平稳可靠。

（3）液压传动噪声小，劳动条件比气压装置好。

(4) 高压油液易泄露，对液压元件的材质和制造精度要求较高，导致夹具成本较高。

(二) 液压装置的种类

1. 手动液压泵

通过人力借助机械增力机构推动活塞，压缩密闭容器中的油液，以产生压力。手动液压泵目前应用较少。

2. 集中供油液压系统

采用集中供油方式可获得良好的经济效益。例如，在大型龙门刨床上箱体零件的加工工段，就可以采用这种供油方式。但该方式需控制配备机床的数量，且管路不宜太长，以免增大管路渗漏风险及电动机的虚耗电能。

3. 液压泵站

液压泵站具有高压、小流量、液压集成的特征。图 3-28 所示为 YJZ 型液压泵站的外形图及油路系统。

我们根据图 3-28(b)来分析液压泵站油路系统的工作原理。油液经过滤器 12 进入柱塞泵 8，通过单向阀 7 与快换接头 3 进入微型液压缸 1。电接点压力表 6 用于显示液压系统的工作压力，溢流阀 4 的作用是防止系统过载，电磁卸荷阀 10 兼有卸荷、换向、保压的作用。工件夹紧后，泵站随即自动停泵保压。停泵可节能、降低油温；保压是指当压力降到调定的下限时，液压泵自行启动，将压力恢复至调定的工作压力，实现循环控制。

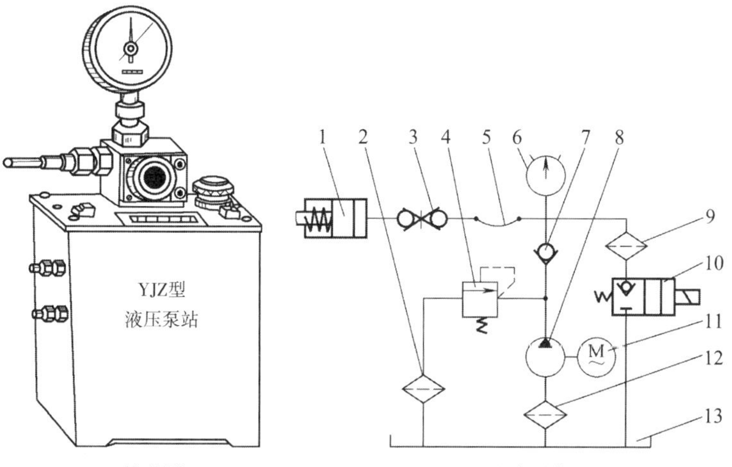

(a) 外形图　　　(b) 油路系统

1—微型液压缸；2、9、12—过滤器；3—快换接头；4—溢流阀；5—高压软管；
6—电接点压力表；7—单向阀；8—柱塞泵；10—电磁卸荷阀；11—电动机；13—油箱

图 3-28 YJZ 型液压泵站

(三) 液压泵站的应用

下面我们以液压泵站为例对液压装置的应用进行说明。

1. 液压泵站用于铣床夹具

如图 3-29(a)所示，活塞杆 3 固定不动，当油液进入油缸 4 左腔 L_1 增大，推动缸体 4 向左移动，并推动压板 2，夹紧工件 1；当油液接通油箱时，压力为零，油缸右腔在弹簧力的作用下，推动缸体 4 右腔 L_2 增大并向右移动，压板 2 在弹簧力的作用下向右转动，松开工件 1。

2. 液压泵站用于钻床夹具

如图 3-29(b)所示，缸体固定不动，工件 2 由菱形销 1、心轴 4 及端面定位，钻套 5 为导向元件，开口垫圈 3 为压紧元件；当液压缸 6 右腔通压力油，推动活塞杆与心轴 4 连为一体，向左移动，拉动开口垫圈 3 压紧工件 2。

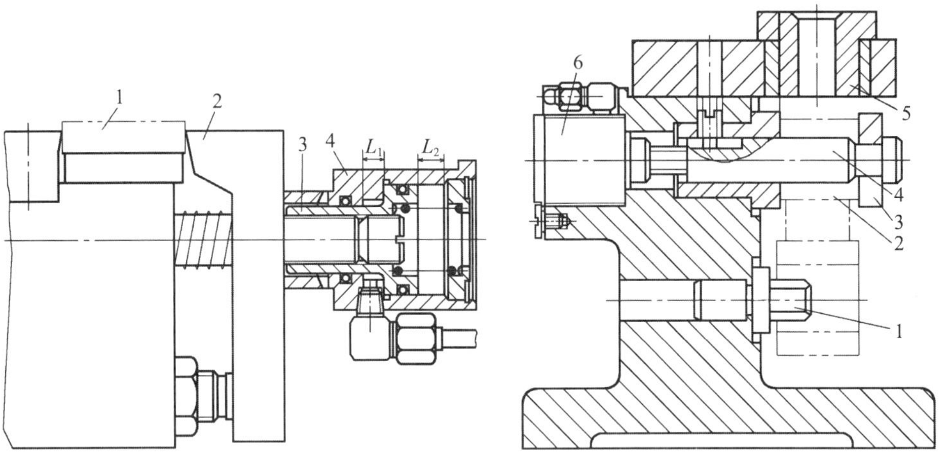

(a) 用于铣床夹具

1—工件；2—压板；3—活塞杆；4—缸体

(b) 用于钻床夹具

1—菱形销；2—工件；3—开口垫圈；
4—心轴与活塞杆；5—(导向)钻套；
6—液压缸

图 3-29　液压泵站的应用

(四) 液压缸的选择

液压缸是液压装置执行装置的核心部件，直接驱动外部负载。一般情况下，液压缸可在市场上采购，但需根据设计要求对其结构、安装尺寸等进行确认。图 3-30 给出了微型液压缸的结构尺寸，该图可为设计提供参考依据，便于选型。

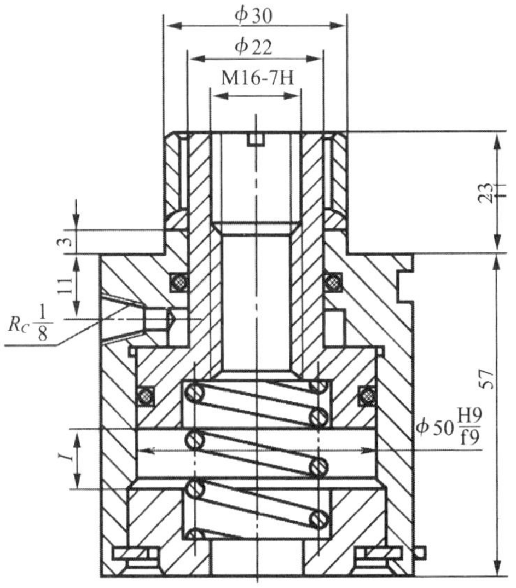

(a) 装配图

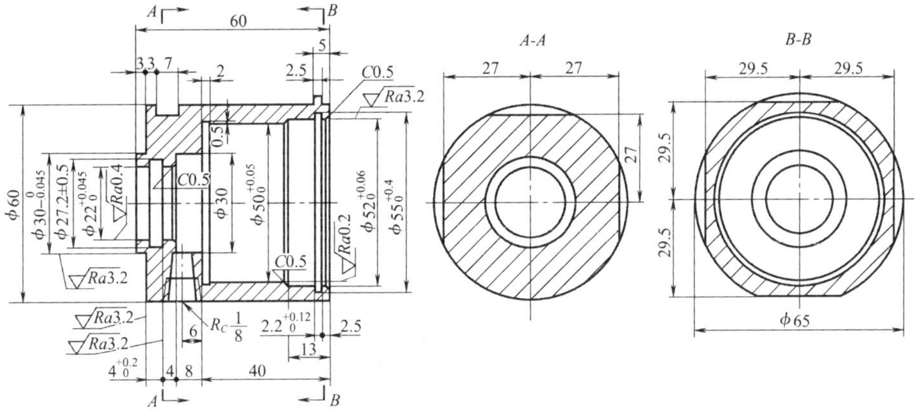

（b）缸体零件图

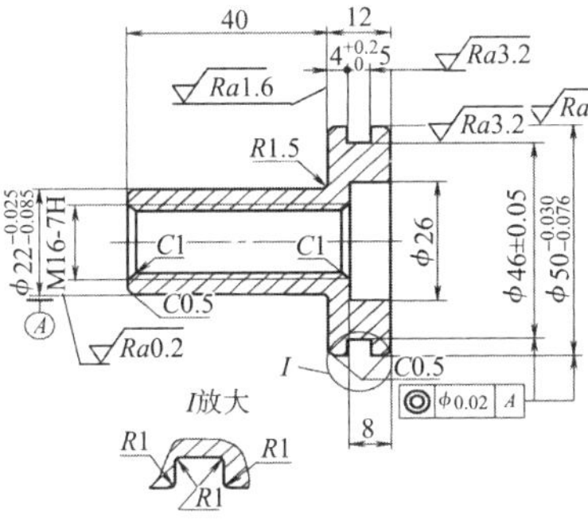

（c）活塞零件图

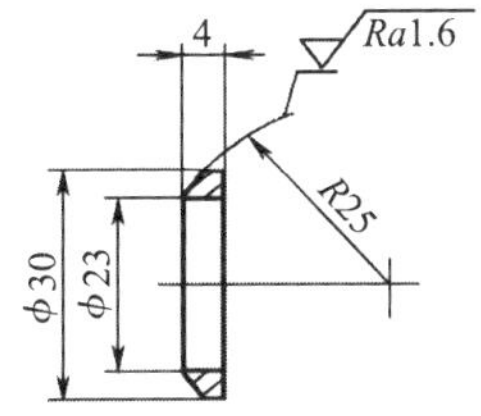

（d）球面垫圈

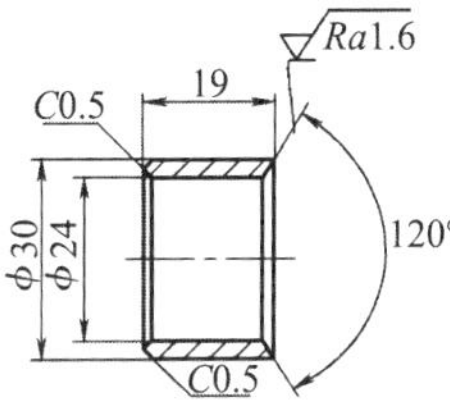

（e）锥面垫圈

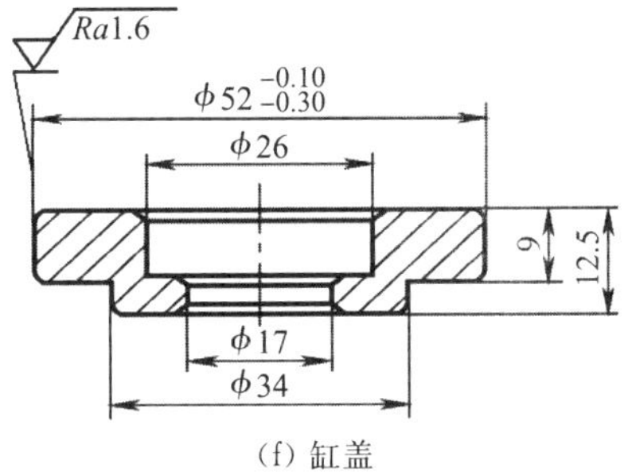

（f）缸盖

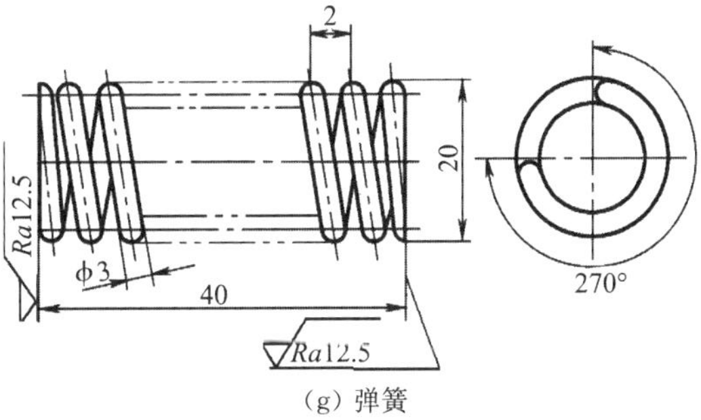

（g）弹簧

图 3-30　微型液压缸的装配图及零件尺寸图

二、气压装置分析

（一）气压装置的特点

（1）动作迅速，反应快。气压为 0.5 MPa 时，气缸活塞速度为 1～10 m/s，夹具每小时可连续松夹上千次。

（2）工作压力低（一般为 0.4～0.6 MPa），传动结构简单，对装置所用材料及制造精度要求不高，制造成本低。

（3）空气黏度小，管路中的压力损失较少，便于集中供应和远距离输送，易于集中操纵或程序控制等。气压装置在自动化控制、智能制造领域应用广泛。

（4）空气可就地取材，容易保持清洁，管路不易堵塞，也不会污染环境。气压装置具有维护简单,使用安全、可靠、方便等特点。

(5) 空气可压缩性大,导致夹具的刚度和稳定性较差;在产生相同原始作用力的条件下,因工作压力低,动力装置的结构尺寸大。此外,气压装置存在较大的排气噪声。

(二) 气压装置的组成

气压装置的组成如图 3-31 所示,图中件号 1、2、3 又称气动三联件。

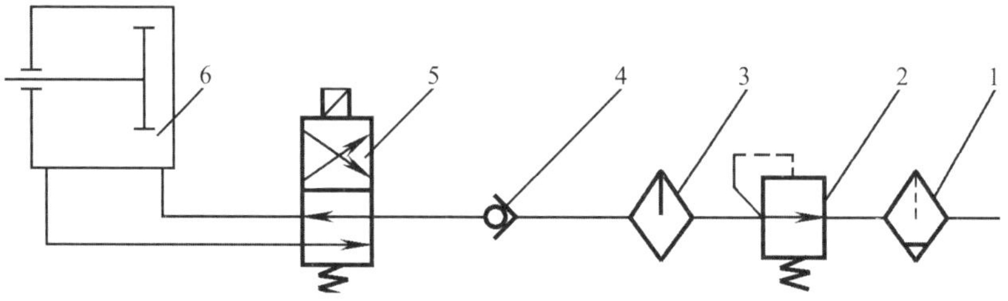

图 3-31 气压装置的组成

图 3-31 中各元件的名称及作用如下:

1——分水滤气器,滤去压缩空气中的污物和水分;

2——调压阀,控制进入夹具的空气压力,并使其保持稳定;

3——油雾器,使空气含油,以润滑气缸;

4——单向阀,控制气源方向,使空气朝单个方向流动,不能反向流动。

5——换向阀,控制进气方向,操纵气缸动作;

6——气缸,将压缩空气的工作压力转换为活塞的移动,从而驱动夹紧机构实现对工件的夹紧。在气动系统中,气缸又称为执行元件。

(三) 气缸的选型

气缸作为气动系统的执行元件得到了广泛应用。国家制定了详细的标准,生产企业也制定了详细的产品样本,方便用户选用、采购。同时,有些企业还开发了相关的 3D 设计软件,便于在自动化机构设计时调用,以提高设计效率。标准件制造商根据不同场合和使用条件,设置了不同的规格型号,以适应不同的机构设计,以简化设计构思并缩短设计时间,这一过程称为标准件选型。图 3-32 给出了三种 3D 软件的气缸模型。单杆气缸适用于一般夹具动力装置,导杆气缸适用于定位精度较高的场合。

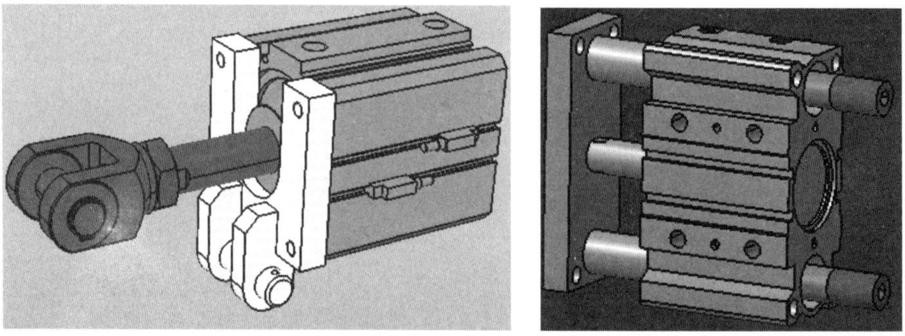

(a) 单杆气缸模型(NX 软件建模)　　(b) 导杆气缸模型(CATIA 软件建模)

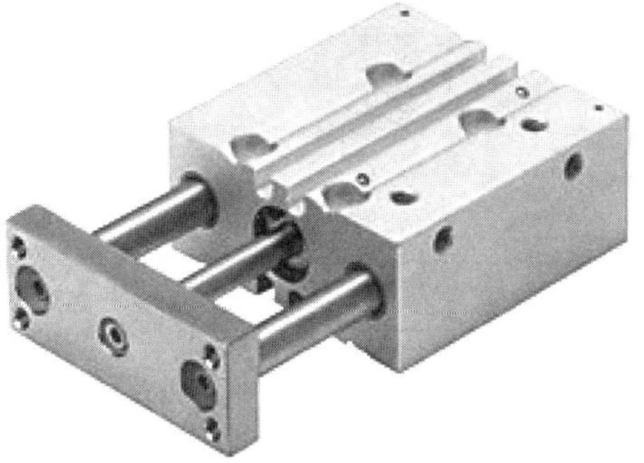
(c) 导杆气缸米思米(MISUMI)模型

(d) 导杆气缸实物图

图 3-32　气缸模型

任务实施

根据图 3-12 继续完成夹具动力装置设计,可选用液压夹具方式。使用 NX 建模设计泵体的钻孔工序夹紧装置,参考图 3-33,其中定位元件有支承板 4、菱形销 5、圆柱销 6;夹具元件有斜楔 2、压板 3;夹具动力装置为液压缸 1。

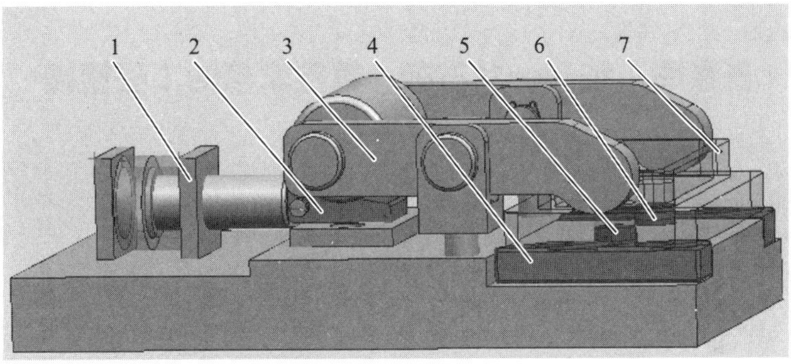

1—液压缸;2—斜楔;3—压板;4—支承板;5—菱形销;6—圆柱销;7—工件

图 3-33　泵体钻孔工序夹紧装置 NX 建模

任务评价

任务评价表

专业________　班级________　姓名________　学号________　组别________

项目	标准	自我评价 占 50%	小组评价 占 20%	教师评价 占 30%
液压和气压装置的特点和使用条件	正确分析			
磁力装置、电动装置和真空装置的特点和使用条件	正确分析			
液压缸、气缸的型号规格选择和设计	正确分析			

续表

项目	标准	自我评价	小组评价	教师评价
		占 50%	占 20%	占 30%
液压缸、气缸与中间传力机构的连接方式设计	快速、准确			
协作精神	交流、讨论顺畅			
纪律观念	课堂有序、讨论积极			
学习主动性	认真思考、积极回答问题			
知识应用情况	关键知识点内化			
完成任务过程中引以为豪的做法	简捷、高效(加分项 5～10 分)			
指导他人	帮助的人数及质量(加分项 5～10 分)			
小计				
总评				

注：每个项目得分为 2～10 分。

组长签字： 任课教师： 年 月 日

任务四 培养一丝不苟、精益求精的工匠精神

任务目标

1. 知识目标

(1) 掌握工匠精神的内涵；

(2) 掌握工匠精神的历史渊源；

(3) 掌握工匠精神在现代社会的意义。

2. 能力目标

(1) 掌握各项核心技能，深入理解和运用专业知识；

(2) 能够将工匠精神融入问题解决过程。

3. 素质目标

(1) 培养学生用心感知细节、打磨作品，力求把技艺发挥到极致的意识；

(2) 培养学生对"执着专注是掌握精湛技艺和实现技术创新的保障"的认知；

(3) 培养学生对传统技艺的尊重和传承意识；

(4) 培养学生一丝不苟、精益求精的工匠精神。

任务要求

经验性知识、技能和技巧需要在长期实践中积累。通过大量的实践操作，将理论知识与实际工作相结合，不断总结经验教训，提高自己的技艺水平。

任务分析

“一丝不苟”的要求，意味着每个细节都不能忽视，这需要投入大量时间和精力。相应的解决方案是分工合作，确保每个细节都有专人负责。

“精益求精”的精神，要求不断优化每一个环节，这需要团队成员具备持续学习和改进的能力。解决方案是定期组织培训和分享会，提升团队的专业技能和创新能力。

“一丝不苟”和“精益求精”的精神，还需要团队成员之间的紧密合作和高度协调。针对这一要求，解决方案是建立有效的沟通机制和激励机制，确保团队成员之间的信息畅通、责任明确。

知识引入

一、精益求精与一丝不苟的精神内涵

工匠精神的核心体现为“执着专注、精益求精、一丝不苟、追求卓越”。其中：“精益求精”强调对工艺和品质的极致追求，要求从业者不断突破现有水平，打造本行业内难以企及的卓越产品；“一丝不苟”则体现为严谨专注的工作态度，注重细节的完美，以“细节决定成败”的理念指导实践。

2023 年 10 月，习近平总书记在江西景德镇市考察调研时，同非遗传承人亲切交流，不时赞赏他们的手上功夫和工匠精神，鼓励他们秉持艺术至上的追求，专心致志地传承创新。在同中华全国总工会新一届领导班子成员集体谈话时，习近平总书记指出：“要大力弘扬劳模精神、劳动精神、工匠精神，发挥好劳模工匠示范引领作用，激励广大职工在辛勤劳动、诚实劳动、创造性劳动中成就梦想。”

二、历史传承与现代价值

从古代庖丁解牛的技艺境界到现代大国工匠的技术突破，精益求精与一丝不苟的精神始终贯穿中华文明发展历程。鲁迅曾指出，中华民族自古不乏“为民请命”的匠人，他们以“刻苦钻研、不惧失败”的态度推动技艺革新。在当代，这种精神更成为社会发展的重要支撑。

(一) 突破技术壁垒的关键支撑

以高铁、航天领域为例：高铁动车、航天飞船等成就的背后，都离不开执着专注、精益求精、一丝不苟、追求卓越的工匠精神。工匠精神体现着劳动者独具匠心、精雕细琢、尽善尽美的追求和坚守，蕴含着严谨、执着、敬业、创新等可贵品质。

(二) 保障产品质量的基础要求

以地铁检修、建筑工程为例：地铁检修需对车辆、轨道等设备进行毫米级误差检测，建立“自检—互检—专检”的全流程把关机制；建筑工程通过数字化监控系统实时跟踪施工参数（如混凝土温度、沉降数据），预判质量风险。质量保障需融合“责任约束（制度）→标准落地（执行）→细节雕琢（精益）→循环改进（优化）”的全流程体系，最终实现工程耐久性与安全性的统一。

（三）学术研究的基本准则

学术研究同样需要以真实为基、原创为本、伦理为界、精雕为要，通过一丝不苟的考证和精益求精的打磨，实现知识创造与社会责任的统一。

三、实践路径与培养方法

在实践中践行精益求精与一丝不苟的精神，可通过校企共建产业学院（如智能制造实训中心）、提供真实项目资源等方式落地，具体包括：

（一）态度养成

以“极端负责”为核心，塑造严谨的工作作风，强化对每个工作环节的敬畏意识。通过“思想引领—行为固化—制度护航”的闭环管理模式，将“时时放心不下”的责任感逐步转化为“事事精益求精”的职业习惯。

（二）能力提升

秉持“抓大不放小”原则，在把握整体目标的同时深耕细节打磨。通过“顶层设计锚定方向—微观操作夯实基础”的分层推进策略，实现战略定力与战术灵活性的有机统一。

（三）制度保障：打造四位一体的质量管控长效机制

健全质量监督体系，杜绝“偷工减料”等短视行为。构建“责任锚定-全程管控-技术赋能-铁腕惩处”四位一体的协同机制，形成“不敢偷工、不能减料、不想违规”的长效机制。

任务实施

追求卓越是工匠终身学习的动力，工匠要不断学习新知识、掌握新技能，提升自己的专业素养和综合能力，结合案例（如高铁、航天技术）分析“精益求精”和“一丝不苟”的工匠精神的核心要求，明确其对技术突破与产品质量提升的作用。

任务评价

任务评价表

专业________ 班级________ 姓名________ 学号________ 组别________

项目	标准	自我评价	小组评价	教师评价
		占 50%	占 20%	占 30%
工匠精神的内涵	正确分析			
工匠精神的历史渊源	正确分析			
工匠精神在现代社会的意义	正确分析			
运用工匠精神解决问题	快速、准确			
协作精神	交流、讨论顺畅			
纪律观念	课堂有序、讨论积极			
学习主动性	认真思考、积极回答问题			
知识应用情况	关键知识点内化			

续表

项目	标准	自我评价	小组评价	教师评价
		占 50%	占 20%	占 30%
完成任务过程中引以为豪的做法	简捷、高效(加分项 5～10 分)			
指导他人	帮助的人数及质量(加分项 5～10 分)			
小计				
总评				

注:每个项目得分为 2～10 分。

组长签字:　　　　　　任课教师:　　　　　　年　月　日

项目四　机器人夹具结构分析

项目四　拓展微课视频

项目描述

经过前三个项目的相关知识学习和技能训练，我们已基本了解了夹具的作用、类型、特点，工件的定位原理、定位方式与定位元件的设计，夹紧机构的类型、特点、使用场合、基本夹紧机构的设计与选择等方面的内容，为后继的知识学习和技能训练打下了基础。

在现代智能制造企业中，工程技术人员的主要任务是设计、研发智能装置，如机器人夹具、车架机器人焊接工作站等。机器人工作站包括机器人上下料系统、加工设备及自动化夹具、智能料仓等。

任务一　机器人末端执行器结构分析

任务目标

1. 知识目标

(1) 掌握机器人末端执行器的结构；

(2) 掌握机器人末端执行器的功能；

(3) 掌握机器人末端执行器的使用。

2. 能力目标

(1) 能够正确选择机器人末端执行器；

(2) 能够正确设计机器人末端执行器。

3. 素质目标

(1) 培养学生爱护与保养工艺设备的意识；

(2) 培养学生对机械设备的理性与感性的认知；

(3) 培养学生吃苦耐劳、刻苦钻研技术的精神；

(4) 培养学生树立“实干才能梦想成真”的价值观。

任务要求

针对一圆柱形工件(ϕ50 mm),设计机器人取料手末端执行器机构。

任务分析

工具类执行器(如喷枪、焊枪、吸盘)针对特定作业设计,通过标准化接口快速适配任务需求;抓手类执行器则模拟人手功能,分为两指夹持器、多指抓持手及灵巧手,其中灵巧手以高精度和多自由度实现复杂操作。部分执行器采用模块化设计,便于根据任务更换组件(如夹持器与传感器集成)。

工件被抓取后,若要装上机床的卡盘,就要确保工件的中心位置与卡盘的中心位置共线,且夹爪中心线位置不能因工件的直径而改变高度,因此取料手机构的夹爪钳口也要求自定心。

知识引入

工业机器人的机械结构是其执行工作任务的重要载体。本项目将对工业机器人的末端执行器的分类、功能进行讲解,对手腕、手臂和机座的作用进行介绍。学生应熟练掌握各组成部分的工作原理和特点。

工业机器人的机械结构是机器人赖以完成指定工作任务的实体,相当于人类的肢体。工业机器人的机械部分主要由末端执行器、手腕、手臂和机座组成。

末端执行器是机器人直接抓取和握紧(或吸附)工件或夹持专用工具(如喷枪、扳手、焊接工具)进行操作的部件,它具有模仿人手动作的功能,安装于机器人手臂的前端。末端执行器大致可分为以下几类:夹钳式取料手,吸附式取料手,专用末端操作器及换接器。

一、夹钳式取料手

(一) 手部的组成

夹钳式取料手由手指(手爪)、驱动机构、传动装置及连接与支承元件组成,如图 4-1 所示。通过手指的开、合动作实现对物体的夹持。该机构具有钳口自定心的功能。

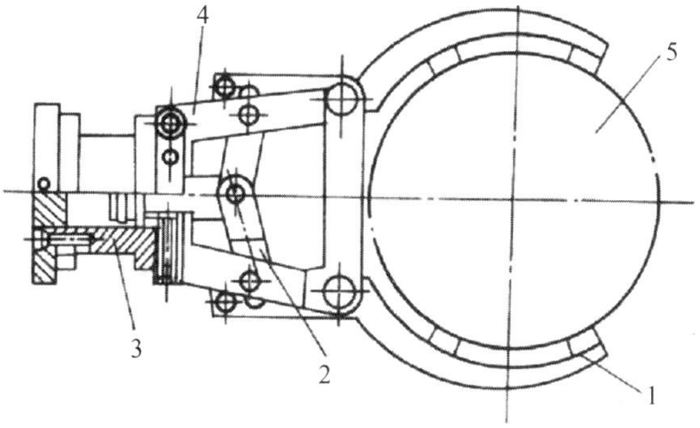

1—手指;2—传动机构;3—驱动装置;4—支架;5—工件

图 4-1　夹钳式取料手的组成

1. 手指

手指是直接与工件接触的部件。手部松开和夹紧工件，就是通过手指的张开与闭合来实现的。机器人的手部一般有两个手指，有的机器人也有三个或多个手指，其结构形式常取决于被夹持工件的形状和特性。

1）指端形状

指端是手指上直接与工件接触的部位，其结构形状取决于工件形状。常用的有以下类型：

(1) V 形指：V 形指适用于夹持圆柱形工件，其特点是夹紧平稳可靠，夹持误差小。也可以用两个滚柱代替 V 形指的两个工作面，它能快速夹持旋转中的圆柱体。可浮动的 V 形指有自定位能力，与工件接触良好，但浮动件是机构中的不稳定因素。在夹紧和运动过程中，浮动件受到的外力必须由固定支承来承受，或者将浮动件设计成可自锁的浮动件。

(2) 平面指：平面指一般用于夹持方形工件（具有 2 个平行面）、板形或细小棒料。

(3) 尖指和薄、长指：尖指一般用于夹持小型或柔性工件。薄指用于夹持位于狭窄工作场地的细小工件，以避免其和周围障碍物相碰。长指用于夹持炽热的工件，以避免热辐射对手部传动机构的影响。

(4) 特形指：特形指一般用于夹持形状不规则的工件，其形状与工件形状相适应，这样才能夹持工件。

2）指面形式

根据工件形状、大小及被夹持部位材质、软硬及表面性质的不同，手指指面分为以下几种形式：

(1) 光滑指面：指面平整光滑，用来夹持工件的已加工表面，避免已加工表面受损伤。

(2) 齿形指面：指面刻有齿纹，可增加与被夹持工件间的摩擦力，以确保夹紧牢靠，多用来夹持表面粗糙的毛坯或半成品。

(3) 柔性指面：指面镶衬橡胶、泡沫、石棉等物，有增加摩擦力、保护工件表面、隔热等作用。一般用于夹持已加工表面、炽热件，也适于夹持薄壁件和脆性工件。

2. 传动机构

传动机构用于向手指传递运动和动力，以实现夹紧和松开动作。该机构根据手指开合的动作特点可分为回转型和移动型，回转型又可分为一支点回转和多支点回转两种类型。根据手爪夹紧是摆动还是平动，回转型又可分为摆动回转型和平动回转型。

3. 驱动装置

驱动装置是向传动机构提供动力的装置。按驱动方式不同，可分为液压、气动、电动和机械驱动。此外，还有一类装置利用弹性元件的弹性力抓取物件，不需要配置专门的驱动装置。

(二) 几种典型手爪

1. 弹性力手爪

弹性力手爪的特点是其夹持物体的抓力是由弹性元件提供的，不需要专门的驱动装置，在抓取物体时需要一定的压力，而卸料时需要一定的拉力。

图 4-2 所示为几种弹性力手爪的结构图。图 4-2(a)所示手爪有一个固定爪,另一个为活动爪 6,其靠压簧 4 提供抓力,活动爪绕轴 5 回转,空手时其回转角度由平面 2、3 限制。抓物时活动爪 6 在推力作用下张开,靠爪上的凹槽和弹性力抓取物体。卸料时,需固定物体的侧面,手爪用力拔出即可。图 4-2(b)所示为用 2 根板弹簧做成的手爪。图 4-2(c)所示为用 4 根板弹簧做成的内卡式手爪,用于电表线圈的抓取。

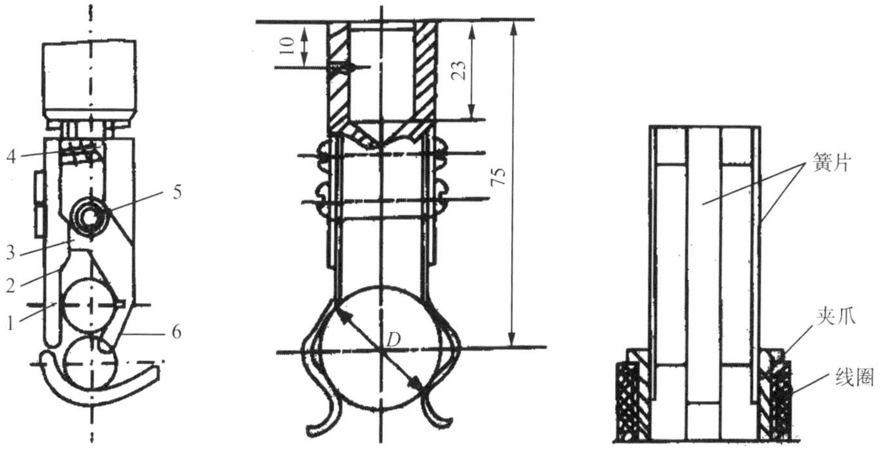

(a) 一个固定爪,一个活动爪 (b) 2 根板弹簧做成的手爪 (c) 4 根板弹簧做成的内卡式手爪

1—固定爪;2—平面;3—平面;4—压簧;5—轴;6—活动爪

图 4-2 几种典型手爪结构图

2. 摆动式手爪

摆动式手爪的特点是手爪开合过程中,其运动状态是绕固定轴摆动的,其结构简单,使用较广,适用于具有圆柱表面物体的抓取。图 4-3(a)所示为连杆摆动式手爪,其利用连杆将主动件的连续运动转换为从动件的往复摆动;图 4-3(b)所示为齿轮齿条摆动式手爪,其推拉杆端部两侧有齿条,与固定于手爪上的齿轮啮合,齿条上下移动带动 2 个手爪绕着各自的转轴摆动。

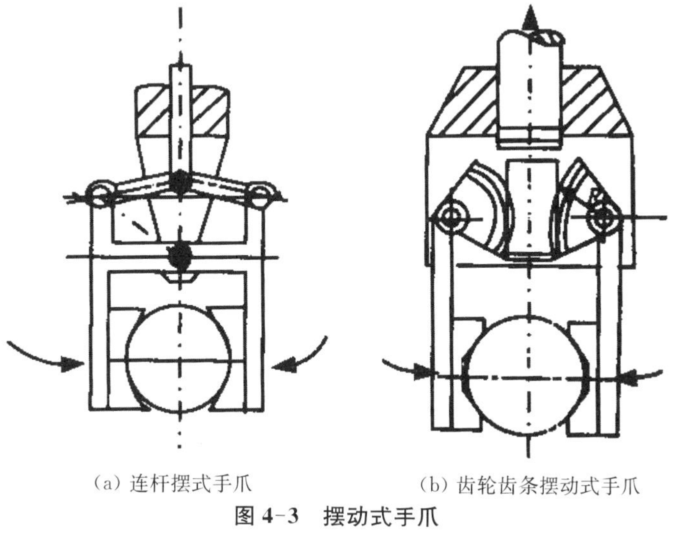

(a) 连杆摆式手爪 (b) 齿轮齿条摆动式手爪

图 4-3 摆动式手爪

3. 平动式手爪

平动式手爪的特点是手爪在开合过程中,爪的运动状态是平动的。平动式手爪有圆弧式平动式和直线式平动式之分,平动式手爪适用于被支持面是两个平行平面的物体。图 4-4 所示为连杆圆弧平动式手爪的结构原理图,它采用平行四边形平动机构,使爪在开合过程中保持方向不变。做平行开合运动时,爪上任一点的运动轨迹为一圆弧摆动。这种手爪在夹持物体的瞬时,对物体表面有一个切向分力。

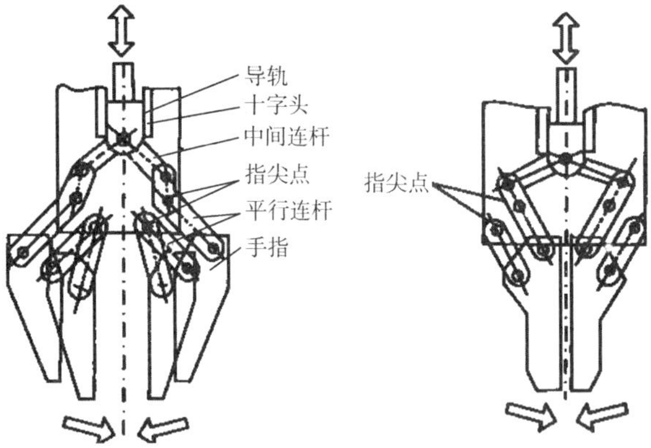

图 4-4 连杆圆弧式平动式手爪

图 4-5 MH 系列气爪实物图

4. 平行气动气爪

平行气动气爪(也称手指或平行夹),在市场上可以直接购买,其安装在机器人的末端。图 4-5 所示为 MH 系列气爪实物图。

二、吸附式取料手

吸附式取料手靠吸附力取料,根据吸附力的不同分为气吸附和磁吸附两种,适用于大平面(单面接触无法抓取)、易碎(玻璃、磁盘)、微小(不易抓取)的物体,因此适用范围较广。

(一)气吸附式取料手

气吸附式取料手利用吸盘内的压力和大气压之间的压力差工作。按形成压力差的方法,可分为真空吸附、气流负压气吸、挤压排气负压气吸式几种。

气吸附式取料手与夹钳式取料手相比,具有结构简单、重量轻、吸附力分布均匀等优点。其对于薄片状物体的搬运更具有优越性(如板材、纸张、玻璃等物体),广泛应用于非金属材料或无剩磁的材料的吸附,但要求物体表面较平整光滑、无孔、无凹槽。下面介绍几种气吸附式取料手的结构原理。

图 4-6(a)所示为真空气吸附取料手的结构原理图,其利用真空泵产生真空,真空度较高。碟形橡胶吸盘 1 为该取料手的主要零件,其通过固定环 2 安装在支承杆 4 上,支承杆由螺母 5 固定在基板 6 上。取料时,碟形橡胶吸盘与物体表面接触,橡胶吸盘边缘既起到密封作用,又起到缓冲作用;随后真空抽气使吸盘内腔形成真空,完成吸附取料。放料时,管路接通大气,失去真空,物体放下。图 4-6(b)所示 PAK 系列是单层结构的真空吸盘,其属于直立配管附接头型设计,吸盘直径覆盖范围为 10~80 mm,材质为 NBR(丁腈橡胶),适用于工业自动化场景中的工件吸附与搬运。

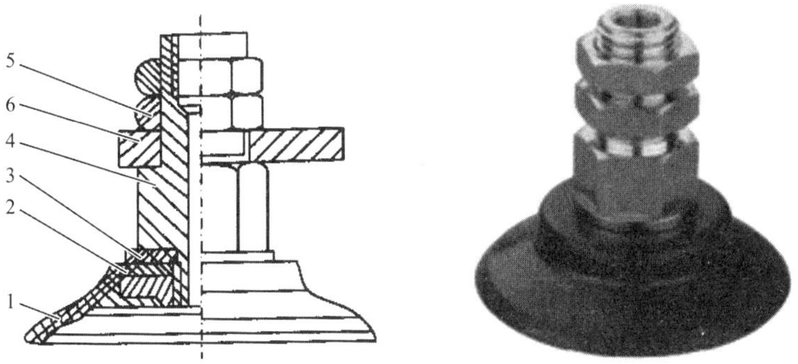

（a）结构原理图　　　　（b）实物图

1—橡胶吸盘；2—固定环；3—垫片；4—支承杆；5—螺母；6—基板

图 4-6　真空气吸附取料手

为避免取放料时产生撞击，有的还在支承杆上配有弹簧缓冲。为了更好地适应物体吸面的倾斜状况，有的取料手在橡胶吸盘背面设计有球形铰链（球形关节）。图 4-7 展示了三种不同的真空气吸附取料手。

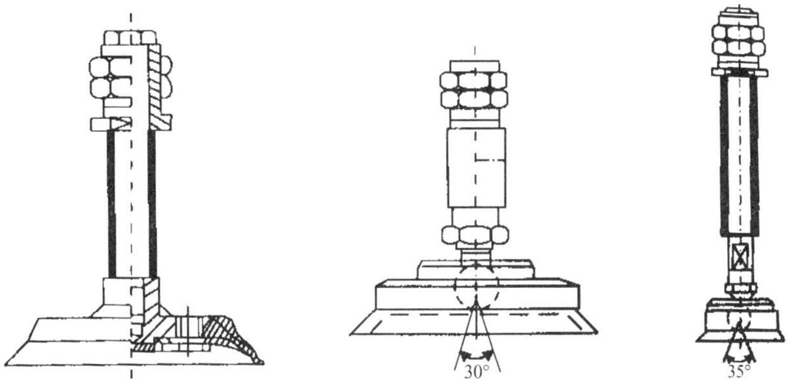

（a）无球形关节　　（b）压板＋球形关节　　（c）球形关节

图 4-7　各种真空气吸附取料手

真空取料有时还用于微小无法抓取的零件，可采用图 4-8(a)和图 4-8(b)所示的微小零件取料手。

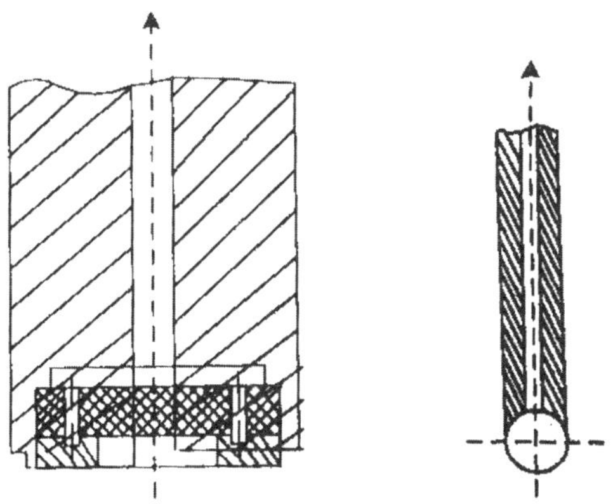

（a）热固取料手　　（b）钢球取料手

图 4-8　微小零件取料手

真空吸附取料工作可靠，吸附力大，但需要配套真空系统，成本较高。气流负压吸附取料手(图 4-9)基于流体力学的原理，取物时，压缩空气高速流经喷嘴，出口处的气压低于吸盘腔内的气压，腔内的气体被高速气流带走而形成负压，从而完成取物动作；释放时，切断压缩空气即可。这种取料手需要的压缩空气在工厂里较易取得，故成本较低。

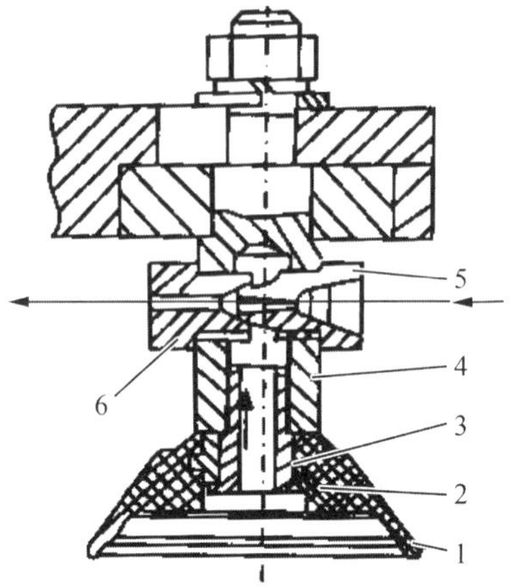

1—橡胶吸盘；2—空心套；3—通气螺钉；4—支承杆；5—喷嘴；6—喷嘴套

图 4-9 气流负压吸附取料手

（二）磁吸附式取料手

磁吸附式取料手利用电磁铁通电后产生的电磁吸力取料，因此仅适用于铁磁物体，此外，某些不允许有剩磁的零件要禁止使用该取料手，故磁吸附式取料手的使用有一定的局限性。

电磁铁的工作原理如图 4-10(a)所示，线圈 1 通电后，在铁芯 2 内外产生磁场，磁力线经过铁芯，空气隙和衔铁 3 被磁化并形成回路。衔铁受到电磁吸力 F 的作用被牢牢吸住。

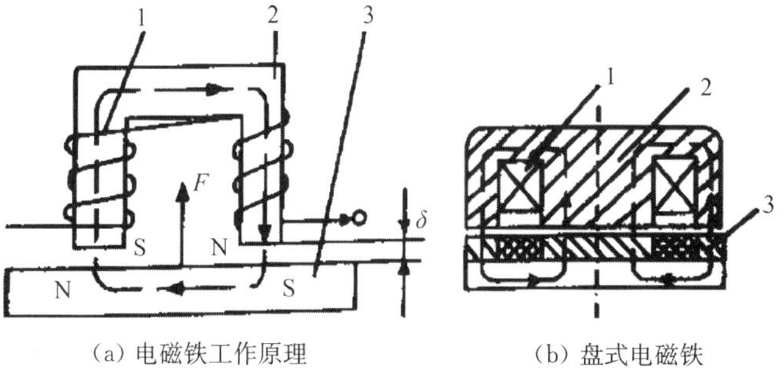

(a) 电磁铁工作原理　　(b) 盘式电磁铁

1—线圈；2—铁芯；3—衔铁

图 4-10 电磁铁工作原理及盘式电磁铁

实际使用时，往往采用图 4-10(b)所示的盘式电磁铁，其衔铁是固定的，衔铁内部借助隔磁材料将磁力线切断，当衔铁接触磁铁物体零件时，零件会被磁化，形成磁力线回路，从而被电磁吸力吸住。

三、专用末端操作器及换接器

(一) 专用末端操作器

机器人是一种通用性很强的自动化设备，可根据作业要求完成各种动作。通过配备各种专用的末端操作器，机器人能完成各种操作。例如，在通用机器人上安装焊枪就可使其成为一台焊接机器人，安装拧螺母机则可使其成为一台装配机器人。目前存在许多由专用电动、气动工具改型而成的操作器，包括拧螺母机焊枪、电磨头、电铣头、抛光头、激光切割机等，形成了一整套系列产品供用户选用，从而使机器人能胜任各种工作。

(二) 换接器或自动手爪更换装置

使用一台通用机器人时，若要在作业过程中自动更换不同的末端操作器，就需要配置具有快速装卸功能的换接器。换接器由换接器插座和换接器插头两部分组成，分别装在机器腕部和末端操作器上，能够实现末端操作器的快速自动更换。

具体实施时，各种末端操作器存放在工具架上，组成一个专用末端操作器库，机器人可根据作业要求自行从工具架上接上相应的末端操作器。

专用末端操作器、换接器的要求包括：能进行气源、电源及信号的快速连接与切换；能承受末端操作器的工作载荷；在失电、失气情况下，机器人停止工作时不会自行脱离；具有一定的换接精度。

(三) 多工位换接装置

某些机器人的作业任务相对集中，需要换接一定量的末端操作器，但不必配备数量较多的末端操作器库。可以在机器人手腕上设置一个多工位换接装置，例如在机器人柔性装配线某个工位上，机器人要依次装配垫圈、螺钉等零件，采用多工位换接装置后，可从几个供料位处依次抓取几种零件，然后逐个进行装配。这样既可以节省几台专用机器人，也可以避免通用机器人频繁换接操作器，从而节省装配作业时间。

多工位换接装置(图 4-11)有棱锥型和棱柱型两种形式。棱锥型换接装置可保证手爪轴线和手腕轴线一致，受力较合理，但其传动机构较为复杂；棱柱型换接装置传动机构较为简单，但其手爪轴线和手腕轴线不能保持一致，会导致受力不良。

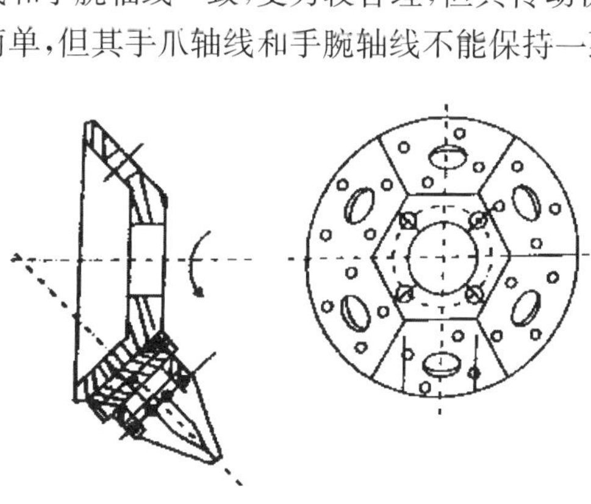

(a) 棱锥型

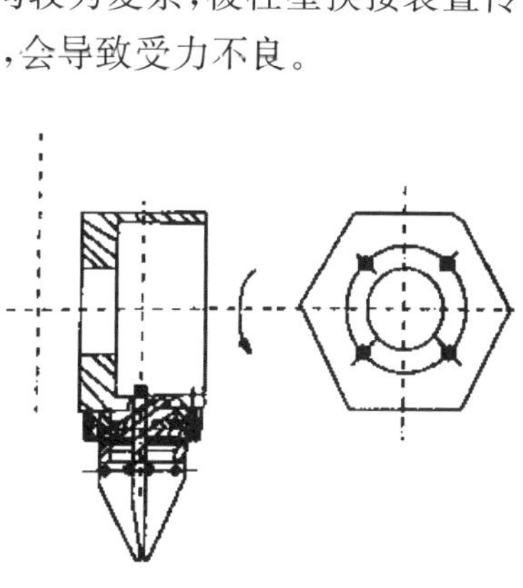

(b) 棱柱型

图 4-11　多工位换接装置

任务实施

使用NX软件对机器人末端执行器进行三维建模与结构设计。

任务评价

任务评价表

专业_______ 班级_______ 姓名_______ 学号_______ 组别_______

项目	标准	自我评价	小组评价	教师评价
		占50%	占20%	占30%
夹钳式取料手的结构	正确分析			
吸附式取料手的结构	正确分析			
专用末端操作器及换接器选择	快速、准确			
协作精神	交流、讨论顺畅			
纪律观念	课堂有序、讨论积极			
学习主动性	认真思考、积极回答问题			
知识应用情况	关键知识点内化			
完成任务过程中引以为豪的做法	简捷、高效(加分项5～10分)			
指导他人	帮助的人数及质量(加分项5～10分)			
小计				
总评				

注:每个项目得分为2～10分。

组长签字: 任课教师: 年 月 日

任务二 机器人手腕结构分析

任务目标

1. 知识目标

(1) 掌握机器人手腕的结构;

(2) 掌握机器人手腕的功能;

(3) 掌握机器人手腕的使用方法。

2. 能力目标

(1) 能够根据实际需求选择合适的机器人手腕;

(2) 能够正确设计机器人手腕。

3. 素质目标

(1) 培养学生爱护与保养工艺设备的意识;

(2) 培养学生对机械设备的理性与感性的认识;

(3) 培养学生吃苦耐劳、刻苦钻研技术的精神；

(4) 培养学生树立“实干才能梦想成真”的价值观。

任务要求

针对一圆柱形工件(ϕ50 mm)，试设计机器人手腕结构。

任务分析

机器人手腕结构设计需综合考虑功能需求、动态性能及工程约束，结合仿生学与模块化理念，实现高效、可靠的任务适配。

知识引入

手腕是连接末端执行器和手臂的部件，它的作用是调整或改变工件的方位。因此，它需要具备独立的自由度，以使机器人末端执行器适应复杂的动作要求。

一、手腕自由度

确定末端执行器的作业方向通常需要 3 个自由度，这可以通过 3 个回转关节的不同组合方式实现。常用的组合方式如图 4-12 所示。为说明手回转关节的组合形式，我们首先介绍各回转方向的名称：

(1) 臂转。绕小臂轴线方向的旋转称臂转。

(2) 腕摆。使末端执行器相对于手臂进行的摆动称腕摆。

(3) 手转。末端执行器(手部)绕自身轴线方向的旋转称手转。

图 4-12(a)所示的腕部关节配置为臂转、腕摆、手转结构；图 4-12(b)所示的腕部关节配置为臂转、双腕摆、手转结构。

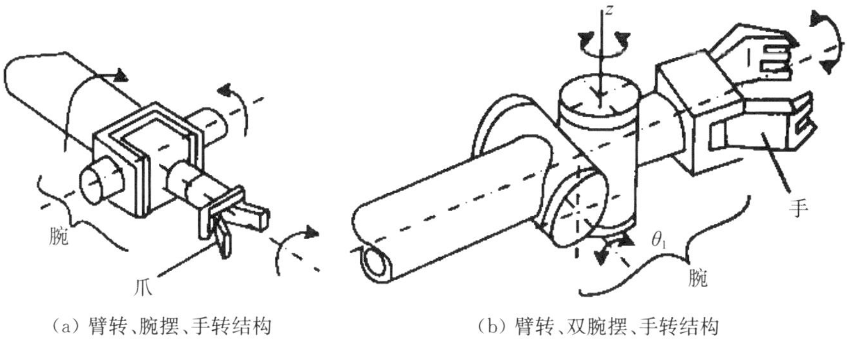

(a) 臂转、腕摆、手转结构　　(b) 臂转、双腕摆、手转结构

图 4-12　腕部关节配置图

手腕的自由度不一定是 3 个，根据使用要求，可以是 1 个、2 个或 3 个。手腕自由度的选用与机器人的通用性、加工工艺要求、工件放置方位和定位精度等许多因素有关。

一般情况下，手腕设有回转功能，或再增加一个上下摆动即可满足工作要求。部分专用机器人没有手腕的运动，若有特殊要求，可增加手的左右摆动或沿轴向的横向移动。

目前，实现手腕回转运动的机构中，应用最多的为回转油(气)缸。其结构紧凑但回转角度小于360°，且需严格密封；若回转角度等于360°，可采用齿轮齿条传动、链条链轮传动以及轮系机构等。

二、柔顺手腕结构

在用机器人进行精密装配作业时，若被装配零件之间的配合精度相当高，且被装配零件具有不一致性，工件的定位夹具、机器人手爪的定位精度也无法满足装配要求，就会导致装配困难，进而产生对装配动作的柔顺性的需求。

柔顺装配技术有两种：一种是从检测、控制的角度，采取各种不同的搜索方法，实现边校正边装配，有的手爪还配有检测元件如视觉传感器、力传感器等，这就是所谓的主动柔顺装配。另一种是从结构的角度，在手腕处配置一个柔顺环节，以满足柔顺装配的需要，这种柔顺装配技术称为被动柔顺装配。

图4-13所示是具有水平和摆动浮动机构的柔顺手腕，水平浮动机构由平面钢球和弹簧构成，可在两个方向上浮动，摆动浮动机构由上、下球面和弹簧构成，实现两个方向的摆动。

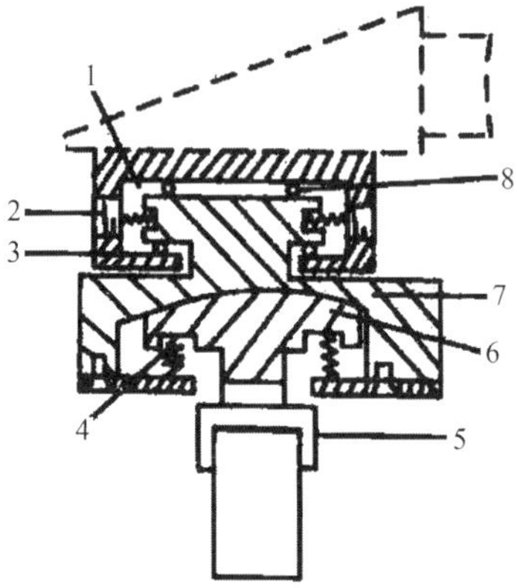

1—中空固定件；2—螺丝；3—滑座；4—弹簧；5—机械手；6—下部浮动件；7—上部浮动件；8—钢珠

图4-13　移动和摆动手腕

在装配作业中，如遇到夹具定位不准或机器人手爪定位不准的情况，柔顺手腕可自行校正。柔顺手腕动作过程如图4-14所示：进行插入装配时，若工件局部被卡住，会受到阻力，促使柔顺手腕发挥作用，使手爪产生微小的修正量，从而让工件顺利插入。

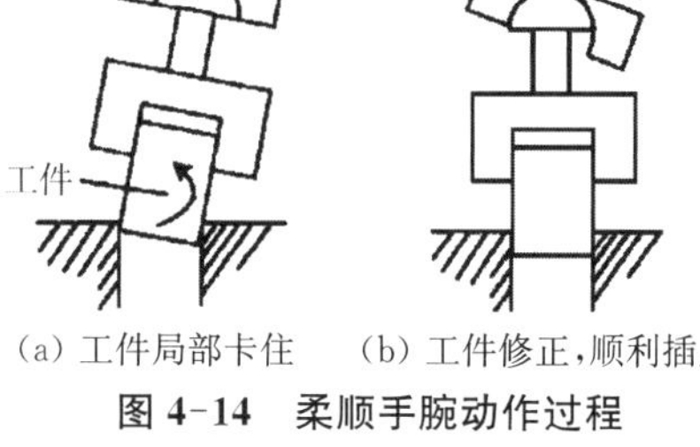

(a) 工件局部卡住　(b) 工件修正，顺利插入

图4-14　柔顺手腕动作过程

图 4-15 所示为采用板弹簧作为柔性元件的柔顺手腕，在基座上通过板弹簧 1、2 联接框架，框架另两个侧面上通过板弹簧 3、4 联接平板和轴。装配时通过 4 块板弹簧的变形实现柔顺性装配。

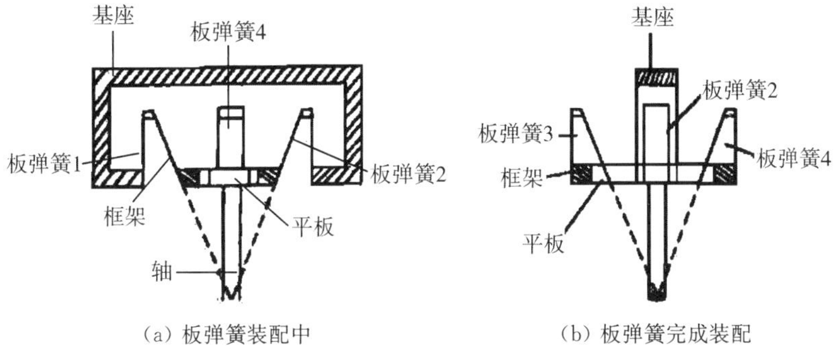

图 4-15　板弹簧柔顺手腕

任务实施

使用 NX 软件对机器人手腕进行建模设计。

任务评价

任务评价表

专业________　班级________　姓名________　学号________　组别________

项目	标准	自我评价	小组评价	教师评价
		占 50%	占 20%	占 30%
臂转	正确分析			
腕摆	正确分析			
手转	正确分析			
柔顺手腕结构	正确分析			
协作精神	交流、讨论顺畅			
纪律观念	课堂有序、讨论积极			
学习主动性	认真思考、积极回答问题			
知识应用情况	关键知识点内化			
完成任务过程中引以为豪的做法	简捷、高效(加分项 5～10 分)			
指导他人	帮助的人数及质量(加分项 5～10 分)			
小计				
总评				

注：每个项目得分为 2～10 分。

组长签字：　　　　任课教师：　　　　年　月　日

任务三　机器人手臂结构分析

任务目标

1. 知识目标

(1) 掌握机器人手臂的结构；

(2) 掌握机器人手臂的功能；

(3) 掌握机器人手臂的使用方法。

2. 能力目标

(1) 能够根据需求正确选择机器人手臂；

(2) 能够正确设计机器人手臂。

3. 素质目标

(1) 培养学生爱护与保养工艺设备的意识；

(2) 培养学生对机械设备的理性与感性的认识；

(3) 培养学生吃苦耐劳、刻苦钻研技术的精神；

(4) 培养学生树立“实干才能梦想成真”的价值观。

任务要求

针对一圆柱形工件(ϕ50 mm)，试设计机器人手臂结构。

任务分析

机器人手臂结构设计需以任务需求为核心，综合自由度配置、结构选型、组件设计及控制策略，并通过仿真与实验验证实现性能优化。对于不同任务场景(如工业装配、医疗操作)，需针对性调整设计参数，兼顾效率、精度与安全性。

知识引入

手臂是机器人执行机构中的重要部件，它的作用是将被抓取的工件运送到给定的位置。因此，一般机器人的手臂有 3 个自由度，即手臂的伸缩、左右回转和升降(或俯仰)运动。

手臂的回转和升降运动是通过机座回转、立柱移动来实现的，立柱的横向移动即为手的横移。

手臂的各种运动通常由驱动机构和各种传动机构来实现。因此，它不仅要承受被抓取工件的重量，还要承受末端执行器、手腕和手臂自身的重量。

手臂的结构、工作范围、灵活性、抓重(即臂力)和定位精度都会直接影响机器人的工作性能。所以，必须根据机器人的抓取重量、运动形式、自由度数、运动速度以及定位精度等要求，设计手臂的结构形式。

按手臂的结构形式区分，手臂可分为单臂式、双臂式及悬挂式，如图 4-16 所示。

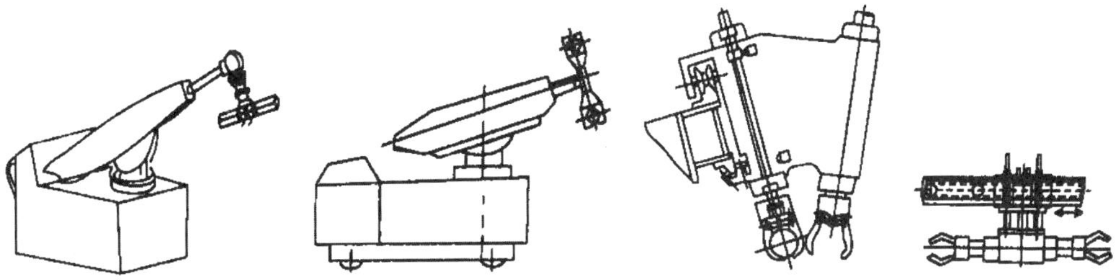

(a) 单臂式 1　(b) 单臂式 2　(c) 双臂式　(d) 悬挂式

图 4-16　手臂的结构形式

机器人手臂有三种运动形式：①直线运动，如手臂的伸缩或(纵向)移动；②回转运动，如手臂的左右回转，上下摆动(即俯仰)；③复合运动，如直线运动和回转运动的组合，两直线运动的组合，两回转运动的组合。下面我们分别介绍手臂的各类运动机构。

机器人手臂的伸缩、升降及横向(或纵向)移动均属于直线运动。实现手臂往复直线运动的机构形式较多，常用的有活塞油(气)缸、活塞缸＋齿轮齿条机构、丝杠螺母机构、活塞缸＋连杆机构等。由于活塞油(气)缸的体积小、重量轻，因而在机器人手臂结构中应用比较多。

一、手臂回转运动机构

实现机器人手臂回转运动的机构形式多种多样，常用的有叶片式回转缸、齿轮传动机构、链轮传动机构、连杆机构。

二、手臂俯仰运动机构

手臂俯仰运动机构所用活塞缸位于手臂的下方，活塞杆和手臂用铰链连接，缸体采用尾部耳环或中部销轴等部件与立柱联接[图 4-17(a)和图 4-17(b)]。此外，还可采用无杆活塞缸驱动齿轮齿条或四连杆机构实现手臂的俯仰运动。

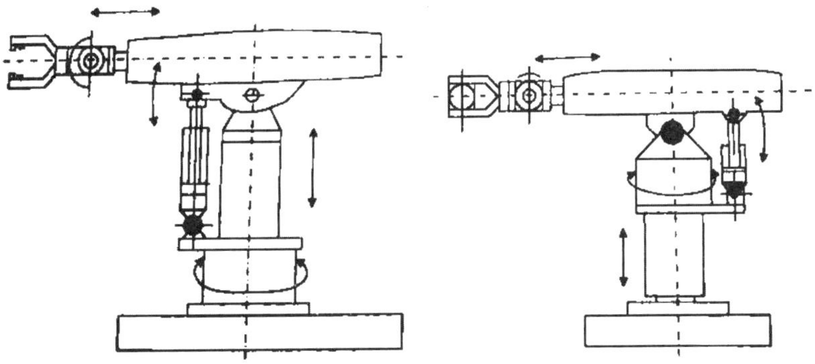

(a) 示意图 1　(b) 示意图 2

图 4-17　手臂俯仰驱动缸设置示意图

任务实施

使用NX软件对机器人手臂进行建模设计。

任务评价

任务评价表

专业________ 班级________ 姓名________ 学号________ 组别________

项目	标准	自我评价	小组评价	教师评价
		占50%	占20%	占30%
手臂往复直线运动机构	正确分析			
手臂回转运动机构	正确分析			
手臂俯仰运动机构	正确分析			
设计手臂结构	快速、准确			
协作精神	交流、讨论顺畅			
纪律观念	课堂有序、讨论积极			
学习主动性	认真思考、积极回答问题			
知识应用情况	关键知识点内化			
完成任务过程中引以为豪的做法	简捷、高效(加分项5～10分)			
指导他人	帮助的人数及质量(加分项5～10分)			
小计				
总评				

注:每个项目得分为2～10分。

组长签字: 任课教师: 年 月 日

任务四 培养脚踏实地、真抓实干的奋斗精神

任务目标

1. **知识目标**

(1)掌握实干精神的内涵;

(2)认识劳动的价值;

(3)掌握“真抓实干”的方法论。

2. **能力目标**

(1)能够正确分析问题与解决问题;

(2)具备实践执行与行动转化能力。

3. **素质目标**

(1) 以“想干事”为思想根基，筑牢理想信念；

(2) 以“能干事”为能力支撑，锤炼过硬本领；

(3) 以“干成事”为行动导向，追求实效实绩；

(4) 以劳动精神为内核，激发持续动能。

任务要求

在工作岗位上要脚踏实地、辛勤劳动，将理论与实践相结合，朝着目标努力奋斗，敢于直面困难挑战。只有坚持不懈，才能获得长久的成功。

任务分析

实现梦想离不开切实的行动和努力，无论是个人、团队还是国家，只有通过脚踏实地的实践，才能将美好的愿景转化为现实。实干在达成目标过程中起着关键作用，它倡导人们摒弃空想，积极投身于实际工作中去追求梦想。

知识引入

习近平总书记指出：“只有真抓才能攻坚克难，只有实干才能梦想成真。”坚持真抓实干，才能够攻克前进道路上的一切困难，推进中国特色社会主义伟大事业，实现中华民族伟大复兴的中国梦。

坚持真抓实干，是我们党在长期奋斗历程中积累的宝贵历史经验，是党带领人民不断取得胜利的关键所在，蕴含着深刻的理论内涵与重大的现实意义。

一、真抓实干的历史传承与理论根基

从毛泽东同志大力倡导“实事求是，力戒空谈”，强调“抓而不紧，等于不抓”，到邓小平同志指出“世界上的事都是干出来的，不干，半点马克思主义都没有”，再到江泽民同志要求求真务实，反对形式主义、官僚主义等不良作风，胡锦涛同志强调深刻认识国情，弘扬艰苦奋斗精神，真抓实干，这一系列重要论述一脉相承，体现了党对真抓实干重要性的深刻认识和一贯要求。这些要求与马克思主义的实践观高度契合。马克思主义认为，实践是认识的基础和目的，是推动社会发展的根本动力。只有通过实实在在的行动，才能将理论转化为现实成果，推动社会的进步与发展。真抓实干是马克思主义实践观在党的工作中的具体体现，是党践行马克思主义理论，推动中国革命、建设和改革事业不断前进的重要方法论。

二、真抓实干是实现中国梦的必然要求

中国梦的本质是国家富强、民族振兴、人民幸福，这一伟大梦想的实现，绝非一蹴而就，而是需要全体中国人民在党的领导下，通过长期的、艰苦的、实实在在的奋斗来实现。习近平总书记指出：“幸福不会从天而降，梦想不会自动成真。实现我们的奋斗目标，开创我们美好的未来，必须紧紧依靠人民、始终为了人民，必须依靠辛勤劳动、诚实劳动、创造性劳动。”这深刻揭示了真抓实干与实现中国梦之间的内在逻辑关系。在实现中国梦的征

程中，真抓实干要求我们立足社会主义初级阶段的基本国情，深刻认识前进道路上的各种挑战和风险，坚持求真务实的思想路线，以高度的责任感和使命感，将党和国家的各项方针政策和工作部署落到实处，从而不断推动经济社会发展，提升人民群众的生活质量，为人民群众美好生活的幸福底色增添绚丽色彩。

三、真抓实干的现实意义

在新时代，真抓实干具有极为重要的现实意义。从国内来看，我国正处于全面建设社会主义现代化国家的关键时期，面临着诸多复杂的矛盾和问题，如经济结构调整、社会公平正义、生态环境保护等，这些都需要我们以真抓实干的精神去解决。从国际形势来看，全球竞争日益激烈，国际环境不稳定不确定因素增多，只有通过真抓实干，不断提升我国的综合国力和国际竞争力，才能在国际舞台上赢得主动权。

坚持真抓实干，是我们党在新时代继续前进的重要法宝。我们要深刻领会真抓实干的理论内涵和实践要求，以高度的政治责任感和历史使命感，将真抓实干贯穿于党和国家事业的全过程，为实现中华民族伟大复兴的中国梦而努力奋斗。

任务实施

要将“实干才能梦想成真”这一理念落到实处，从国家、社会、个人等多个层面来进行任务实施。

任务评价

任务评价表

专业________ 班级________ 姓名________ 学号________ 组别________

项目	标准	自我评价	小组评价	教师评价
		占 50%	占 20%	占 30%
想干事	正确分析			
能干事	正确分析			
干成事	正确分析			
劳动精神	正确分析			
协作精神	交流、讨论顺畅			
纪律观念	课堂有序、讨论积极			
学习主动性	认真思考、积极回答问题			
知识应用情况	关键知识点内化			
完成任务过程中引以为豪的做法	简捷、高效(加分项 5～10 分)			
指导他人	帮助的人数及质量(加分项 5～10 分)			
小计				
总评				

注：每个项目得分为 2～10 分。

组长签字：　　　　任课教师：　　　　年　月　日

项目五 机器人夹具（夹爪）设计

项目五　拓展微课视频

项目描述

本项目以企业的真实汽车零配件智能制造机器人焊接夹具标准零件为基础，依次展开零件建模、装配建模、机构运动仿真等设计工作。通过对高档数控机床夹具的结构、使用场合进行分析，培养学生对现代夹具进行选择、使用、安装、调试等操作能力，达到职业标准要求。同时聚焦主流的自动化机构及标准件的模型软件，对模型的选择、调用方法进行分析，提升学生适应智能制造装备设计的职业发展能力。

任务一　手指建模

任务目标

1. 知识目标

（1）掌握草图的绘图技巧和开放草图生成实体、面体在建模中的灵活运用；

（2）掌握利用 NX 软件进行夹爪手指设计的步骤和方法。

2. 能力目标

（1）能够正确识图与制图；

（2）能够正确将理论知识与三维模型相结合。

3. 素质目标

（1）培养学生爱护与保养工艺设备的意识；

（2）培养学生对机械设备的理性与感性的认识；

（3）培养学生吃苦耐劳、刻苦钻研技术的精神；

（4）培养学生设计工作中的诚信意识。

任务要求

根据图 5-1 所示手指设计图,完成图 5-2 所示手指零件 NX 建模。

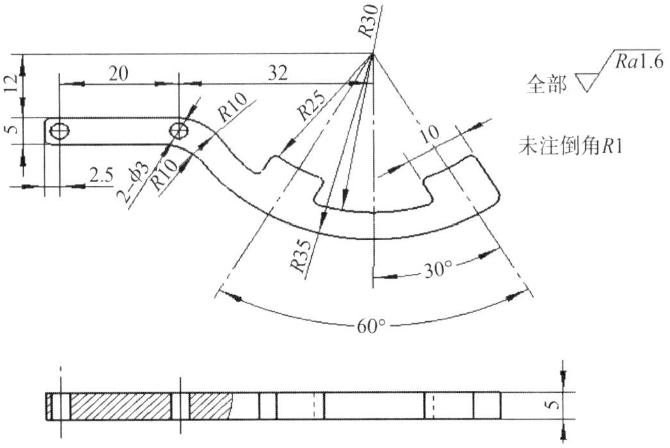

图 5-1　手指设计图

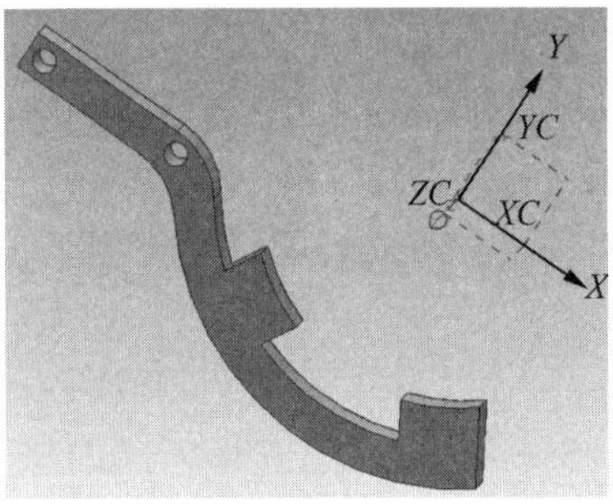

图 5-2　手指零件 NX 建模

任务分析

NX 建模流程是一个系统化的过程,通常包括以下几个步骤:①创建草图;②草图拉伸;③编辑特征;④装配设计;⑤绘制工程图;⑥仿真分析;⑦数据管理。整个建模过程需要反复迭代和优化,直至满足设计要求。掌握 NX 建模流程对于设计人员来说是必不可少的技能。

知识引入

一、NX 软件简介

NX 软件(全称 Siemens NX 软件)是由西门子数字工业软件公司开发的一款集成化 CAD/CAM/CAE 高端工业软件,广泛应用于航空航天、汽车制造、机械设计等领域。该软件提供从产品设计、工程分析到数控加工的全流程解决方案，支持参数化建模、自由曲面造型、装配仿真及多学科协同优化能力。其核心优势在于具有强大的三维建模能力、精准的工程仿真工具（如结构、流体、运动分析）以及能与 PLM（产品生命周期管理）系统深度集成。

二、NX6.0 软件安装

打开 UGS. NX6.0.0.24_Win32 - MAGNiTUDE 安装包，找到 MAGNiTUDE 文件夹里的 NX6.lic 许可证文件，用"记事本"打开该文件，并将"SERVER ×××× ID"中间"××××"内容改为自己电脑的名字（注意不要有中文），改好之后保存。

安装许可证文件，打开 Launch.exe，弹出安装界面，分别安装："Install License Server""Install NX"。之后，将安装包里路径"\UGS. NX6.0.0.24_Win32 - MAGNiTUDE\MAGNiTUDE\Program Files\UGS"下的 4 个文件夹"NXCAE_EXTRAS""NXNASTRAN""NXPLOT""UGII"全部复制，粘贴到安装目录"\UGS. NX6.0.0.24_Win32 - MAGNiTUDE\MAGNiTUDE\Program Files\UGS"，覆盖该目录中相同的文件即可。

任务实施

手指零件 NX 建模图设计步骤：

(1) 打开 NX 软件，新建模型文件。

(2) 在[现有平面] *XOY* 平面上创建草图，点击[插入]—[草图]，生成[基准坐标系]—[草图]。如图 5-3、图 5-4 所示。

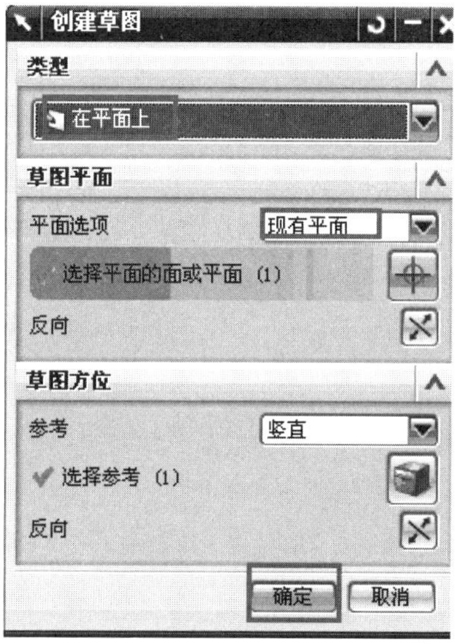

图 5-3　创建草图

图 5-4　插入草图

(3) 根据图 5-1 所示手指设计图尺寸，绘制草图如图 5-5 所示。

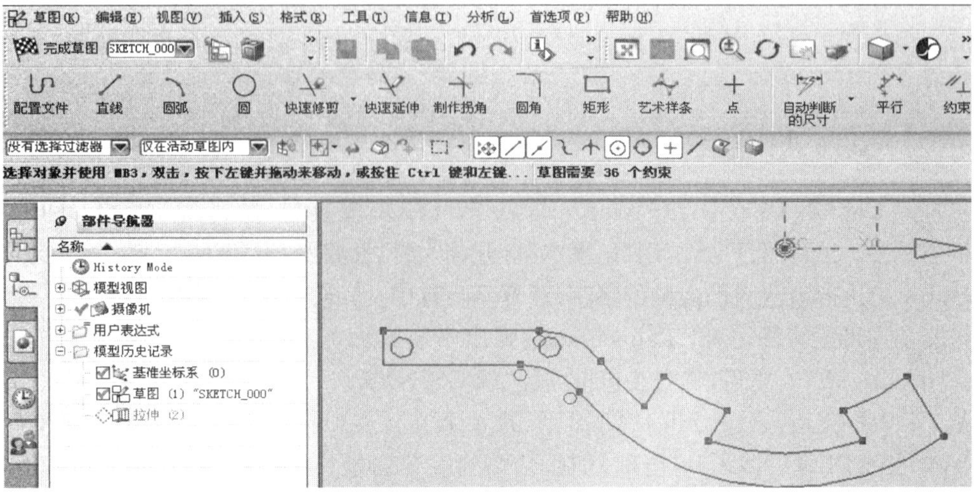

图 5-5　绘制草图

(4) 点击[完成草图]，如图 5-6 所示。

(5) 点击[拉伸]—[选择曲线]，鼠标点击所要拉伸的曲线，在“开始”栏输入“0”，“结束”栏输入“5”，即将厚度设置为 5 mm，逐一点选对话框的各项内容，如图 5-7 所示，完成拉伸。

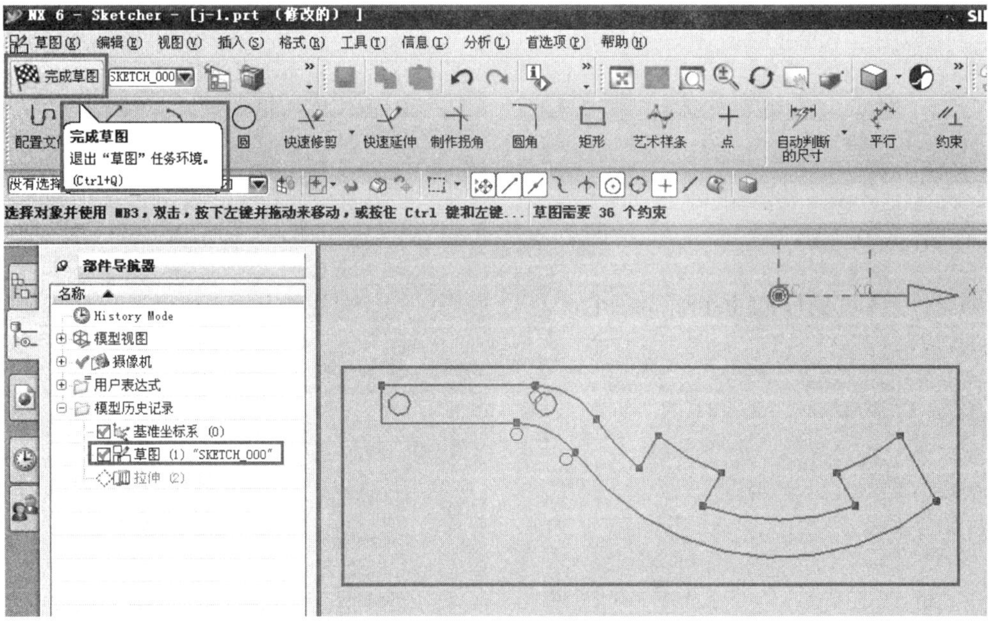

图 5-6　完成草图

草图绘制完成后，对其进行保存，得到手指零件 NX 建模图，如图 5-7 所示。参考上述步骤，绘制其他零件模型。

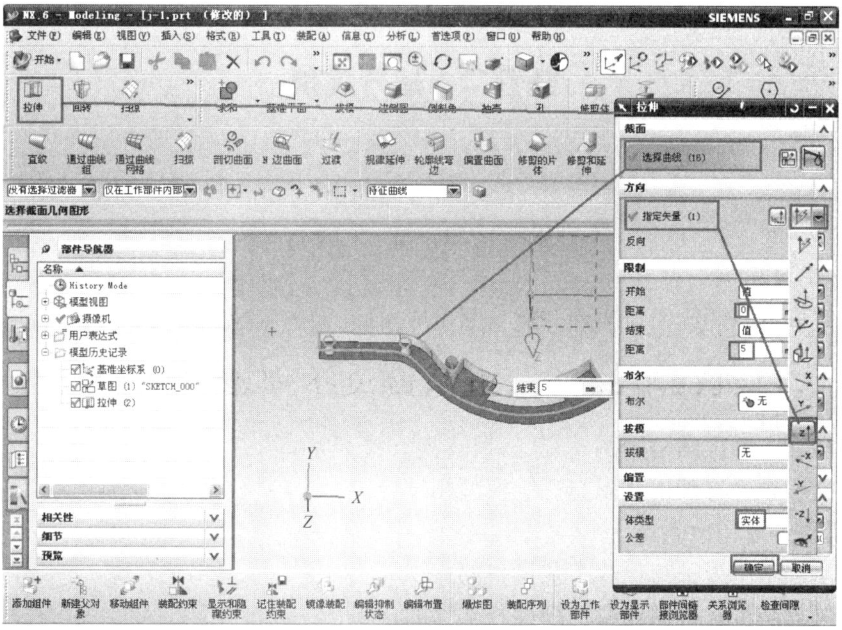

图 5-7　拉伸生成厚度尺寸

任务评价

任务评价表

专业________　班级________　姓名________　学号________　组别________

项目	标准	自我评价	小组评价	教师评价
		占 50%	占 20%	占 30%
创建草图	快速、准确			
完成草图	快速、准确			
拉伸实体	快速、准确			
操作熟练度	快速、准确			
协作精神	交流、讨论顺畅			
纪律观念	课堂有序、讨论积极			
学习主动性	认真思考、积极回答问题			
知识应用情况	关键知识点内化			
完成任务过程中引以为豪的做法	简捷、高效(加分项 5～10 分)			
指导他人	帮助的人数及质量(加分项 5～10 分)			
小计				
总评				

注：每个项目得分为 2～10 分。

组长签字：　　　　任课教师：　　　　年　月　日

任务二　连杆建模

任务目标

1. 知识目标

(1) 掌握草图的绘图技巧和开放草图生成实体、面体的建模方法；

(2) 掌握利用 NX 软件进行夹爪连杆设计的步骤和方法。

2. 能力目标

(1) 能够正确识图与制图；

(2) 能够正确将理论知识与三维模型相结合。

3. 素质目标

(1) 培养学生爱护与保养工艺设备的意识；

(2) 培养学生对机械设备的理性与感性的认识；

(3) 培养学生吃苦耐劳、刻苦钻研技术的精神；

(4) 培养学生在设计过程中的诚信意识。

任务要求

根据图 5-8 所示的连杆设计，完成图 5-9 所示连杆零件的 NX 建模。

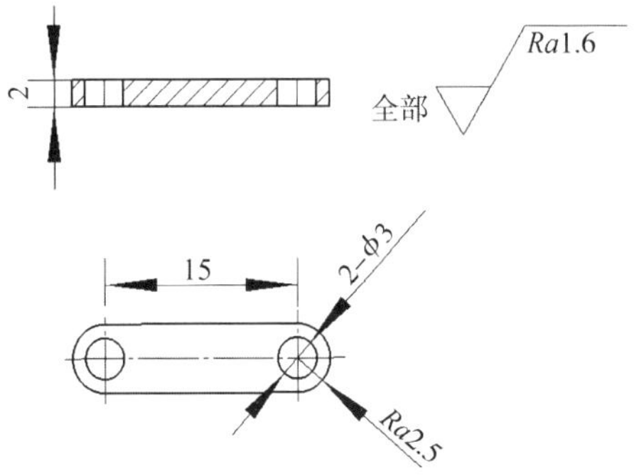

图 5-8　连杆零件

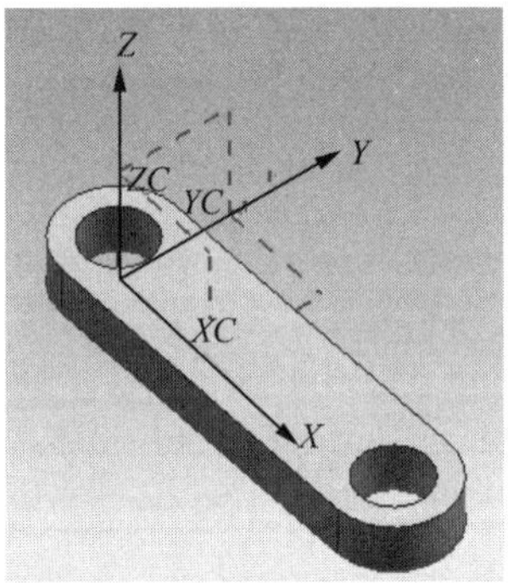

图 5-9　连杆零件 NX 建模

任务分析

NX 建模流程是一个系统化的过程，通常包括以下几个步骤：①创建草图；②草图拉伸；③编辑特征；④装配设计；⑤绘制工程图；⑥仿真分析；⑦数据管理。整个建模过程需要反复迭代和优化，直至满足设计要求。掌握 NX 建模流程是设计人员的必备技能。

知识引入

一、连杆几何参数的确定

在开始建模之前，需要明确连杆的几何参数，如长度、宽度、高度、倾角等。这些参数对于后续的建模工作至关重要，应根据具体设计要求合理选择。

二、连杆轮廓的绘制

在绘图软件中，可根据确定的几何参数，利用直线、圆弧等工具绘制连杆的轮廓，以确保最后建模结果的准确性。

三、连杆连接点的确定

连杆通常与其他机构相连接，因此需要确定它的连接点。连接点的确定应考虑到力的传递和受力分析等因素，以确保连接的可靠性和稳定性。

四、约束条件的添加

在建模过程中，需要为连杆添加各种约束条件以模拟真实的工作状态。常见的约束条件包括固定点、运动轨迹、运动范围等，一般根据设计需求来选择。

五、材料属性的设定

连杆的材料属性对于后续的分析和仿真有重要影响，因此需要准确设定其材料特性，如弹性模量、密度等。

六、连杆的组装

将连杆与其他相关部件进行组装时，需检查其连接的正确性和合理性。在组装过程中，需要注意连接点的对齐和配合。

七、分析和优化

建模完成后，可以进行各类分析和优化，如应力分析、振动分析、优化设计等，以改进连杆的可靠性等性能。

任务实施

参考手指零件的 NX 建模方法，设计连杆零件的 NX 建模图。

任务评价

任务评价表

专业________ 班级________ 姓名________ 学号________ 组别________

项目	标准	自我评价	小组评价	教师评价
		占50%	占20%	占30%
创建草图	正确分析			
完成草图	正确分析			
拉伸实体	正确分析			
操作熟练度	快速、准确			
协作精神	交流、讨论顺畅			
纪律观念	课堂有序、讨论积极			
学习主动性	认真思考、积极回答问题			
知识应用情况	关键知识点内化			
完成任务过程中引以为豪的做法	简捷、高效(加分项5～10分)			
指导他人	帮助的人数及质量(加分项5～10分)			
小计				
总评				

注:每个项目得分为2～10分。

组长签字: 任课教师: 年 月 日

任务三 支架建模

任务目标

1. **知识目标**

(1) 掌握草图的绘制技巧,以及如何利用开放草图生成实体、面体,并在建模中灵活运用该技能;

(2) 掌握利用NX软件进行夹爪支架设计的具体步骤和方法。

2. **能力目标**

(1) 能够正确识图与制图;

(2) 能够正确将理论知识与三维建模实践相结合。

3. **素质目标**

(1) 培养学生爱护与保养工艺设备的意识;

(2) 培养学生对机械设备的理性与感性的认识;

(3) 培养学生吃苦耐劳、刻苦钻研技术的精神；

(4) 培养学生设计过程中的诚信意识。

任务要求

根据图 5-10 所示的支架设计，完成图 5-11 所示支架零件的 NX 建模。

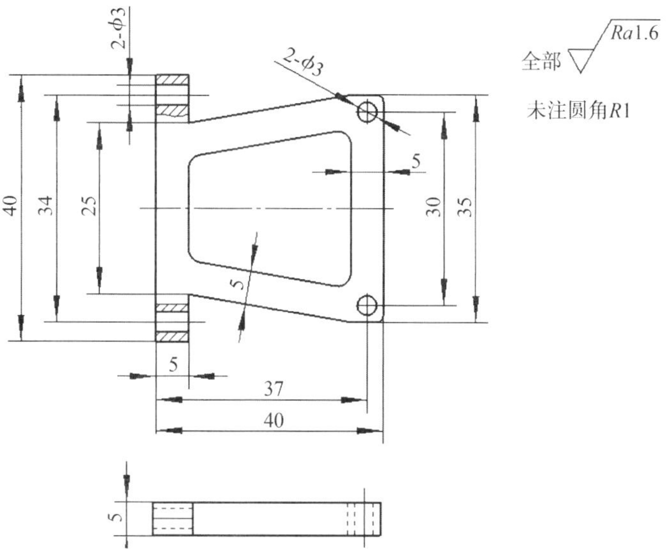

图 5-10　支架零件

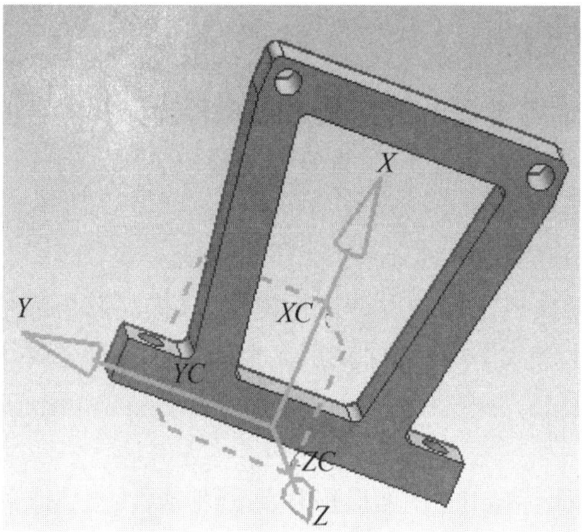

图 5-11　支架零件 NX 建模

任务分析

NX 建模是一个系统化的过程，通常包括以下几个步骤：①创建草图；②草图拉伸；

③编辑特征；④装配设计；⑤绘制工程图；⑥仿真分析；⑦数据管理。整个建模过程需要反复迭代和优化，直至满足设计要求。掌握 NX 建模流程对于设计人员来说是必不可少的技能。

知识引入

夹爪支架的设计原则主要包括以下几个方面：

一、结构简单、操作方便、安全可靠、经济实用

夹爪支架的设计应遵循结构简单、操作方便、安全可靠、经济实用的原则。这些原则确保了夹爪支架不仅能满足使用要求，还能在制造、装配、维修等环节实现高效性和经济性。

二、确保定位效果和狭窄工作空间适应性

在设计夹爪支架时，需要确保夹爪在夹紧过程中能够保持直线运动，从而保证定位效果。此外，夹爪支架的设计应考虑到工作空间的限制，能够适应相对狭窄的工作空间。

三、结合材料特性、精度要求和生产规模

选择合适的制造工艺对夹爪支架的质量和性能至关重要。在设计过程中，需要考虑夹爪支架的用途、材料特性、精度要求和生产规模等因素，以确保夹爪支架满足特定的工艺要求。

四、进行强度和刚度分析

进行夹爪支架设计时需要进行强度和刚度分析，确保其满足使用要求。这是保证夹爪支架在实际应用中的稳定性和耐久性的关键步骤。

五、进行优化设计

根据分析结果，应对夹爪支架的设计进行优化，以提高其可靠性等性能。优化设计可以帮助减少成本，提高生产效率，并确保夹爪支架能够在各种条件下稳定运行。

六、进行标准化与推广

将优化后的夹爪支架标准化，并推广应用到其他类似产品或项目中。标准化有助于提高生产效率和产品一致性，同时也便于维护和替换部件。

任务实施

参考手指零件的 NX 建模方法，设计支架零件的 NX 建模图。

任务评价

任务评价表

专业________　班级________　姓名________　学号________　组别________

项目	标准	自我评价	小组评价	教师评价
		占 50%	占 20%	占 30%
创建草图	正确分析			
完成草图	正确分析			
拉伸实体	正确分析			
操作熟练度	快速、准确			
协作精神	交流、讨论顺畅			
纪律观念	课堂有序、讨论积极			
学习主动性	认真思考、积极回答问题			
知识应用情况	关键知识点内化			
完成任务过程中引以为豪的做法	简捷、高效(加分项 5～10 分)			
指导他人	帮助的人数及质量(加分项 5～10 分)			
小计				
总评				

注：每个项目得分为 2～10 分。

组长签字：　　　　　　任课教师：　　　　　　年　月　日

任务四　气缸建模

任务目标

1. **知识目标**

（1）掌握草图的绘制技巧，以及如何利用开放草图生成实体、面体，并在建模中灵活运用该技能；

（2）掌握利用 NX 软件进行夹爪气缸设计的具体步骤和方法。

2. **能力目标**

（1）能够正确识图与制图；

（2）能够正确将理论知识与三维建模实践相结合。

3. **素质目标**

（1）培养学生爱护与保养工艺设备的意识；

（2）培养学生对机械设备的理性与感性的认识；

(3) 培养学生吃苦耐劳、刻苦钻研技术的精神;

(4) 培养学生设计过程中的诚信意识。

任务要求

根据图 5-12 所示的气缸设计,完成图 5-13 所示气缸零件的 NX 建模。

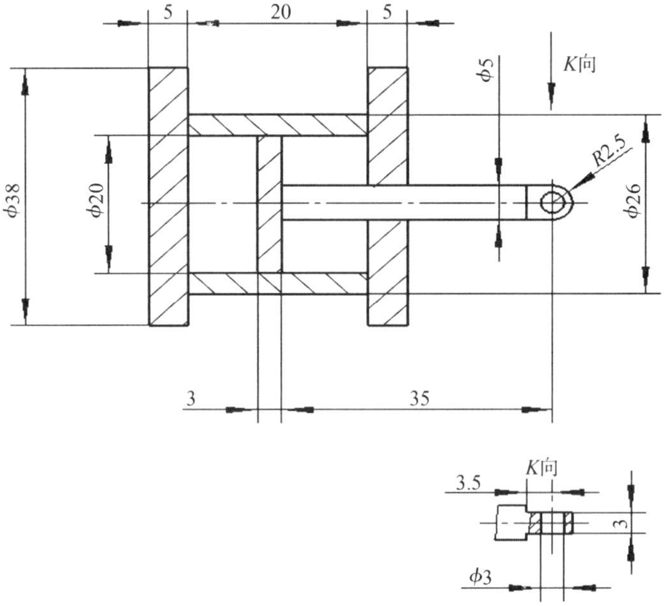

图 5-12 气缸装配图

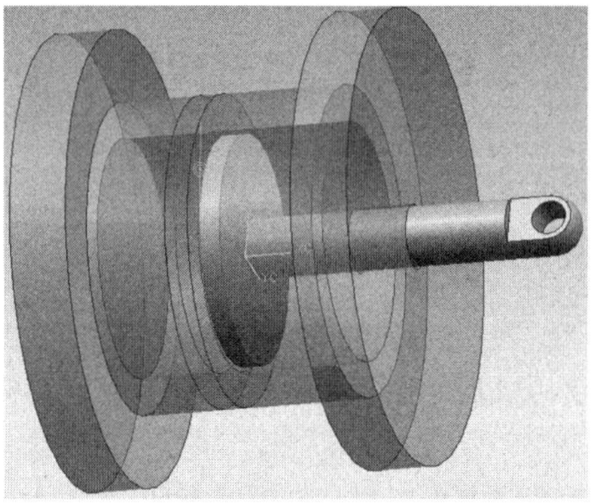

图 5-13 气缸 NX 建模

任务分析

NX 建模流程是一个系统化的过程,通常包括以下几个步骤:①创建草图;②草图拉伸;③编辑特征;④装配设计;⑤绘制工程图;⑥仿真分析;⑦数据管理。整个建模过程需要反复迭代和优化，直至满足设计要求。掌握 NX 建模流程对于设计人员来说是必不可少的技能。

知识引入

夹爪气缸的设计原则主要包括以下几个方面：

一、结构紧凑与轻量化

夹爪气缸通常要求结构紧凑，以减小占用空间，便于在有限的空间内安装和使用。例如，一些夹爪气缸设计为扁平形状，不仅占用空间小，还能提供足够的强度和稳定性。

二、高效的夹持力

夹爪气缸需要提供足够的夹持力以确保工件在加工过程中能够稳固地被夹持。这通常可通过优化活塞和夹爪的设计来实现，例如使用高强度的材料和合理的结构设计。

三、精确的控制与快速响应

夹爪气缸应当具备快速响应的能力，以适应高速自动化生产线的需求。这通常涉及气缸的密封性、活塞的运动精度以及控制系统的响应速度。

四、可靠性和耐久性

在设计夹爪气缸时需要考虑其可靠性和耐久性，以确保在长时间和频繁的操作中仍能保持稳定的性能。这可以通过选择合适的材料、优化磨损部件的设计以及增加必要的防护措施来实现。

五、安全性

设计夹爪气缸时还需要考虑操作的安全性，如可设置适当的安全装置，以防止意外夹持或其他安全事故的发生。

六、易于维护和更换

夹爪气缸的设计应便于维护和更换零部件，以减少停机时间和维护成本。这通常可通过简化拆装步骤、配备标准化零部件等措施来实现。

七、适应性强

夹爪气缸应能适应不同的工作环境和工件类型，包括不同的夹持力需求、温度范围、湿度条件等。

任务实施

参考手指零件的 NX 建模方法，设计气缸的 NX 建模图。

任务评价

任务评价表

专业________　班级________　姓名________　学号________　组别________

项目	标准	自我评价	小组评价	教师评价
		占 50%	占 20%	占 30%
创建草图	正确分析			
完成草图	正确分析			
拉伸实体	正确分析			
操作熟练度	快速、准确			
协作精神	交流、讨论顺畅			
纪律观念	课堂有序、讨论积极			
学习主动性	认真思考、积极回答问题			
知识应用情况	关键知识点内化			
完成任务过程中引以为豪的做法	简捷、高效(加分项 5～10 分)			
指导他人	帮助的人数及质量(加分项 5～10 分)			
小计				
总评				

注:每个项目得分为 2～10 分。

组长签字:　　　　　　　　任课教师:　　　　　　　　年　月　日

任务五　夹爪装配建模

任务目标

1. **知识目标**

(1) 掌握草图的绘制技巧,以及如何利用开放草图生成实体、面体,并在建模中灵活运用该技能;

(2) 掌握利用 NX 软件进行夹爪设计的具体步骤和方法。

2. **能力目标**

(1) 能够正确识图与制图;

(2) 能够正确将理论知识与三维建模实践相结合。

3. **素质目标**

(1) 培养学生爱护与保养工艺设备的意识;

(2) 培养学生对机械设备的理性与感性的认识;

(3) 培养学生吃苦耐劳、刻苦钻研技术的精神;

(4) 培养学生设计过程中的诚信意识。

任务要求

完成图 5-14 所示夹爪装配设计。

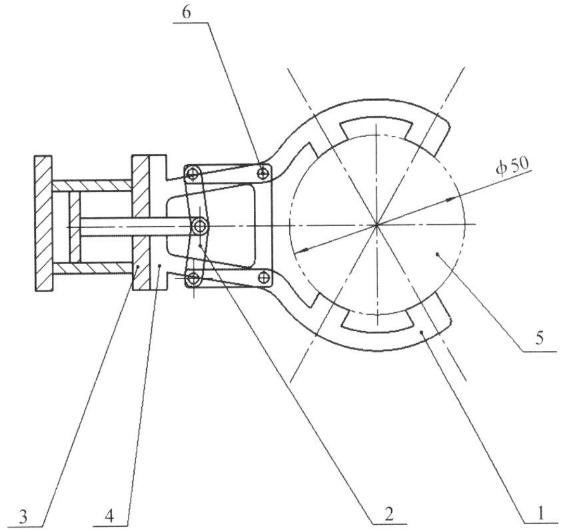

序号	代号	名称	数量	材料	重量 单件	重量 总件	备注
1	j-1	手指	2	Q235或聚氯乙烯			
2	j-2	连杆	2	Q235或聚氯乙烯			
3	10Y-2 SD 20N 50	气缸	1	缸筒铝合金			
4	j-3	支架	2	Q235或聚氯乙烯			
5		工件	1	Q235或聚氯乙烯			
6	GB/T 119.1-2000	销钉20×ϕ3	5	Q235			

图 5-14　机器人夹具(夹爪)装配图

任务分析

NX 建模是一个系统化的过程，通常包括以下几个步骤：①创建草图；②草图拉伸；③编辑特征；④装配设计；⑤绘制工程图；⑥仿真分析；⑦数据管理。整个建模过程需要反复迭代和优化，直至满足设计要求。掌握 NX 建模流程对于设计人员来说是必不可少的技能。

知识引入

根据机器人夹具(夹爪)的工程图，用 NX 软件进行三维建模、装配设计、仿真分析，并进行数据管理，验证设计的可行性。

任务实施

装配建模的目的是检查各零件之间是否干涉，结构设计是否合理，以发现早期错误。

前述各零件建模图绘制好后，再绘制活塞及气缸体 NX 建模图，即可进行气缸装配图设计。

(1) 绘制活塞及气缸体 NX 建模图

参考手指零件 NX 建模图设计步骤，采用“回转”成型方式，分别绘制活塞(图 5-15)及气缸体 NX 建模图(图 5-16)。

图 5-15　活塞 NX 建模图

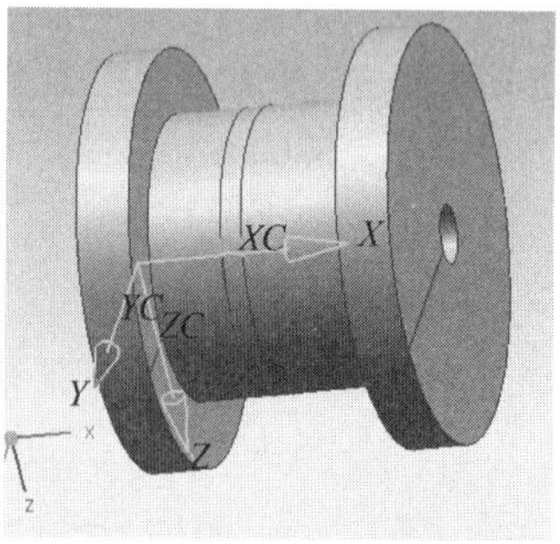

图 5-16　气缸体 NX 建模图

(2) 气缸装配图设计步骤

依次点击[新建]—[装配],定义文件名称为“qigang”,自选文件夹“E:\UGfile\jiaju”,如图 5-17 所示。

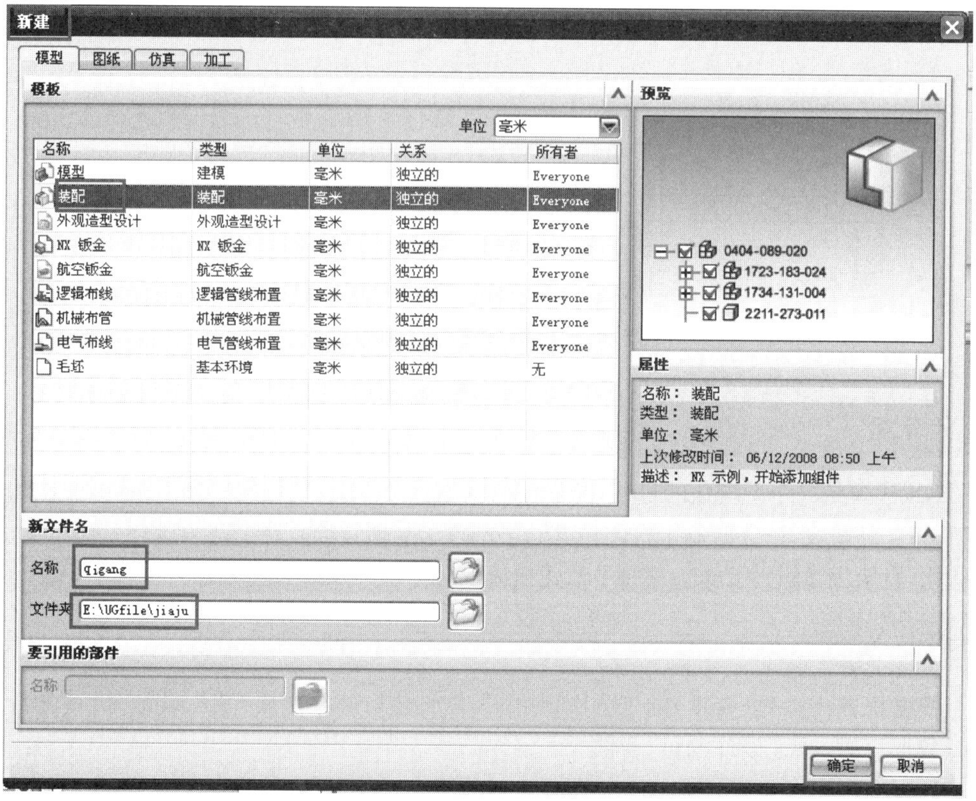

图 5-17　新建装配模型

点击[添加组件]—[打开],选择“缸体”,定义文件名“10Y - 2 - 1”,点击[OK]—[确定],如图 5-18 所示。

继续点击[添加组件]—[打开],选择“活塞”,定义文件名“10Y - 2 - 2”,点击[OK]—

[应用]，如图 5-19 所示。

弹出[装配约束]，依次选择[同心]—[选择两个对象]，用鼠标拾取气缸上的圆周线，再拾取活塞上的圆周线，点击[确定]，如图 5-20 所示。

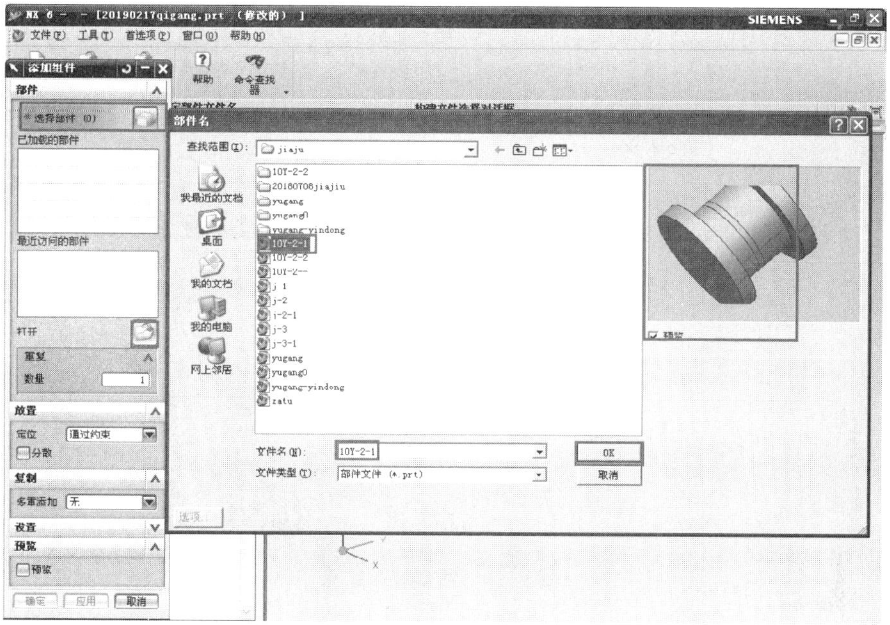

图 5-18　添加组件——缸体

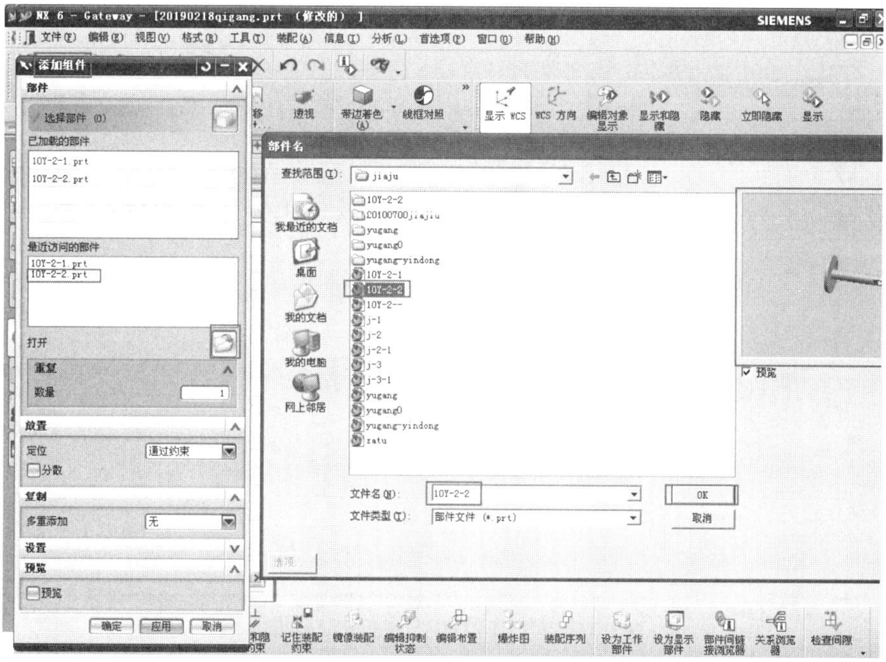

图 5-19　添加组件——活塞

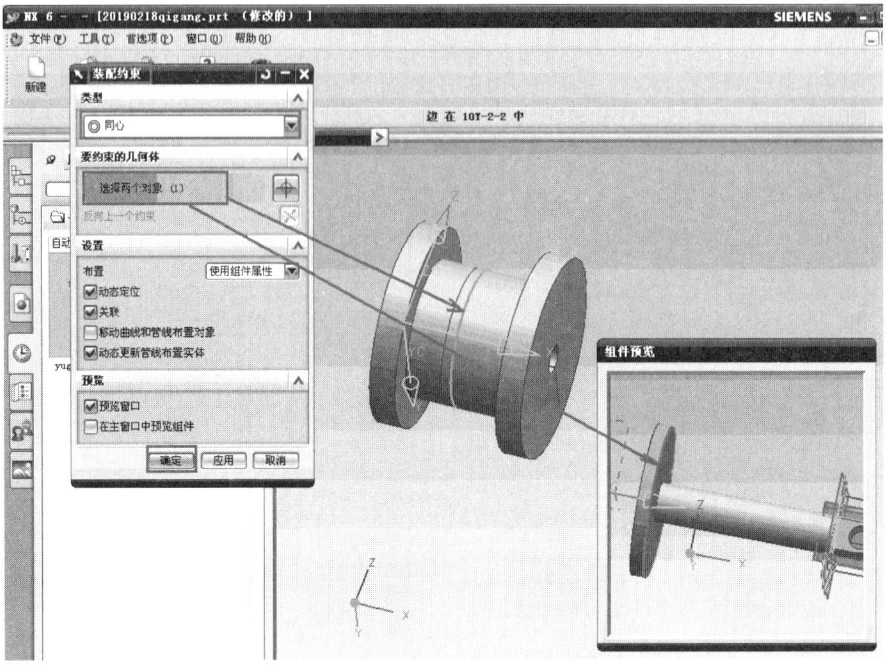

图 5-20　活塞装配约束

继续点击[添加组件]—[打开],选择“支架”,定义文件名“j-3”,点击[OK]—[确定],如图 5-21 所示。

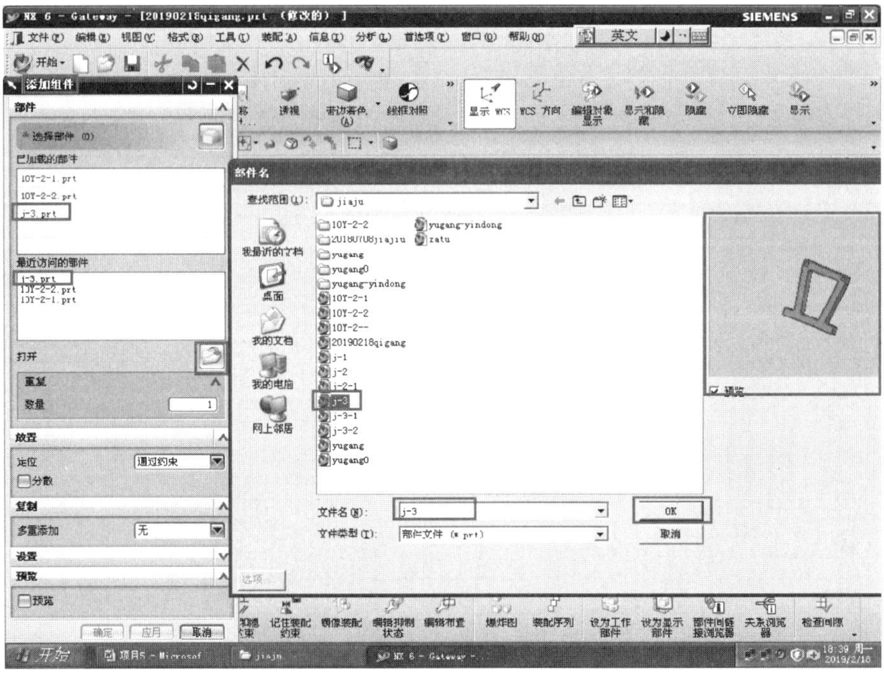

图 5-21　添加组件——支架

弹出[装配约束]，选择[接触对齐]—[选择两个对象]，用鼠标拾取气缸体上平面，再拾取支架底面，点击[确定]，如图 5-22 所示。

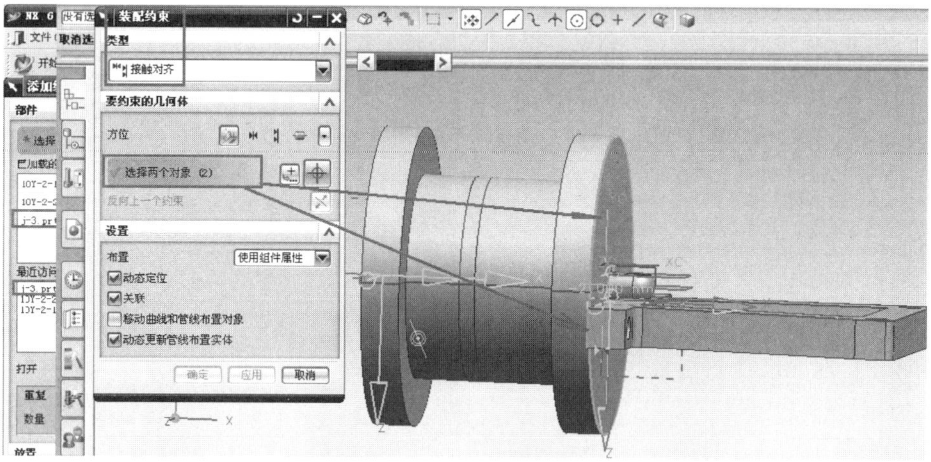

图 5-22　支架接触对齐装配约束

继续在[装配约束]上选择[距离]—[选择两个对象]，用鼠标拾取支架上平面，再拾取活塞安装平面，在“距离”项选择“1 mm”，点击[确定]，如图 5-23 所示。

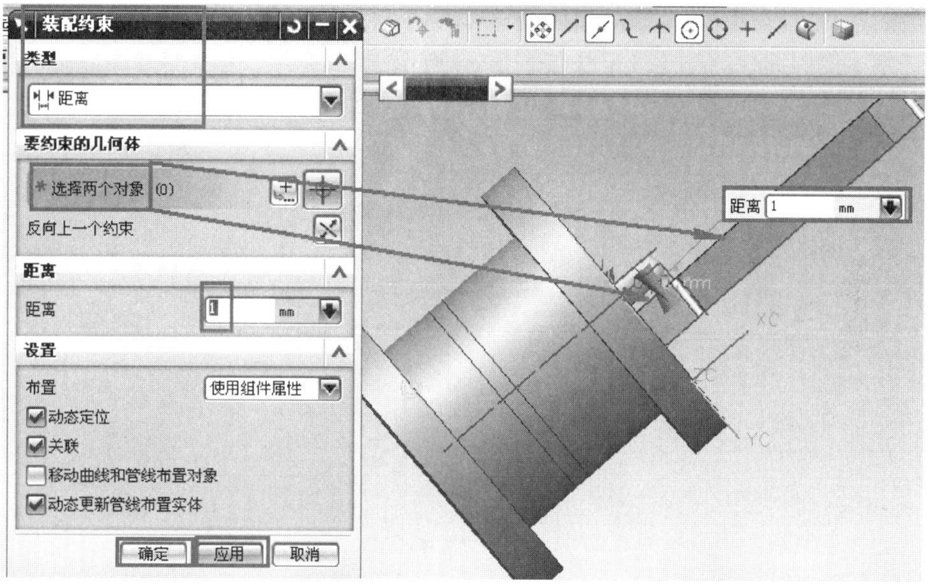

图 5-23　支架距离装配约束

继续点击[添加组件]—[打开]，选择“手指”，定义文件名“j - 1”，点击[OK]—[确定]。

弹出[装配约束]，选择[同心]—[选择两个对象]，用鼠标拾取支架上的圆周线，再拾取手指上的圆周线，点击[确定]。

继续点击[添加组件]—[打开]，选择“手指 2”，定义文件名“j - 1”，点击[OK]—[确定]。

弹出[装配约束]，选择[同心]—[选择两个对象]，用鼠标拾取支架上的圆周线，再拾取手指上的圆周线，点击[确定]，如图 5-24 所示。

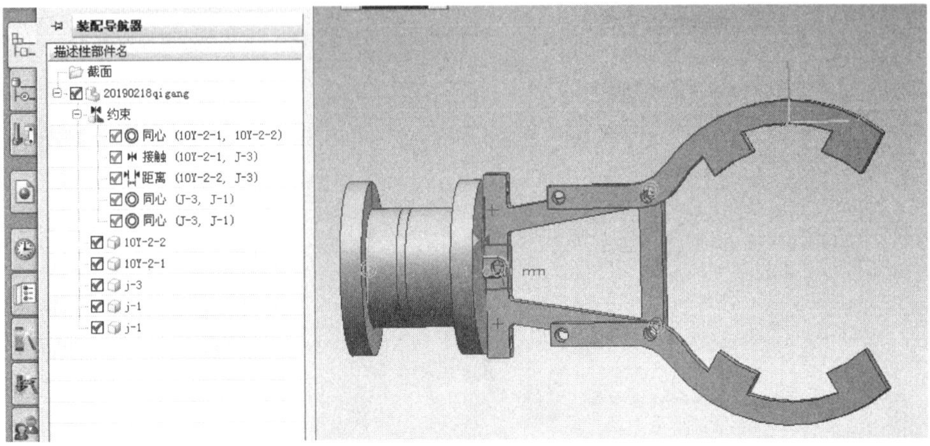

图 5-24　添加组件——手指

继续点击[添加组件]—[打开]，选择“连杆”，定义文件名“j－2”，点击[OK]—[确定]。

弹出[装配约束]，选择[同心]—[选择两个对象]，用鼠标拾取连杆上的圆周线，再拾取手指上的圆周线，点击[确定]。

继续在[装配约束]上选择[同心]—[选择两个对象]，用鼠标拾取连杆上的圆周线，再拾取活塞上的圆周线，点击[确定]，如图 5-25 所示。

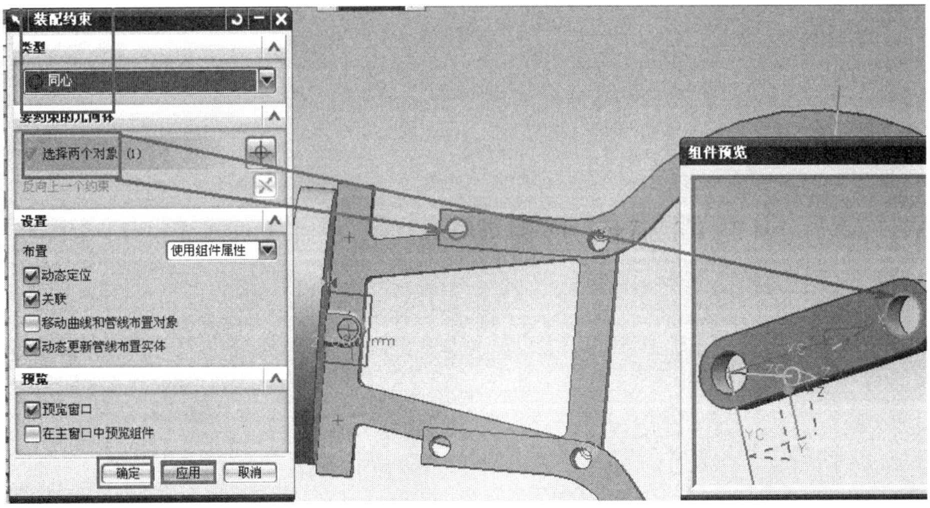

图 5-25　添加组件——连杆 1

继续点击[添加组件]—[打开]。选择“连杆 2”模型，定义文件名“j－2－1”，点击[OK]—[确定]。

弹出[装配约束]，选择[同心]—[选择两个对象]，用鼠标拾取连杆上的圆周线，再拾取手指上的圆周线，点击[确定]。

继续在[装配约束]上选择[同心]—[选择两个对象]，用鼠标拾取连杆上的圆周线，再拾取活塞上的圆周线，点击[确定]，如图 5-26 所示。

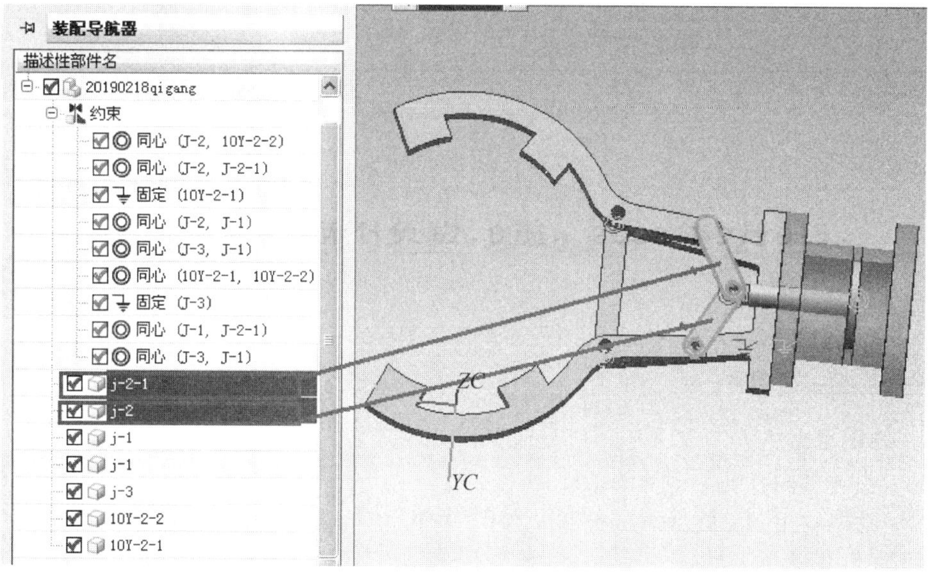

图 5-26　添加组件——连杆 2

至此，完成机器人夹具（夹爪）装配建模。

任务评价

任务评价表

专业_______　班级_______　姓名_______　学号_______　组别_______

项目	标准	自我评价	小组评价	教师评价
		占 50%	占 20%	占 30%
添加组件	操作正确			
装配约束	操作正确			
几何关系	正确分析			
操作熟练度	快速、准确			
协作精神	交流、讨论顺畅			
纪律观念	课堂有序、讨论积极			
学习主动性	认真思考、积极回答问题			
知识应用情况	关键知识点内化			
完成任务过程中引以为豪的做法	简捷、高效（加分项 5～10 分）			
指导他人	帮助的人数及质量（加分项 5～10 分）			

续表

项目	标准	自我评价	小组评价	教师评价
		占 50%	占 20%	占 30%
小计				
总评				

注：每个项目得分为 2～10 分。

组长签字：　　　　任课教师：　　　　年　月　日

任务六　机器人夹具（夹爪）机构运动仿真

任务目标

1. 知识目标

（1）明确机构有确定运动的条件；

（2）掌握利用 NX 软件进行机器人夹具（夹爪）机构运动仿真的方法。

2. 能力目标

（1）能够正确识图与制图；

（2）能够正确将理论知识与三维建模相结合。

3. 素质目标

（1）培养学生爱护与保养工艺设备的意识；

（2）培养学生对机械设备的理性与感性的认识；

（3）培养学生吃苦耐劳、刻苦钻研技术的精神；

（4）培养学生设计过程中的诚信意识。

任务要求

完成机器人夹具（夹爪）机构运动仿真。

任务分析

通过对机器人夹具（夹爪）机构进行运动仿真，检验其能否实现预期的运动轨迹、速度变化、受力情况，并排除部件间干涉，从而提前发现早期设计错误，节省产品试制费用。

知识引入

一、机构有确定运动的条件

机构有确定运动的条件可用以下公式表示：

$$F = 3n - 2P_L - P_H = W = 1$$

式中：F——机构自由度数；

n——活动构件数，此处活动构件包括1个活塞、2个连杆、2个手指，共计5件；

P_L——低副数，此处滑动副数＝1、旋转副数＝6；

P_H——高副数，此处 $P_H=0$；

W——原动件数，此处活塞为原动件，$W=1$。

所以 $F=3n-2P_L-P_H=3\times5-2\times7-0=W=1$。

根据计算结果可判定该机构具有确定的运动，说明该机构能成功进行运动仿真，设计建模合格。否则说明该机构存在设计错误，必须重新检查并进行设计改进，再次进行运动仿真，直到成功。

二、机器人手指标准件选型

在许多情况下，市场上大量机器人生产商、供应商会提供标准化、系列化的机器人夹具（夹爪）工件。以平行气动气爪（手指）为例，其产品系列（如MH系列）的选型表如表5-1所示，可供参考。

表5-1　MH系列气爪选型

动作方式		型号	缸径/mm	夹持力/N(每个手指夹持力的有效值)		开闭行程(两侧)/mm
				外径夹持	内径夹持	
双作用		MHZJ2-6D	6	3.3	6.1	4
		MHZJ2-10D	10	9.8	17	4
		MHZJ2-16D	16	30	40	6
		MHZJ2-20D	20	42	66	10
		MHZJ2-25D	25	65	104	14
单作用	常开	MHZJ2-6S	6	1.9	—	4
		MHZJ2-10S	10	6.3		4
		MHZJ2-16S	16	24		6
		MHZJ2-20S	20	28		10
		MHZJ2-25S	25	45		14
	常闭	MHZJ2-6C	6	—	3.7	4
		MHZJ2-10C	10		12	4
		MHZJ2-16C	16		31	6
		MHZJ2-20C	20		56	10
		MHZJ2-25C	25		83	14

注：单作用表示夹取工件时需要接通压缩空气，松开工件时不需要气源；双作用表示夹取和松开工件时都需要气源。

任务实施

机器人夹具（夹爪）机构运动仿真的步骤如下：

点击[开始]—[运动仿真]，弹出[运动导航器]，找到装配模型文件名，用鼠标右键点击[新建仿真]，弹出[环境]，点选[运动学]，点击[确定]，如图5-27、图5-28所示。

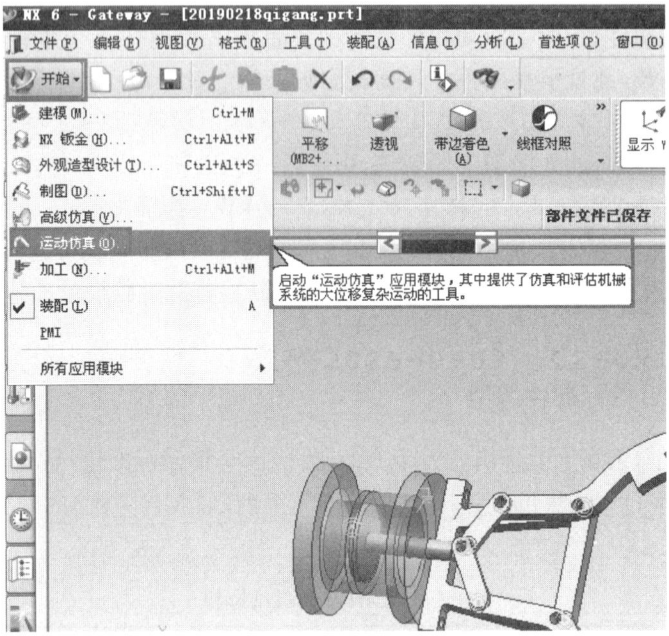

图 5-27 创建运动仿真

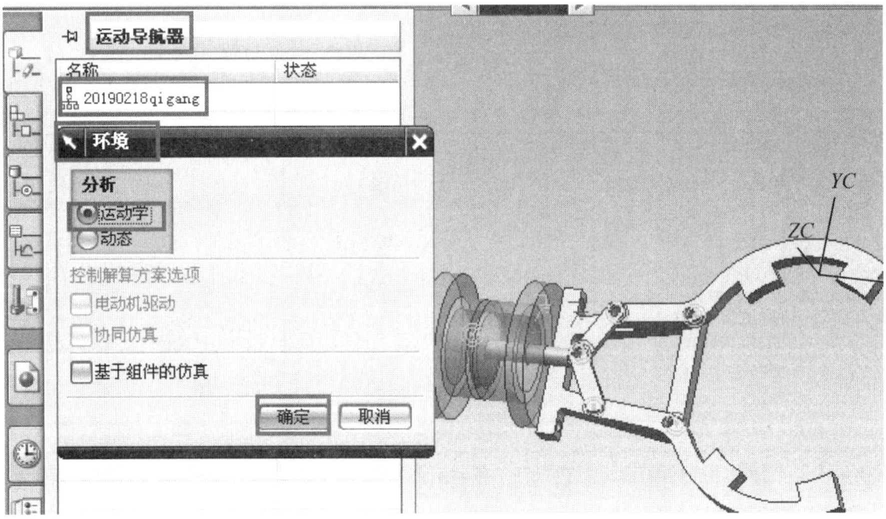

图 5-28 选择运动学

点击[连杆]—[选择对象]，选择“缸体和支架”，定义文件名“10Y-2-1”和“j-3”，点击[设置]，勾选“固定连杆”，自动生成连杆名“L001”，如图 5-29 所示，固定连杆自动生成符号为。

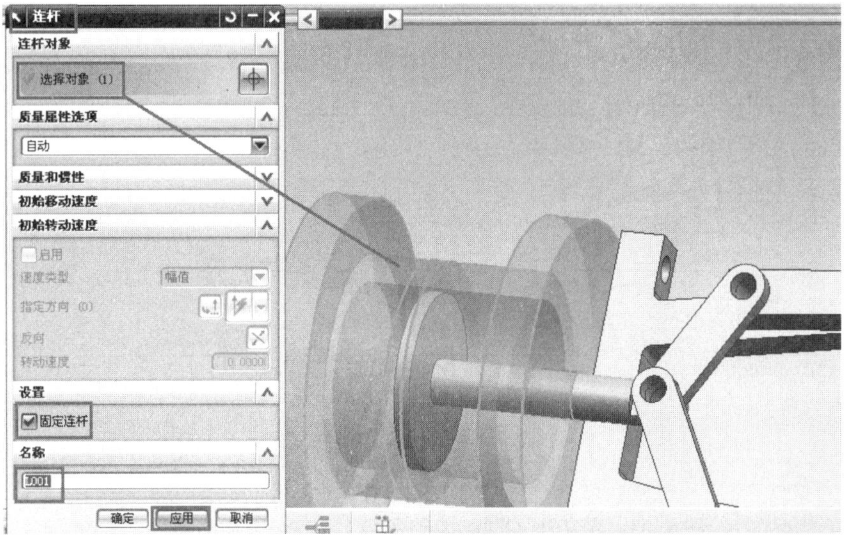

图 5-29　定义缸体和支架为固定连杆

点击[设置]，将“固定连杆”前的勾选清除，点击活塞，定义文件名“10Y－2－2”，点击[应用]，自动生成连杆名“L002”，如图 5-30 所示。

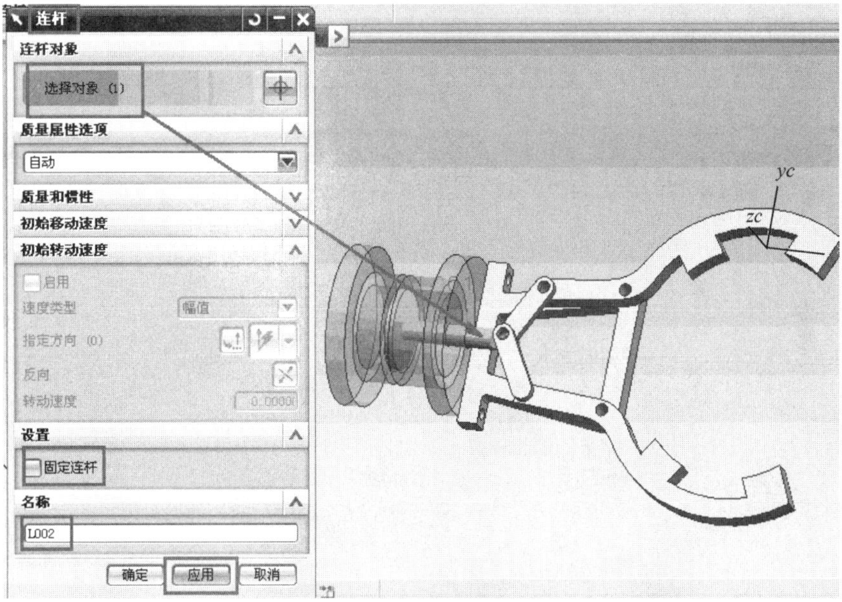

图 5-30　定义活塞为非固定连杆(即活动连杆)

点击连杆文件名“j－2”—[应用]和“j－2－1”—[应用]，点击手指相同文件名“j－1”—[应用]，再次点击手指相同文件名“j－1”—[应用]，依次自动生成连杆名“L003”“L004”“L005”“L006”，如图 5-31 所示。其中“L002”～“L006”均为活动连杆，自动生成符号为。

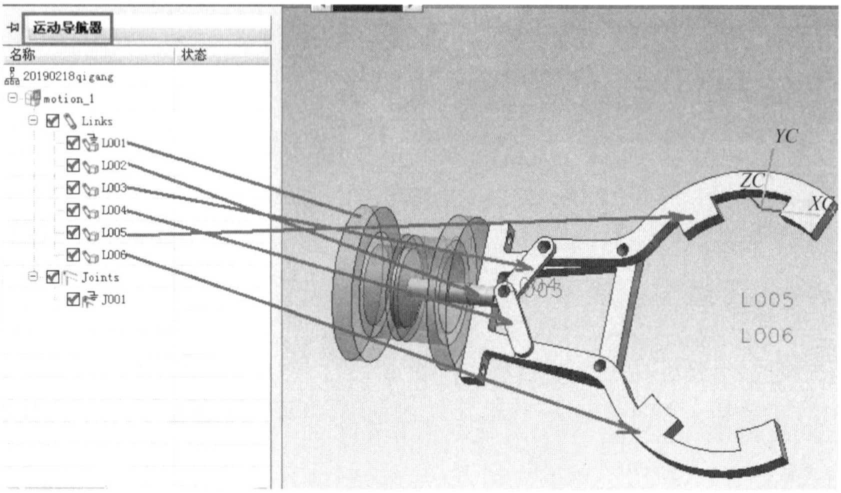

图 5-31　定义“j－2”“j－2－1”“j－1”“j－1”为活动连杆

定义运动副，弹出[运动副]选项，将[类型]选择为滑动副，在[操作]一栏中勾选[选择连杆]，鼠标点击[缸体]—[指定原点]，鼠标点击文件名为“10Y－2－1”缸体对应图标的圆心，[指定方位]选择[＋x]—[基本]—[咬合连杆]，鼠标点击文件名为“10Y－2－2”活塞图标的圆心，[指定方位]选择[＋x]，自动生成滑动副。选择[驾驶员]—[平移]—[恒定]，将初始位移设置为 0，初速度设置为 5，点击[确定]，如图 5-32 所示。

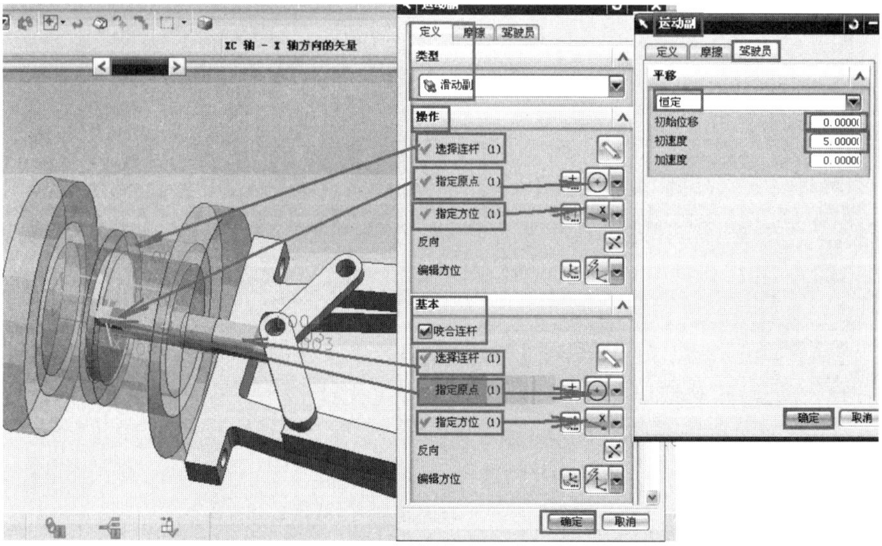

图 5-32　定义活塞与缸体为运动副——滑动副

继续定义运动副，弹出[运动副]选项，将[类型]选择为[旋转副]，在[操作]一栏用鼠标点击文件名为“10Y－2－2”活塞图标的“圆心”，[指定方位]选择[z]，鼠标点击

[基本]—[咬合连杆]—文件名为“j-2”连杆图标的圆心，[指定方位]选择[Z]，自动生成旋转副符号，如图 5-33 所示。

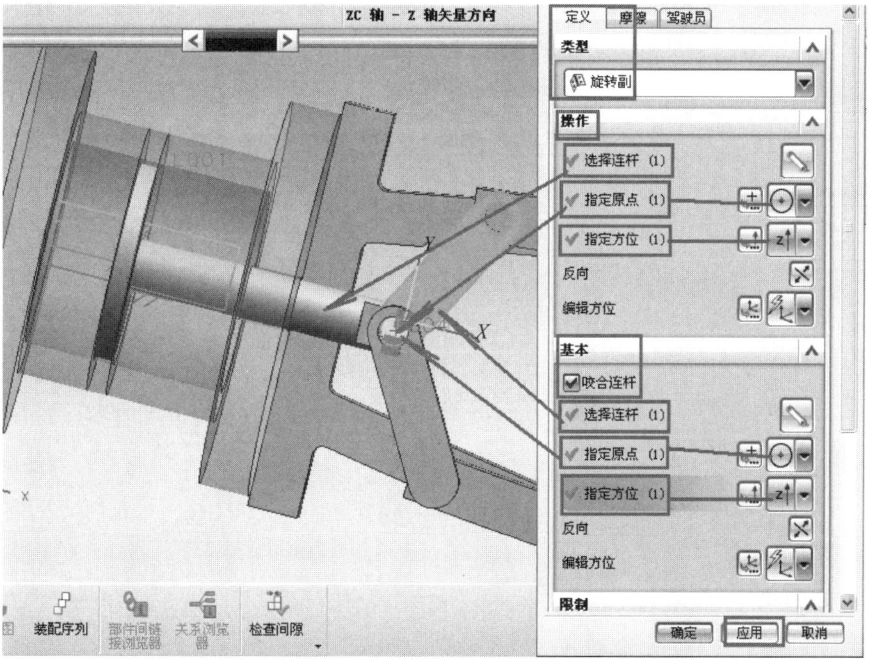

图 5-33　定义活塞与连杆为运动副——旋转副

依此类推，继续定义“运动副”中的其他“旋转副”，分别生成旋转副符号 J002～J008，如图 5-34 所示。

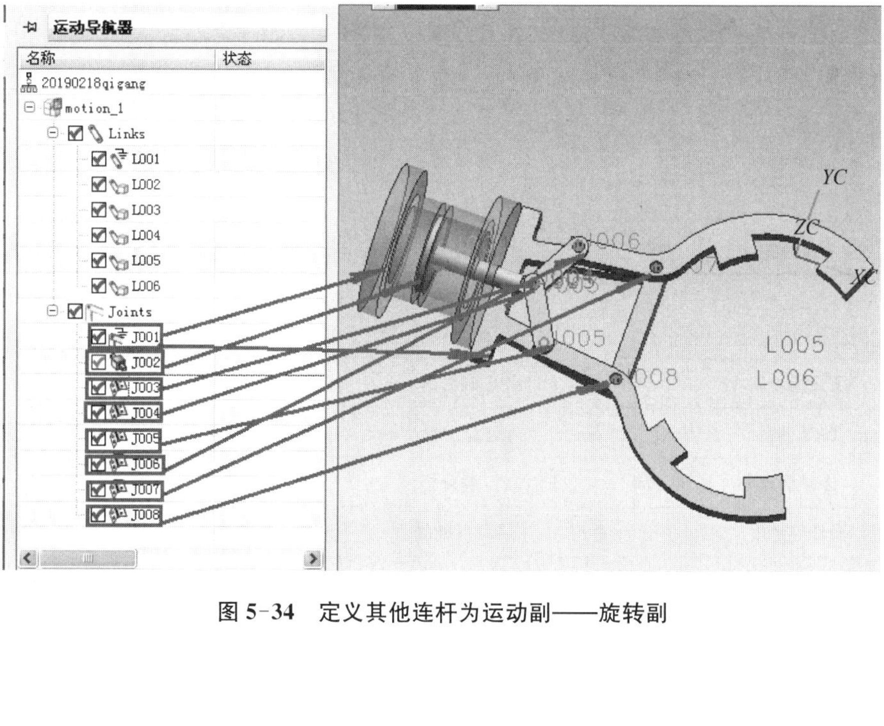

图 5-34　定义其他连杆为运动副——旋转副

点击[解算方案]—[常规驱动]—[运动学/动力学],将时间设置为3.5,步数设置为200,点击[确定],如图5-35所示。时间的长短对应行程的长短,步数的大小对应速度的快慢。

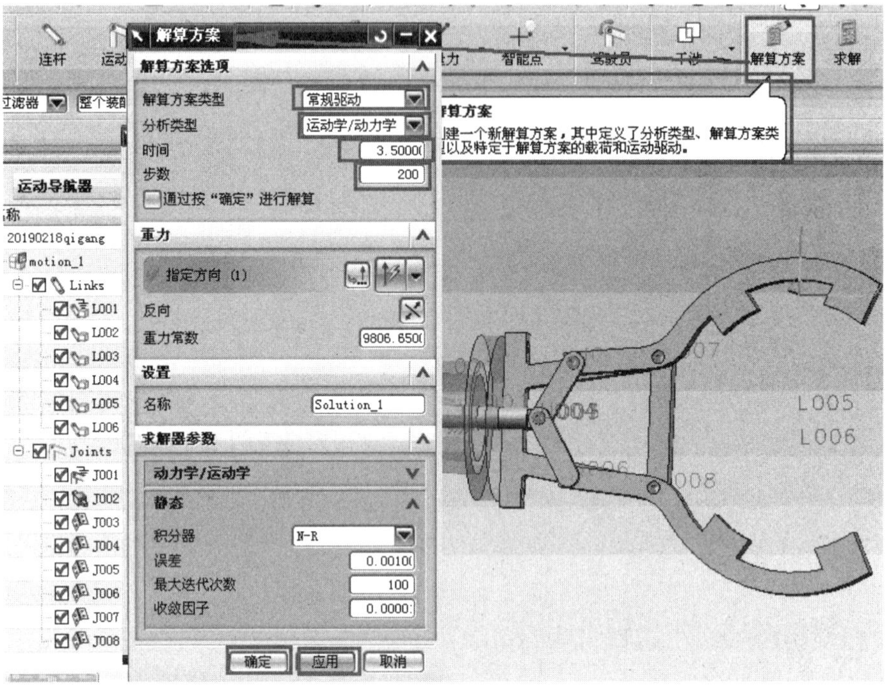

图5-35 选择解算方案

点击[求解]—[播放],播放动画,实现预期机构运动仿真。

至此,完成机器人夹具(夹爪)机构运动仿真。

上述技能训练主要培养学生的设计开发能力。在实际生产中,经常会遇到这种非标准夹具(夹爪)的设计任务。

任务评价

任务评价表

专业________ 班级________ 姓名________ 学号________ 组别________

项目	标准	自我评价	小组评价	教师评价
		占50%	占20%	占30%
定义运动副	正确分析			
解算方案	正确分析			
运动仿真	正确分析			
操作熟练度	快速、准确			
协作精神	交流、讨论顺畅			

续表

项目	标准	自我评价	小组评价	教师评价
		占 50%	占 20%	占 30%
纪律观念	课堂有序、讨论积极			
学习主动性	认真思考、积极回答问题			
知识应用情况	关键知识点内化			
完成任务过程中引以为豪的做法	简捷、高效(加分项 5～10 分)			
指导他人	帮助的人数及质量(加分项 5～10 分)			
小计				
总评				

注：每个项目得分为 2～10 分。

组长签字：　　　　　　　　　　　　任课教师：　　　　　　　　　　　　年　月　日

任务七　培养注重细节、言行一致的诚信精神

任务目标

1. **知识目标**

(1) 掌握诚信教育基本概念；

(2) 掌握诚信教育理论体系建构方法；

(3) 掌握诚信教育与实践关联的机制。

2. **能力目标**

(1) 能够正确理解诚信的本质与社会价值；

(2) 能够针对诚信问题进行批判反思与持续改进。

3. **素质目标**

(1) 培养学生理解诚信内涵、辨识诚信场景的能力；

(2) 培养学生的诚信意识，增强其道德共情力；

(3) 引导学生规范日常行为，提升自我约束力；

(4) 鼓励学生营造诚信文化氛围，增强社会责任感。

任务要求

遵循系统性、实践性和长效性原则，结合当前教育政策与社会需求设计诚信教育任务。

任务分析

通过从目标设定、核心任务要求、实施保障要求、创新性要求等维度进行设计，可构建

认知—行为—制度三位一体的诚信教育体系，实现从短期活动到长效机制的跃升。

知识引入

“诚信”一词最早是分开使用的，“诚”和“信”都是传统道德的主要内容之一。最早将“诚”与“信”连用的是春秋时期齐国著名的政治家、经济学家管仲。他明确提出：“先王贵诚信。诚信者，天下之结也。”（《管子·枢言》）他认为诚信是凝聚人心、使天下人团结一致的精神基础。

诚信教育中，“诚”指诚实，“信”指守信。诚信是人类的无形资产，所以诚信教育是非常重要的。所谓“人文”包含道德观、文明素养等，而诚信则是“人文”的重要体现，诚信教育是对学生人生的一种道德投资，也是社会的一种无形资产。

诚信教育应该做到如下几点：

(1) 政治诚信。坚守政治诚信，忠诚报效祖国、站稳政治立场，践行社会主义核心价值观。

(2) 学术诚信。学习上追求真知，恪守学术规范；考试时严守考试纪律，诚信考试。

(3) 职业诚信。践约守信，努力兑现诺言，在就业创业过程中的求职自荐、签订协议等环节，都要做到诚实守信。

(4) 人际诚信。坚持实事求是，尊重客观事实，以诚待人。

诚信是社会主义核心价值观的重要内容，“烽火戏诸侯”这一典故中，周幽王戏耍各位诸侯，违背诚信原则，最后导致西周灭亡，说明诚信的重要性。

同样，我们在工作中不能够弄虚作假，要有诚信意识，否则会出现各种问题。

任务实施

开设诚信主题课程与讲座，融入思政教育体系，重点阐释传统文化中的诚信精髓与社会主义核心价值观的内涵。

任务评价

任务评价表

专业________ 班级________ 姓名________ 学号________ 组别________

项目	标准	自我评价	小组评价	教师评价
		占 50%	占 20%	占 30%
基本概念认知	正确分析			
理论体系建构	正确分析			
实践关联认知	正确分析			
营造诚信文化氛围	快速、准确			
协作精神	交流、讨论顺畅			
纪律观念	课堂有序、讨论积极			

续表

项目	标准	自我评价	小组评价	教师评价
		占 50%	占 20%	占 30%
学习主动性	认真思考、积极回答问题			
知识应用情况	关键知识点内化			
完成任务过程中引以为豪的做法	简捷、高效(加分项 5～10 分)			
指导他人	帮助的人数及质量(加分项 5～10 分)			
小计				
总评				

注:每个项目得分为 2～10 分。

组长签字:　　　　　　　　　任课教师:　　　　　　　　　年　月　日

项目六 汽车车架焊接夹具结构分析

项目六 拓展微课视频

项目描述

将车身冲压件在一定装备中定位、夹紧并定形，组合成车身组件，并合并为分总成和总成，同时利用焊接方法使其形成整体的过程称为焊接过程。焊接过程所使用的夹具称为焊接夹具。汽车车身焊接夹具通常由支架、压板、定位板、限位块、夹紧器等组成。可通过定位销、支撑块等结构，确保工件在焊接过程中始终处于预设的坐标位置，减少人工划线需求，提高尺寸一致性。利用液压驱动、弹簧回弹或机械夹爪等机构固定工件，可避免焊接振动或高温导致的偏移，保证焊缝精度。通过多点预压紧、弹性夹持或热应力分散设计，可减少焊接热变形和残余应力，确保工件几何尺寸稳定性。精准夹持可避免焊接错位、气孔等问题，提升了成品合格率。通过旋转或升降机构调整工件姿态，可使焊缝处于最佳焊接角度，以提升焊接速度与质量。汽车车架焊接总拼工艺的示例如图 6-1 所示。

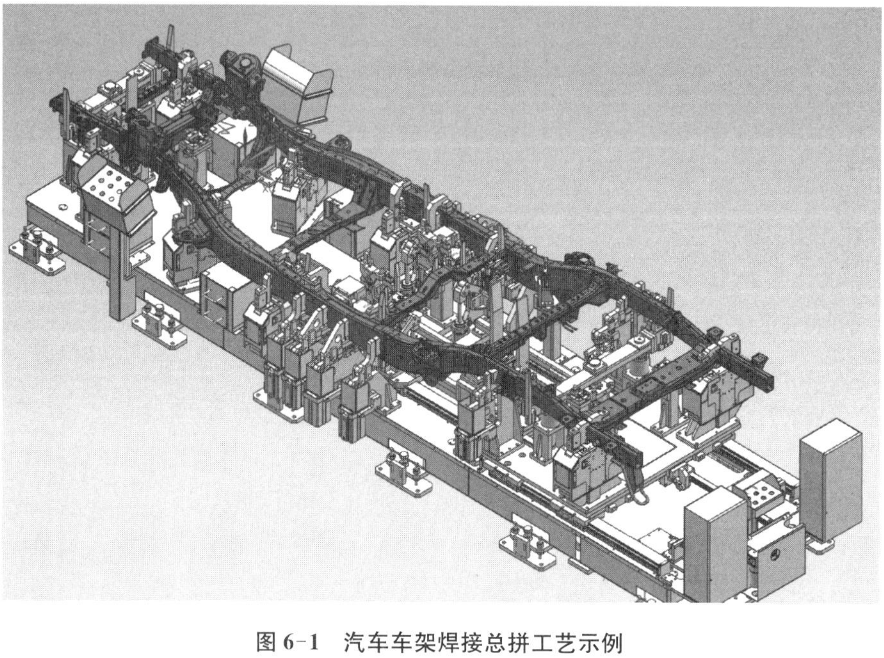

图 6-1 汽车车架焊接总拼工艺示例

任务一 焊接夹具的定位方案制定

任务目标

1. 知识目标

(1) 掌握 $N-2-1$ 定位原理；

(2) 理解定位基准统一的要求；

(3) 掌握焊接夹具的设计流程。

2. 能力目标

(1) 能够正确应用 $N-2-1$ 定位原理；

(2) 能够正确设计统一的定位基准。

3. 素质目标

(1) 培养学生爱护与保养工艺设备的意识；

(2) 培养学生对机械设备的理性与感性的认识；

(3) 培养学生吃苦耐劳、刻苦钻研技术的精神；

(4) 培养学生严谨细致、勇于探索的科学精神。

任务要求

在汽车制造过程中，存在大量的图 6-2(a)所示的零件组装任务，参照图 6-2(b)所示汽车车架焊接夹具完成汽车车架焊接夹具的设计。

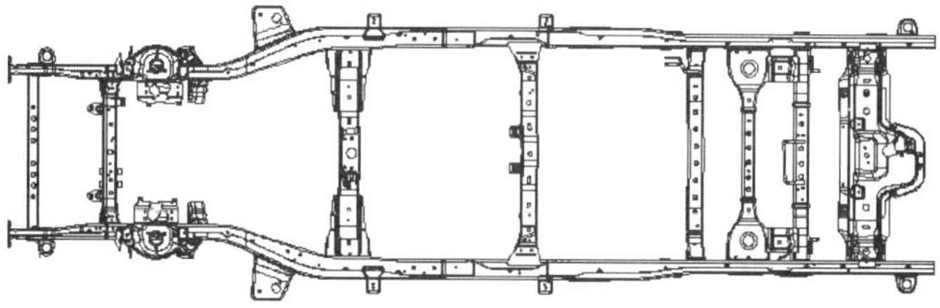

(a) 汽车车架(工件)

(b) 夹具

图 6-2 汽车车架与焊接夹具

任务分析

与金属切削机床夹具相比，汽车零件焊接夹具在定位原理、结构组成、功能特点、设计规范等方面都存在很大的差异。焊接夹具的作用是将焊接工件准确定位和可靠夹紧，以便于焊接件的装配和焊接，保证焊接件组装精度和焊接质量、提高劳动生产率、降低成本、减轻劳动强度、保证安全生产等。

知识引入

一、遵循 N-2-1 定位原理

第一基准 xoy 面（z 方向）所需的定位点数为 N，对于绝大部分薄板件加工过程而言，其最主要的尺寸问题是法向方向上的变形，自重所引起的变形也不容忽视。因此，对于薄板件，最合理的夹具系统设计应满足以下定位要求：第一基准面上存在多于 3 个定位点，以限制这一方向上的零件变形。

第二基准 yoz 面（x 方向）、第三基准 xoz 面（y 方向）所需的定位点数分别为 2 个和 1 个，这些定位点分别用于限制薄板件的刚体运动。实际加工所产生的力通常不会作用在这两个基准面上，因此 2 个和 1 个定位点是足够的，可以避免薄板件弯曲和翘曲。进一步分析表明，第二基准面上的 2 个定位点应布置在薄板件较长的边上。这是因为当两个定位点间距较大时，零件更稳定，同时这还可以更好地弥补零件表面或定位元件的安装误差。

必须强调，禁止在工件正反两侧同时设置定位点，因为即使是极小的几何缺陷，也可能导致薄板件产生巨大的挠度和潜在的不稳定或翘曲等变形。

二、定位基准统一

焊接夹具设计中定位基准统一的要求有两点：第一，保证焊接夹具设计基准与车身设计基准、冲压基准、检测基准的统一；第二，保证焊接夹具设计基准在分总成、总成、车身焊接总成等各总成之间的统一。定位基准统一可保证车身焊接精度，便于查找质量问题成因，提高管理水平。

任务实施

制定焊接夹具的定位方案是一项复杂的工作，需要综合考虑设计要求、结构设计、材料选择、控制与监测系统、安装与调试以及成本效益等因素。通过科学合理的方案设计，可以提高焊接质量、提升生产效率、确保操作安全，并控制制造和维护成本。

一、设计要求与分析

在制定焊接夹具的定位方案时，首先需要明确设计要求并进行分析。这包括分析工件特性、焊接方法、生产效率、精度要求、安全性和可靠性等因素。例如，不同形状、尺寸和材料的工件需要不同的夹持方式；焊接方法（如气体保护焊、电阻焊、激光焊等）会影响夹具的设计；夹具应能快速装卸，以提高生产线的整体效率；夹具的设计应确保工件在焊接过程中的位置精度；夹具应设计得安全可靠，以防止工件在焊接过程中发生松动或飞溅。

二、夹具结构设计

夹具结构设计包括基座、定位系统、夹持机构、导向系统和防护装置的设计。基座应采用高强度铸铁制成，确保稳定性和耐用性；定位系统应设计多组定位销和定位块，以适应不同工件的定位需求；夹持机构应采用气动夹持装置，确保能快速装卸和夹持力均匀；导向系统应设置线性导轨和滚珠丝杠，以确保工件的精确移动；防护装置要配备防护罩和防飞溅挡板，以保护操作人员和设备的安全。

三、材料选择与表面处理

材料选择与表面处理也是制定夹具定位方案的重要环节。夹具主体材料应选用高强度、耐磨性和耐热性好的合金钢或不锈钢。可对材料表面进行喷砂处理，增加表面粗糙度，以提高夹具与工件的摩擦力；还可施加耐高温、耐腐蚀的涂层，延长夹具使用寿命。

四、控制与监测系统

为了提高焊接质量和生产效率，还需要设计控制与监测系统。这包括采用可编程逻辑控制器(PLC)进行控制，实现夹具的自动化操作；安装传感器和视觉系统，实时监测工件的定位和夹持状态；设置紧急停止按钮和过载保护装置，确保操作安全。

五、安装与调试

安装与调试是确保夹具正常运行的关键步骤。安装时需要提供详细的安装说明和工具清单，确保夹具正确安装；调试时制定调试流程，包括夹具的校准、定位精度的验证和夹持力的调整；此外，要制订定期维护计划，包括润滑、检查和更换磨损部件的计划。

六、成本效益分析

进行成本效益分析是制定夹具定位方案的必要步骤。可从以下几方面展开：评估夹具的设计和制造成本；考虑夹具的使用寿命、维护成本和可能的故障成本；分析提高生产效率和焊接质量带来的经济效益。

任务评价

任务评价表

专业________ 班级________ 姓名________ 学号________ 组别________

项目	标准	自我评价	小组评价	教师评价
		占 50%	占 20%	占 30%
第一基准 xoy 面(z 方向)	正确分析			
第二基准 yoz 面(x 方向)	正确分析			
第三基准 xoz 面(y 方向)	正确分析			

续表

项目	标准	自我评价	小组评价	教师评价
		占 50%	占 20%	占 30%
定位基准统一	正确分析			
协作精神	交流、讨论顺畅			
纪律观念	课堂有序、讨论积极			
学习主动性	认真思考、积极回答问题			
知识应用情况	关键知识点内化			
完成任务过程中引以为豪的做法	简捷、高效(加分项 5～10 分)			
指导他人	帮助的人数及质量(加分项 5～10 分)			
小计				
总评				

注：每个项目得分为 2～10 分。

组长签字：　　　　　　　　任课教师：　　　　　　　　年　月　日

任务二　焊接夹具的主要定位机构分析

任务目标

1. 知识目标

(1) 掌握定位机构和定位形板的相关知识；

(2) 掌握各个元件在工作过程中的配合关系。

2. 能力目标

(1) 能够正确运用定位支撑进行定位；

(2) 能够正确通过夹具对被焊接的部件进行定位。

3. 素质目标

(1) 培养学生爱护与保养工艺设备的意识；

(2) 培养学生对机械设备的理性与感性的认识；

(3) 培养学生吃苦耐劳、刻苦钻研技术的精神；

(4) 培养学生勇于探索的科学精神。

任务要求

在定位方案设计过程中要充分利用和挖掘各个元件在工作过程中的配合关系，在实践过程中我们通常采用定位支撑实现定位。

任务分析

汽车焊接夹具的定位元件的外形通常是不规则的，也就是说在汽车焊接夹具中，标准件的应用十分有限。在焊接夹具的使用过程中，定位是一个确保加工质量的重要环节。通过夹具对被焊接的部件进行定位，能够有效地保证各个部件之间不出现干涉情况。

知识引入

汽车焊接夹具基本结构由固定平台式底座、定位结构、紧固件连接件、气动-杠杆复合夹紧机构等组成。汽车焊接夹具中的定位结构是确保车身钣金件在焊接过程中精确对位的核心系统，其设计直接关系到焊接精度(通常要求在±0.2 mm以内)。

一、定位结构

汽车焊接夹具中的定位结构是一个系统化设计，其核心功能是确保被焊接钣金件在三维空间中的绝对位置和姿态符合工艺要求。定位结构中的关键执行元件是定位销，其外径尺寸 D 与板件孔径 P 存在如下关系：

$$D=(P-0.1)^{0}_{-0.2}$$

常见的定位销如图 6-3 所示。其中图 6-3(a)为圆柱销结构，可以消除 2 个自由度；图 6-3(b)为菱形销结构，可以消除 1 个自由度；图 6-3(c)展示了定位销的连接尺寸设计。

图 6-4(a)展示了采用单个定位销时的位置尺寸精度，图 6-4(b)展示了采用对称定位销时的位置尺寸精度，图 6-4(c)展示了单个部件采用两个定位销时的位置尺寸精度。

在工件定位中，常采用“一面+两短销”的方式限制 6 个自由度。其中，菱形销(削边销)的安装方向非常关键。菱形销具有非圆截面，其最大尺寸(长轴)方向必须严格垂直于两定位销中心(边心线)的连线方向(图 6-5)。这种特定排列能有效限制工件绕圆柱销的旋转自由度，避免过定位，同时配合圆柱销共同确定工件的精确位置，确保定位可靠性与加工精度。若安装方向错误会显著削弱定位效果。

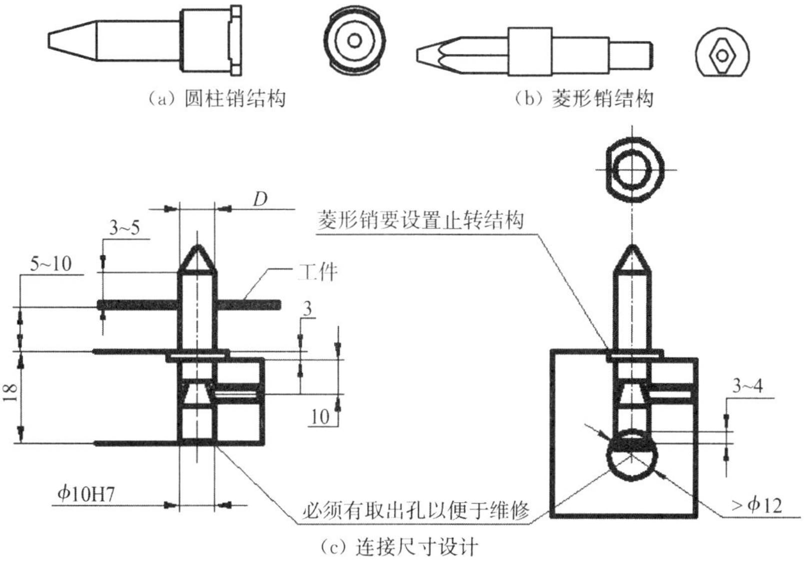

图 6-3 定位销的尺寸设计

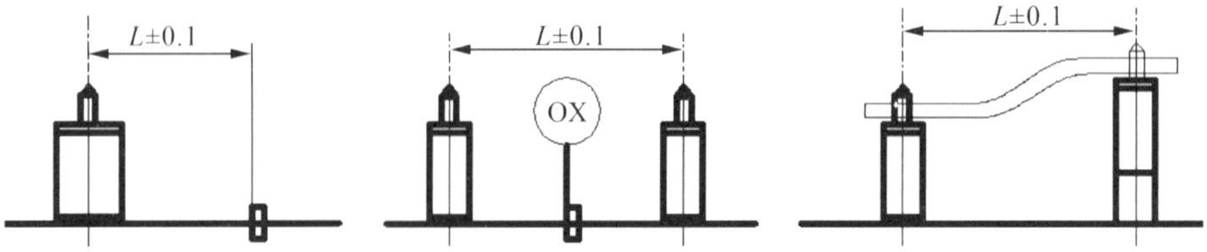

(a) 单个定位销　　(b) 对称定位销　　(c) 单个部件两定位销

图 6-4　定位销的位置尺寸精度

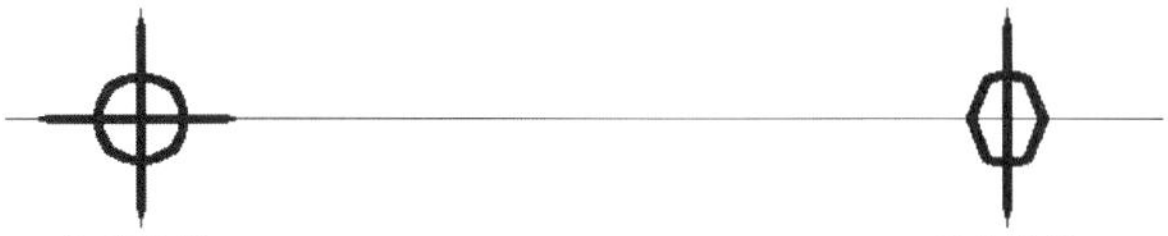

图 6-5　定位销的排列方向

二、定位形板

汽车车架的焊接夹具主要采用定位形板定位，这与金属切削夹具有着很大的区别。下面我们对定位形板进行详细介绍。

(一) 形板支撑部位的尺寸精度

形板作为支撑、定位或装配基准的关键部位，其尺寸精度要求严格。根据板件最终成品的设计图纸(CAD)形状进行实际测量，其加工制造公差必须控制在±0.2 mm 范围内。此精度要求旨在确保支撑部位：功能可靠，能有效承载、定位或与其他部件精确配合；装配顺畅，避免因尺寸超差导致装配困难或干涉；性能稳定，确保整体结构或设备的稳定性和运行精度；符合设计意图，严格按设计尺寸制造以实现预期功能。

(二) 形板支撑部位的表面加工精度

形板支撑部位的表面加工精度要求较高，表面粗糙度通常需达到 $Ra \leqslant 1.6\ \mu m$。此精度能确保：良好接触，以提供稳定支撑力，增强接触刚性和耐磨性；密封可靠，以满足密封装配要求；定位精确，避免表面不平影响定位精度。

(三) 形板必须设置两处基准面

进行形板加工或检测时，必须设置两处相互垂直的基准面，作为定位基准以确保加工精度和测量重复性。但当形板本身已具有精确的水平面或垂直平面时，可不必额外设置基准，直接利用这些自然平面即可。

(四) 形板的厚度

形板的标准厚度通常有两种规格：16 mm 或 19 mm。这两种厚度是经过实践验证的常用尺寸，能够较好地平衡强度、重量与成本。其中，16 mm 形板更为轻便经济，适用于常规载荷；而 19 mm 形板则能提供更高的承载能力和刚度，常用于需要额外强度的部位或重型结构。

(五) 形板的基准尺寸 W(精度基准)

形板的基准尺寸 W 特指其在宽度方向上的精度基准尺寸。该尺寸作为制造和检测的起始点与核心参照，其精确度直接决定了其他相关尺寸及配合的精度，是保证形板功能的关键。形板的基准尺寸及定位块组合结构如图 6-6 所示。

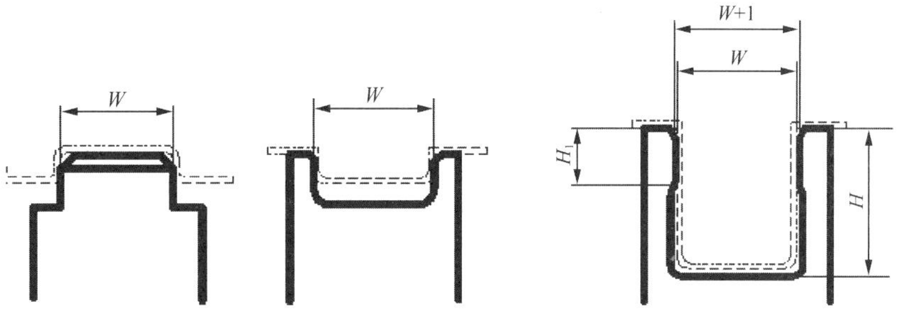

(a) 基准尺寸 $W_{-0.3}^{-0.2}$　(b) 基准尺寸 $W_{+0.2}^{+0.3}$　(c) 基准尺寸 $(W+1)_{0}^{+0.3}$，$H_1=20\sim H/2$

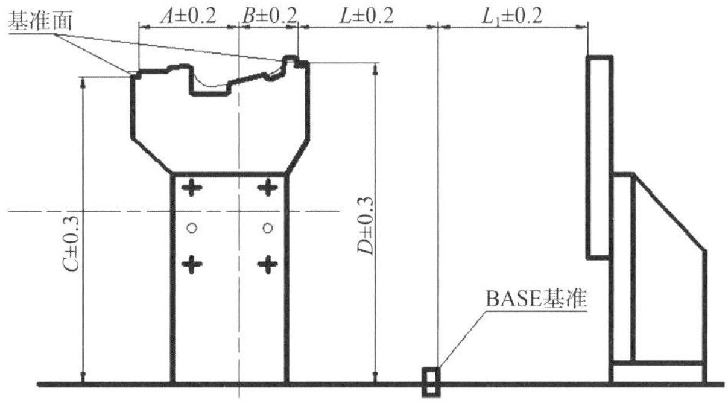

(d) 其他基准尺寸

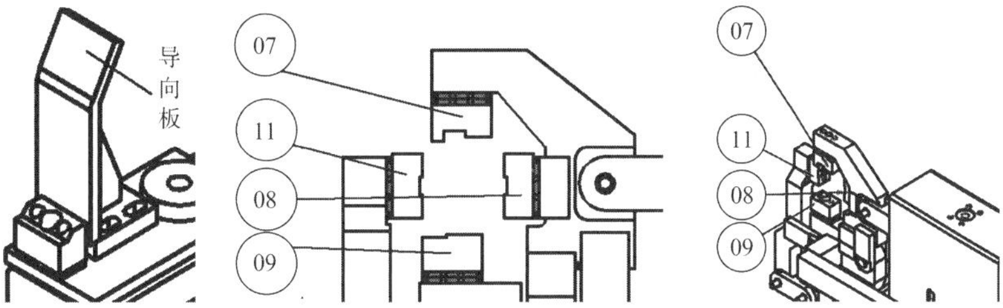

(e) 形板　(f) 定位块组合结构

07—上定位块；08、11—侧定位块；09—下定位块

图 6-6　定位形板的基准尺寸及定位块组合结构

(六) 形板的作用

形板的核心作用在于确保车架顺利安装。由于车架是大型冲压件，其单件外形尺寸存在显著波动。形板通过物理引导和位置校正，有效补偿这些尺寸偏差，为车架提供精确的导入路径，使其能准确、顺畅地定位并装配到位，避免卡滞或错位。

任务实施

对焊接夹具定位结构进行设计，具体设计流程如下：

(1) 文献调研：查阅相关学术论文与行业标准，掌握技术动态。

(2) 设计分析：依据生产需求与工艺特点，确定夹具总体方案，选定核心定位点及辅助装置。

(3) 结构设计:结合焊件特征与设备规格,设计定位/夹紧方式,优先采用标准化元件,提升通用性。

(4) 制造测试:按图纸制造夹具,通过焊接试验验证其可靠性等性能,定期维护以保障精度。

(5) 关键注意事项:

①精度:零部件需具备足够刚度,防止变形;

②安全:夹紧机构需规避操作风险;

③灵活性:适应多车型、多批次生产需求。

任务评价

任务评价表

专业________　班级________　姓名________　学号________　组别________

项目	标准	自我评价	小组评价	教师评价
		占 50%	占 20%	占 30%
定位结构	正确分析			
定位形板	正确分析			
定位块组合结构	正确分析			
固定平台式底座	正确分析			
协作精神	交流、讨论顺畅			
纪律观念	课堂有序、讨论积极			
学习主动性	认真思考、积极回答问题			
知识应用情况	关键知识点内化			
完成任务过程中引以为豪的做法	简捷、高效(加分项 5～10 分)			
指导他人	帮助的人数及质量(加分项 5～10 分)			
小计				
总评				

注:每个项目得分为 2～10 分。

组长签字:　　　　任课教师:　　　　年　月　日

任务三　焊接夹具的主要夹紧机构分析

任务目标

1. 知识目标

(1) 掌握夹紧机构的组成;

（2）掌握夹紧机构的基本技术要求。

2. 能力目标

（1）能够根据加工需求正确选择夹紧机构；

（2）能够根据加工实际情况正确调整夹紧机构。

3. 素质目标

（1）培养学生爱护与保养工艺设备的意识；

（2）培养学生对机械设备的理性与感性的认识；

（3）培养学生吃苦耐劳、刻苦钻研技术的精神；

（4）培养学生勇于探索的科学精神。

任务要求

多品种、小批量和短周期的焊装生产线是现代机械制造业的主要特征。这一特征的出现，促进了柔性夹具理念的产生与相关技术的发展。根据“知识引入”部分的内容，完成焊接夹具的主要夹紧机构设计。

任务分析

焊接夹具主要包括夹具底板（BASE）、夹具体（UNIT）、辅助机构、控制系统几大部分。其中BASE是放置夹具元件、自动焊枪、举升器等夹具组件的底盘，是焊接夹具的基础元件，它的精度会直接影响定位机构的准确性。夹具体是确定零件位置及起夹紧作用的部分，包括定位机构及夹紧机构。本任务主要对焊接夹具的主要夹紧机构进行分析。

知识引入

一、夹紧机构的组成

夹紧机构是机床上用于固定加工件或工具的装置，主要由夹头、定位部件、夹爪、刚性部件等组成。

（一）夹头

夹头通常由活动夹口和定位夹口组成，用于固定工件。夹头的选择应根据加工件的形状、尺寸等因素进行。

（二）定位部件

定位部件用于定位加工件，以保证加工精度。常见的定位部件有旋转定位、平移定位和压板定位部件等。

（三）夹爪

夹爪是夹紧机构中最基本的部件，通常由夹爪本体、夹爪架和夹爪座等组成。夹爪的选用应根据加工件的形状、尺寸、结构等因素进行。

（四）刚性部件

刚性部件主要由底板、立柱、横梁等组成，用于保证夹紧机构的刚性和稳定性。

二、夹紧机构的基本要求

夹紧机构作为机械加工过程中不可或缺的装置，需满足以下基本要求：

(1) 刚性要求。夹紧机构需要具备良好的刚性和稳定性，以保证加工精度。

(2) 精度要求。夹紧机构需要有较高的精度，以保证加工精度。

(3) 重复性要求。夹紧机构需要具有较高的重复性，以保证加工品质的一致性。

(4) 安全性要求。夹紧机构需要具有较高的安全性，以保证操作人员的人身安全。

(5) 易操作性要求。夹紧机构需要具有较好的易操作性，以提高工作效率。

(6) 适应性要求。夹紧机构需要适应不同形状、尺寸的加工件，以满足加工需求。

总之，夹紧机构的组成和基本要求对机械加工具有很大的影响，需要根据加工需求和实际情况进行选择和调整。

三、夹紧机构类型

焊接夹具的夹紧机构是其核心组成部分，作用是在工件精确定位后将其牢固地固定在所需位置，防止在焊接过程中因热变形、重力、焊接力(如电弧吹力)或操作振动而发生移动。常见的夹紧机构类型包括：机械夹紧机构、气动夹紧机构、液压夹紧机构等。

(一) 机械夹紧机构

机械夹紧机构利用杠杆原理进行夹紧和松开，通常具备过中心自锁功能(如常见的“快夹钳”)。其优点是结构简单、成本低、操作快捷方便、无需外部能源、夹紧力稳定且自锁可靠；缺点是依赖人工操作，效率相对较低，夹紧力受操作者影响，因此不适用于自动化程度高的生产线。常见形式包括各种规格的焊接用快夹钳(如手柄式、压杆式、推拉式等)。

具体示例见图 6-6(f)及图 6-7，图 6-6(f)中上定位块 07 及侧定位块 08、11 这三个方向的定位块既有定位功能，又有夹紧功能，可同时对工件进行压紧和定位。图 6-7 所示夹紧机构还有中间传力机构——压臂(压板)2，以及动力装置——气缸 3。

1—工件；2—压臂(压板)；3—夹紧气缸

图 6-7 焊接夹具的夹紧机构

(二) 气动夹紧机构

气动夹紧机构利用压缩空气驱动气缸活塞运动,通过活塞杆或连接机构将直线运动转换为夹紧动作。其优点是操作速度快、效率高、夹紧力稳定可控、能降低工人劳动强度、易于实现集中控制和自动化、结构相对简单、维护方便;缺点是需要稳定的压缩空气源和管路系统,初始投资相对手动机构较高,夹紧力相对液压夹紧机构较小(通常适用于中小型工件),有一定噪声。

具体示例见图 6-8 及图 6-9。图 6-8 所示是由连杆(连接板)1、4,压臂(压板)2、3,气缸 5、6 组成的气动增力夹紧机构。图 6-9 所示是导杆气缸夹紧机构,该机构优先使用带导杆的气缸,这种气缸导向精度高。

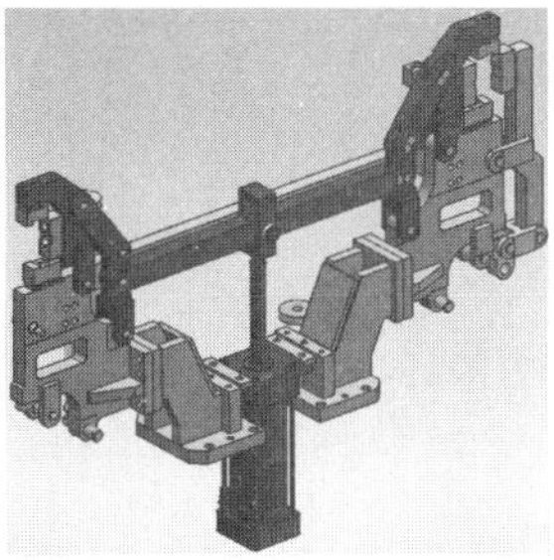

(a) NX 模型图

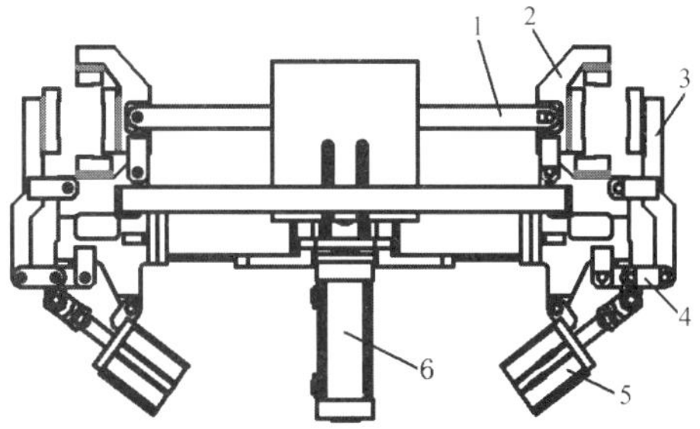

(b) 平面图

1、4—连杆(连接板);2、3—压臂(压板);5、6—气缸

图 6-8　气动增力夹紧机构

图 6-9　导杆气缸夹紧机构

(三) 液压夹紧机构

液压夹紧机构利用液压油驱动油缸活塞运动从而产生夹紧力。其优点是夹紧力巨大且极其平稳、体积相对紧凑、控制精度高、动作平稳、易于实现过载保护;缺点是系统复杂、成本高(需采用液压泵站、阀组、管路、油箱等)、维护要求高(需防泄漏,进行油液清洁)、存在油液泄漏污染风险、通常不如气动夹紧机构速度快。

液压夹紧机构常见形式主要包括各种规格的液压缸,这类机构通常集成在大型、重载的专用焊接夹具或工装设备中。

四、夹紧机构的其他相关结构组成

（一）底座结构

焊接夹具的底座结构是整套夹紧机构的基础支撑平台和定位基准面。通常由高强度、高刚性的材料（如钢板、铸件或型材焊接件）制成，用以确保整体稳定性并有效抵抗焊接变形力。其上表面设有精确的定位元件安装基准（如销孔、T 形槽），底部具备稳固的安装接口（如地脚孔），并可能集成其他机构的装配基座。

底座结构具体示例可见图 6-10。图 6-10 中角铁支架 1、支架 2 均为夹具的底座结构，气缸 3、10 为夹紧动力装置，连杆 4、5、6、11、12、13 为中间传力机构，压板 7、14 为定位及夹紧机构，支承件 9 为定位元件。

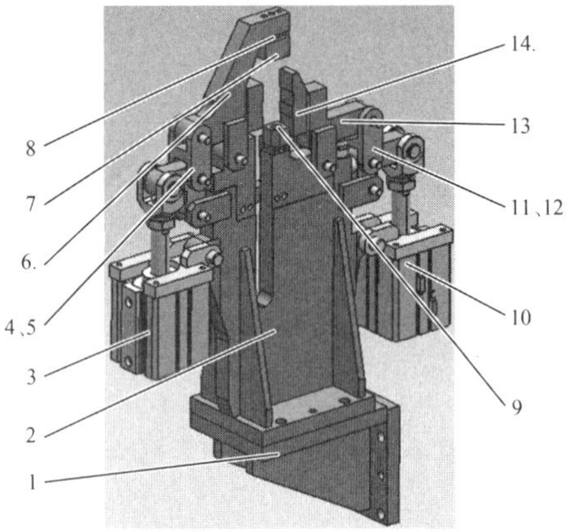

1—角铁支架；2—支架；3—上压气缸；4、5—连杆；6—上压连杆；7—上压板；
8—调整垫片；9—工件支承；10—侧压气缸；11、12—连杆；13—侧压连杆；14—侧压板

图 6-10　焊接夹具的定位、夹紧、支承单元结构

（二）支架（支承座）结构

焊接夹具的支架（支承座）是连接底座与夹紧机构的刚性结构，主要起支撑、定位和传递夹紧力的作用。通常采用铸件、焊接型材或机加块制造，具有足够的强度、刚度和稳定性，并设计有安装接口与防变形结构。

定位夹紧单元中的支架（支承座、底座）如图 6-11 所示。

（a）定位夹紧单元（实物图）　　（b）定位夹紧单元（模型图）

图 6-11　定位夹紧单元中的支架（支承座、底座）

任务实施

根据上述相关知识，分析图 6-12 所示汽车车架焊接夹具的主要结构组成。

图 6-12(a)所示为汽车车架焊接夹具的 NX 模型图。图 6-12(b)所示为汽车车架焊接夹具装配图，其中“01～15”分别表示 01～15 工位。各工位作用如下：01 工位由整体底座、支架组成，起支承作用；02 工位由夹具体组成，其将定位、夹紧各单元连接为一个整体；03 工位起前端导向、定位的作用；04、07、08、11、15 工位起定位、增力夹紧作用；05 工位由车架（工件）的位置感应器（接近开关）组成，起导向作用；06 工位是圆柱定位销，起定位作用；09 工位是顶压支架，起支承作用；10 工位起导向作用；12 工位属于夹紧单元，起夹紧作用；13 工位由菱形定位销及支座组成；14 工位起末端导向、定位作用，是车架（工件）的位置感应器（接近开关）。

图 6-12(c)所示为汽车车架焊接工作站。

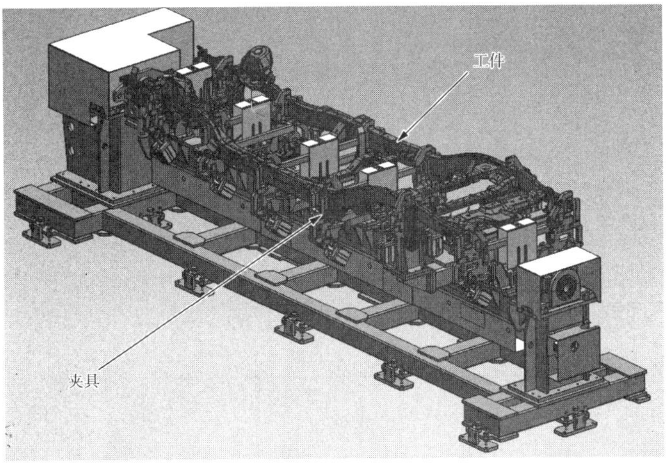

(a) 夹具 NX 模型图

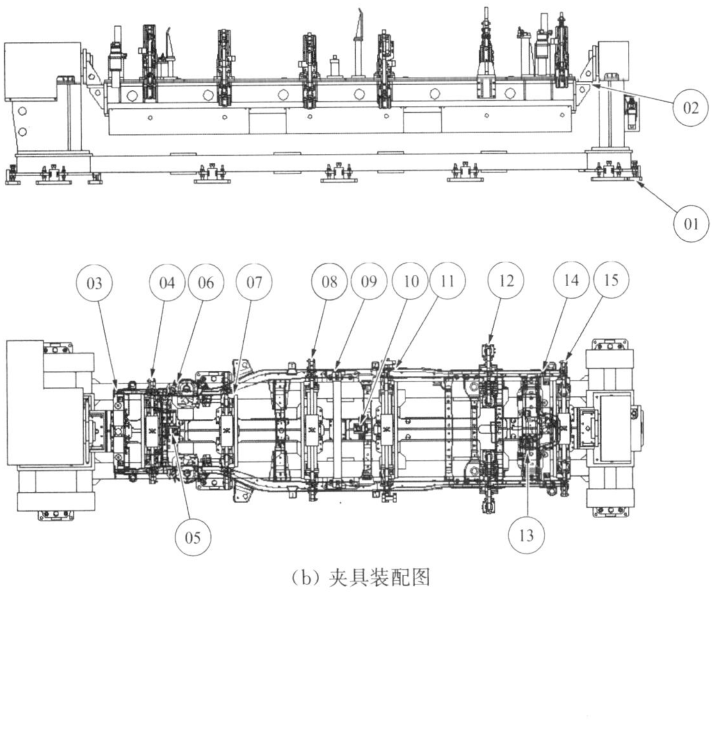

(b) 夹具装配图

（c）工作站

图 6-12　汽车车架焊接夹具图

任务评价

任务评价表

专业________　班级________　姓名________　学号________　组别________

项目	标准	自我评价	小组评价	教师评价
		占 50%	占 20%	占 30%
夹紧机构的组成	正确分析			
夹紧机构的基本要求	正确分析			
焊接夹具的主要夹紧机构	正确分析			
选择和调整夹紧机构	快速、准确			
协作精神	交流、讨论顺畅			
纪律观念	课堂有序、讨论积极			
学习主动性	认真思考、积极回答问题			
知识应用情况	关键知识点内化			
完成任务过程中引以为豪的做法	简捷、高效(加分项 5～10 分)			
指导他人	帮助的人数及质量(加分项 5～10 分)			
小计				
总评				

注：每个项目得分为 2～10 分。

组长签字：　　　　任课教师：　　　　年　月　日

任务四　培养严谨细致、勇于探索的科学精神

任务目标

1. 知识目标

(1) 掌握科学精神的内涵和意义；

(2) 学会构建思维导图。

2. 能力目标

(1) 具备正确观察与提出问题的能力；

(2) 能够正确规范地进行实验设计与验证。

3. 素质目标

(1) 激发学生的科学探究兴趣与好奇心；

(2) 培养学生的科学思维与创新能力；

(3) 培养学生的科学伦理意识与社会责任感；

(4) 培养学生勇于探索的科学精神。

任务要求

减少标准答案的束缚，鼓励学生从多角度进行提问和讨论，例如通过开放性问题的情境设计激发主动思考。

任务分析

建立不受标准答案束缚的课堂环境，通过开放性问题设计引导学生从多角度思考。实施“科学家思维模拟”项目：聚焦爱因斯坦相对论提出过程，重演关键推理环节。

知识引入

一、创设问题情境，激发探究欲望

所谓问题情境，是指具有一定难度，需要学生努力克服困难而又力所能及的学习情境。创设问题情境就是人为地创造学习材料、实践活动与学生的求知心理之间的“不协调”，从而把学生引入一种产生疑问、探究问题答案的情境的过程。有效的教学需构建一种使学生似懂非懂、一知半解、不确定的问题情境，由此产生的矛盾、疑惑、惊讶等心理状态，最能引发学生的好奇心和求知欲，使其产生学习的愿望和意向。

要想创设问题情境，首先要求教师熟悉教材，掌握教材的结构，了解新旧知识之间的内在联系；其次要求教师充分了解学生已有的认知结构状态，使新的学习内容与学生已有知识之间有一个适当的跨度，这样才能创设问题情境。问题情境创设的方式多种多样，并

且应该贯穿教学过程的始终。

二、开展科学活动，培养学生探究的兴趣

通过操作实验和趣味实验，激发学生的兴趣并培养其探究意识。爱因斯坦指出："兴趣是最好的老师。"兴趣是一种特殊的意识倾向，是动机产生的重要主观原因。培养探究能力同样需要兴趣作先导。在学习过程中，学生往往对自己感兴趣的现象、原理、规律等表现出更强的主动性和探究欲。

三、加强指导，提高学生的探究素养

学生科学探索能力的培养应通过丰富多彩的自主活动来实现，而非依靠外界强加。从这个角度看，探索的关键(或教学的直接任务)，是要设计学生的活动，给学生提供适宜的活动目标和活动对象，以及创新精神培养所需的活动方法、条件和环境。因此，教学的根本目的是通过对以教师传授和灌输为主要特征的课堂教学模式的改造，使教学过程真正建立在学生自主活动的基础上，通过学生全面、多样的主体实践活动，促进他们主体性、创新精神、探索能力等多方面素质的整体发展。

任务实施

通过讲述科学家的故事，点燃学生心中的科学梦想。例如讲述王淦昌、程开甲"两弹一星"元勋的故事，激励他们勇攀科学高峰。

任务评价

任务评价表

专业_______　班级_______　姓名_______　学号_______　组别_______

项目	标准	自我评价	小组评价	教师评价
		占 50%	占 20%	占 30%
科学精神	正确分析			
构建思维导图	快速、准确			
正确观察和提出问题	快速、准确			
正确规范进行实验设计与验证	快速、准确			
协作精神	交流、讨论顺畅			
纪律观念	课堂有序、讨论积极			
学习主动性	认真思考、积极回答问题			
知识应用情况	关键知识点内化			
完成任务过程中引以为豪的做法	简捷、高效(加分项 5～10 分)			
指导他人	帮助的人数及质量(加分项 5～10 分)			
小计				
总评				

注：每个项目得分为 2～10 分。

组长签字：　　　　任课教师：　　　　年　月　日

项目七　车架焊接定位夹紧单元机构设计

项目七　拓展微课视频

项目描述

在设计焊接夹具时，首先要明确夹具的设计要求：①夹具的设计要满足汽车车身零件的定位要求。所谓定位要求是指夹具应能很好地将汽车焊接零件定位好，以确保良好的车身焊接质量。要满足这些定位要求，就要严格按照定位夹紧信息去设计夹具。②夹具的设计要满足焊接要求。车身零件主要通过点焊焊接而成，夹具的设计需要满足车身零件的焊接要求。

任务一　焊接夹具的零件建模

任务目标

1. **知识目标**

(1) 掌握利用 NX 软件进行汽车零配件智能制造夹具设计的流程和方法；

(2) 掌握焊接夹具常用件和标准件的选用方法。

2. **能力目标**

(1) 能够对汽车零件焊接夹具进行设计并仿真；

(2) 掌握夹具总装图绘制比例的选取原则，并能够合理布置视图位置。

3. **素质目标**

(1) 培养学生爱护与保养工艺设备的意识；

(2) 培养学生对机械设备的理性与感性的认识；

(3) 培养学生吃苦耐劳、刻苦钻研技术的精神；

(4) 培养学生坚守标准化要求，履行职业规范的意识。

任务要求

图 7-1 所示为车架焊接夹具 12 工位装配图，根据该图，设计车架焊接夹具的其中一个定位、夹紧单元机构的各零件的 CAD 工程图、NX 模型图、装配模型图。

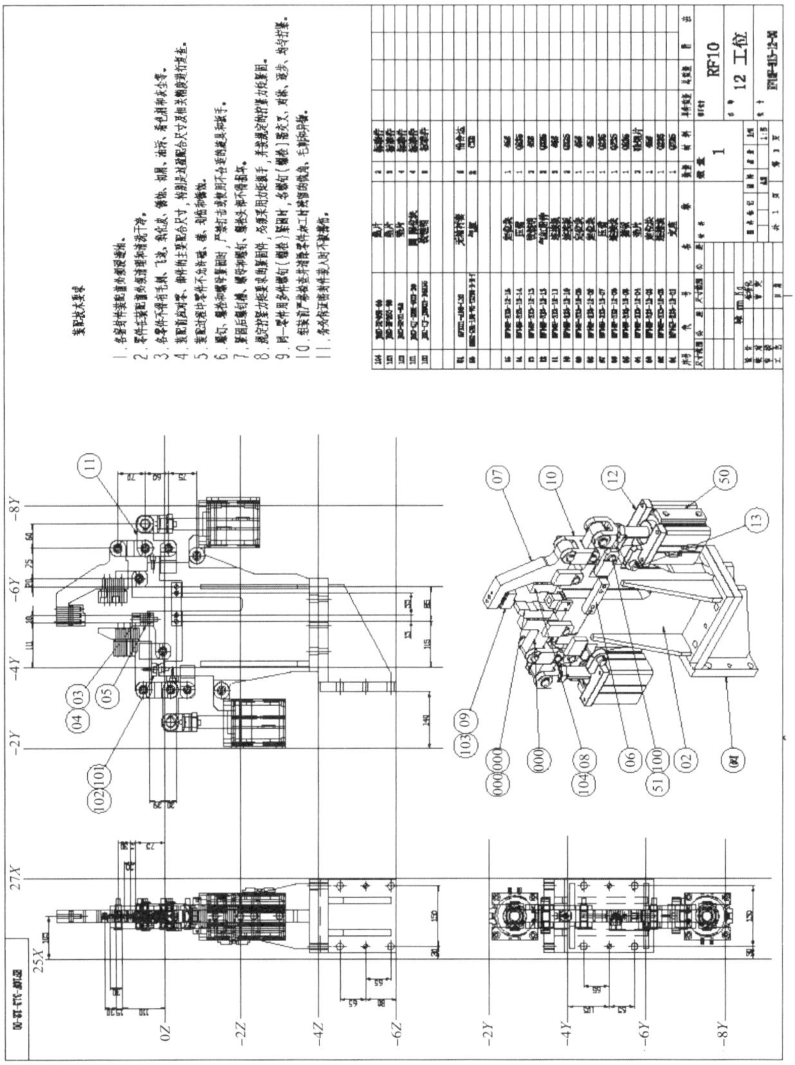

图 7-1

图 7-1　车架焊接夹具 12 工位装配图

任务分析

依据车架焊接夹具 12 工位装配图和零件图，进行各零件的 NX 建模、装配建模、运动仿真设计。

知识引入

焊接夹具零件建模是数字化设计流程的核心环节，需结合工艺特征与三维技术实现精准表达。以下是关键知识点总结：

一、建模对象及相应的建模技术要点

（一）定位元件建模

定位销类：采用回转体命令构建圆柱体基型，菱形定位销需通过凹槽切割形成防转结构。

基准块类：使用凸台/凹槽命令创建基础几何体，配合孔特征实现定位孔系设计。

（二）夹紧机构建模

气动夹紧单元：运用布尔运算组合气缸安装座与导向机构，需重点进行运动副的干涉分析。

杠杆式夹臂：通过参数化建模设置铰链点位置参数，保证夹紧行程的可调节性。

（三）支撑结构建模

L 型支架：采用多几何体焊接设计，需单独建立加强筋、安装板等子组件后再装配。

立柱结构：应用拓扑优化算法进行轻量化设计，确保刚性指标不低于 1 200 N/mm^2。

二、建模技术实现路径

（一）特征识别技术

特征识别技术通过 MCP（主控点）解析精准提取定位特征参数，结合几何拓扑分析自动生成的基准面、孔系等约束关系，实现装配定位的数字化建模。针对 RPS（基准点系统）特征，采用参数化映射算法，将定位销直径与公差带进行智能匹配，并引入机器学习算法优化匹配精度。该技术可自适应不同公差等级，动态调整定位策略，同时集成 3D 公差分析模块，实现工艺可行性的实时验证，显著提升复杂装配体的定位精度与设计效率。

（二）参数化建模流程

参数化建模流程通过构建标准化零件库（如 DIN 标准气缸、MISUMI 导轨等），采用智能分类检索技术，使零件调用效率提升 40%。同时，基于特征驱动技术开发智能模板，用户仅需输入定位点坐标，系统即可自动关联结构参数（如孔位、安装面等），并生成完整 3D 模型，使设计效率提升 60%。该流程支持实时参数优化与版本管理，并可集成 PLM 系统，实现设计数据的快速迭代与协同共享。

（三）干涉验证机制

在焊接工艺规划阶段，通过三维仿真软件建立焊枪运动包络体检测机制，实时监测焊枪与夹具间距，确保安全距离≥50 mm，避免干涉风险。同时，针对装夹过程进行高精度运动仿真，重点验证夹紧单元开合角度范围（推荐 75°～110°），分析机构运动轨迹合理性，并自动生成干涉报告。该机制可优化夹具布局，提高焊接可达性，降低设备碰撞风险，确保自动化焊接的稳定性和安全性。

三、建模知识应用规范

（一）材料映射规则

定位销材料优先选用 GCr15 轴承钢，经淬火＋低温回火处理，硬度控制在 58～62HRC，确保耐磨性和定位精度；支撑座采用45号钢调质处理（硬度28～32HRC），兼顾强度与加工性能。非承重结构件推荐Q235A，通过有限元分析确定最优厚度（一般≥12 mm），关键受力部位需做加强筋设计。所有材料均需提供材质证明，并符合ISO 683—17标准。特殊工况下可选用不锈钢或铝合金替代，但需重新进行强度校核。

（二）精度控制标准

主定位销采用h6级精密公差（±0.05 mm），配合孔按H7加工，确保重复定位精度；辅助定位销采用h8级公差（±0.15 mm）。夹紧面需经磨削加工，平面度≤0.1 mm/m（按ISO 2768-mK级），配合面粗糙度$Ra \leqslant 3.2 \mu m$（优先选用铣削+精磨工艺）。关键尺寸实施SPC（统计过程控制）管控，并采用三坐标测量仪进行全尺寸检测。对于动态配合部件，需额外标注圆度（≤0.01 mm）和垂直度（≤0.05 mm）要求。

（三）数据管理要求

基于Windchill系统构建结构化PDM版本树，实现零件设计变更的版本追溯（含修改内容、责任人及生效日期）。所有模型文件强制采用STEP214（AP214）中性格式STEP输出，确保几何拓扑信息与主流CAM系统（如PowerMill、Mastercam）完全兼容。同时要求文件中附加工艺属性元数据（包括材料、公差、热处理），并建立与ERP系统的BOM自动关联机制。数据发布前需完成轻量化验证，确保三维标注与产品制造信息（PMI）完整传递。

四、智能化建模趋势

（一）知识工程应用

基于KBE系统建立特征-参数映射矩阵，集成标准件库与设计规则，可实现90%标准零件的参数化自动建模。通过Python开发自动化脚本，解析MCP文件中的定位特征数据，智能生成基础框架结构（含基准面、孔位等），并自动关联工程约束条件，可减少70%重复性设计工作，显著提升设计效率与标准化水平。

（二）模块化设计平台

开发交互式参数化设计向导界面，内置非标准件变型算法库，支持关键尺寸驱动式快速改型（响应时间<3 s）。平台可深度集成MISUMI、SMC等供应商数据库，实现标准件3D模型、技术参数与实时采购价格的自动调用，并支持供应商优选与BOM成本即时核算，使非标设备开发周期缩短。

任务实施

根据车架焊接夹具12工位装配图进行各零件的NX建模及装配建模。

一、支座建模

完成图7-2所示支座的建模。

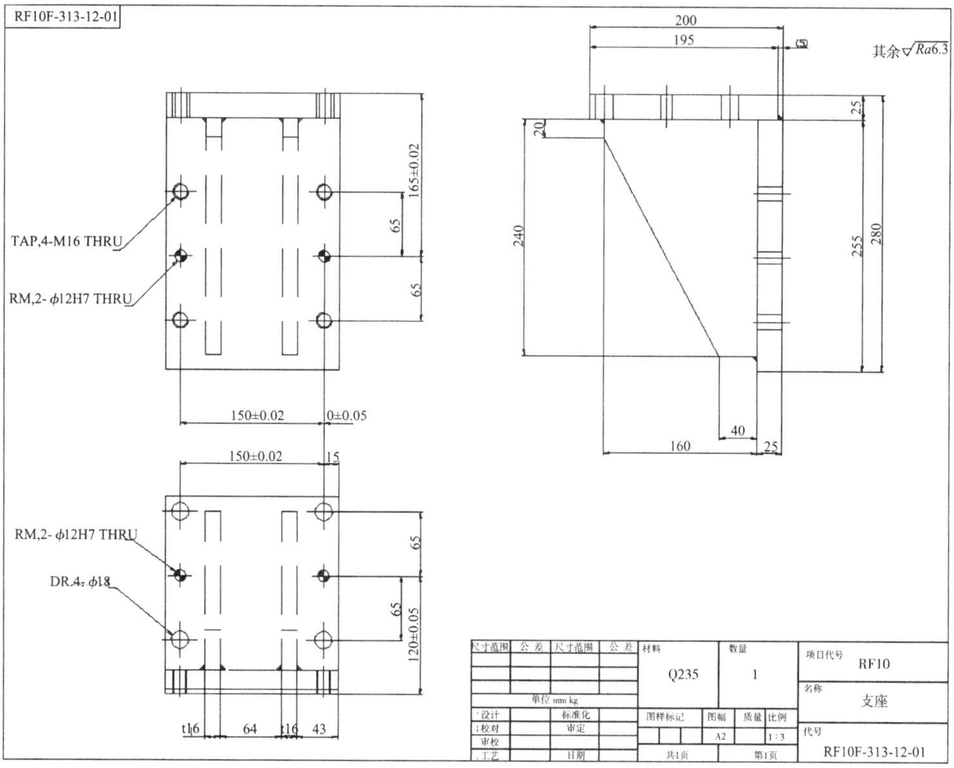

图 7-2

图 7-2　支座设计图

支座零件 NX 建模设计步骤：

(1) 打开 NX 软件,新建模型文件,如图 7-3 所示。

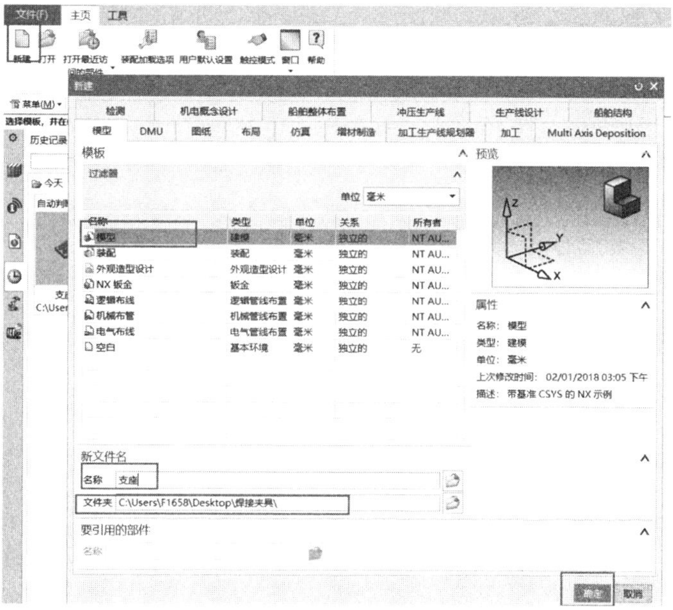

图 7-3　新建模型文件

(2) 点击[拉伸]—[草图]，在现有 *XOY* 平面上创建草图，点击[确定]，如图 7-4、图 7-5 所示。

图 7-4　拉伸

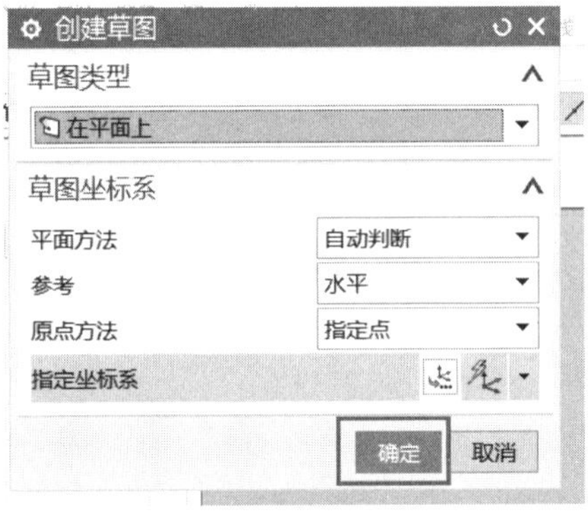

图 7-5　创建草图

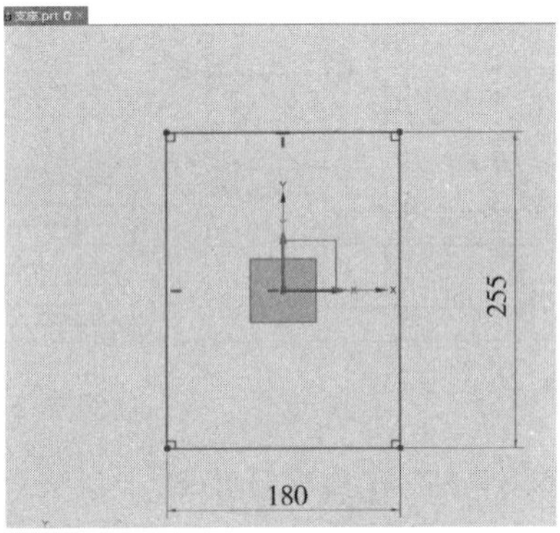

图 7-6　绘制支座底板草图

(3) 根据图 7-2 绘制支座底板草图，如图 7-6 所示。

(4) 草图绘制完成后，点击[完成]，如图 7-7 所示。

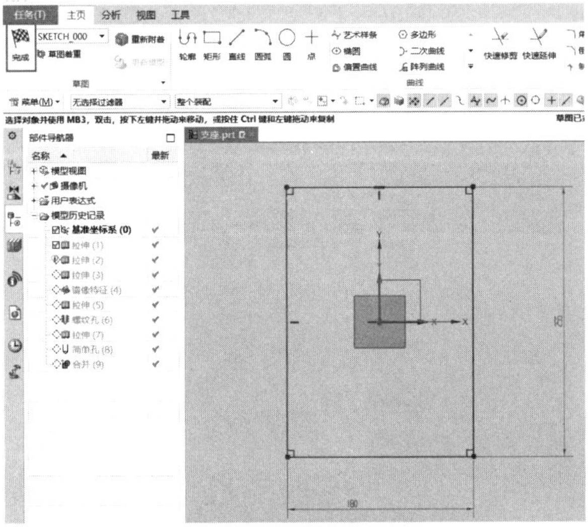

图 7-7　完成支座底板草图

（5）将开始距离及结束距离分别设置为 0 mm 和 25 mm，即厚度为 25 mm，逐一点选图 7-8 红框中的各项内容，完成拉伸。

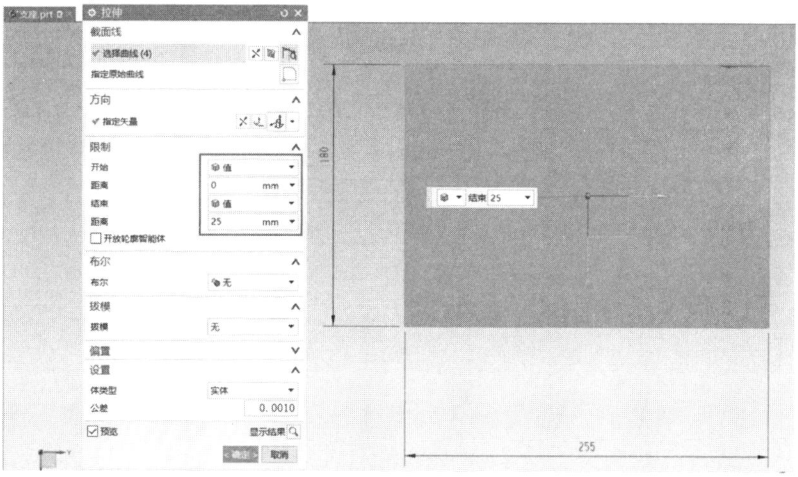

图 7-8　拉伸支座底板生成厚度尺寸

（6）继续点击[拉伸]，进入草图界面，绘制支座侧板草图截面，如图 7-9 所示。

（7）将开始距离及结束距离分别设置为 0 mm 和 25 mm，即厚度为 25 mm，逐一点选图 7-10 红框中的各项内容，完成拉伸。

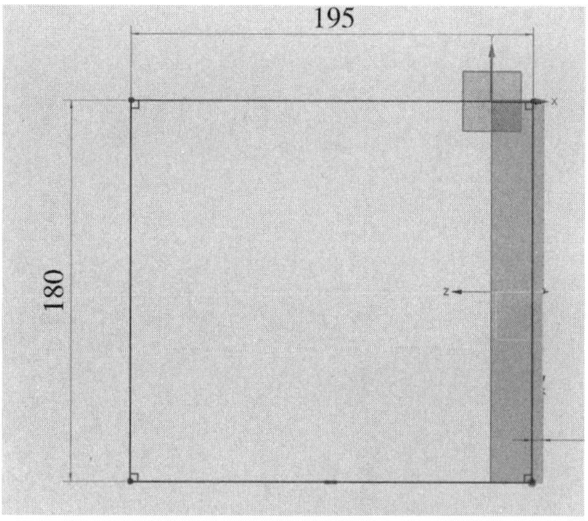

图 7-9　完成支座侧板草图

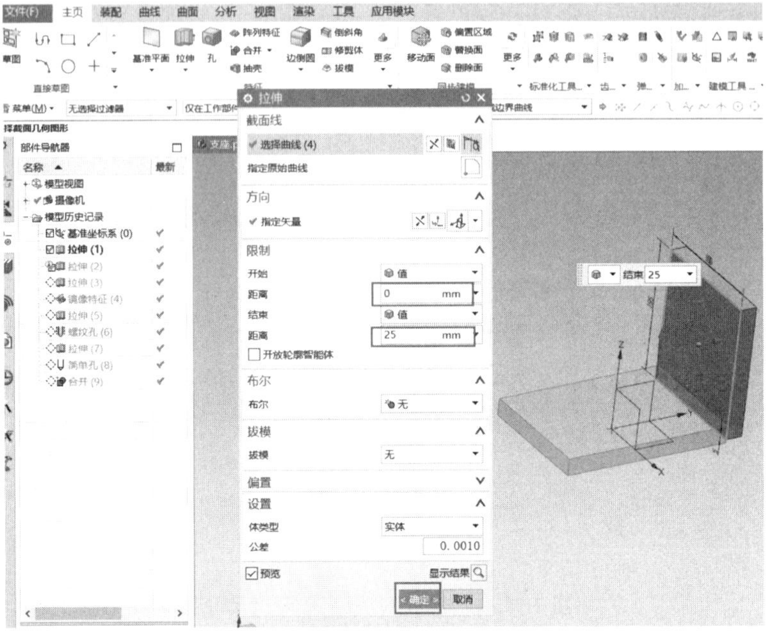

图 7-10　拉伸支座侧板生成厚度尺寸

(8) 继续点击[拉伸],进入草图界面,绘制支座肋板草图截面,如图 7-11 所示。

(9) 将开始距离及结束距离分别设置为 32 mm 和 48 mm,即厚度为 16 mm,逐一点选图 7-12 红框中的各项内容,完成拉伸。

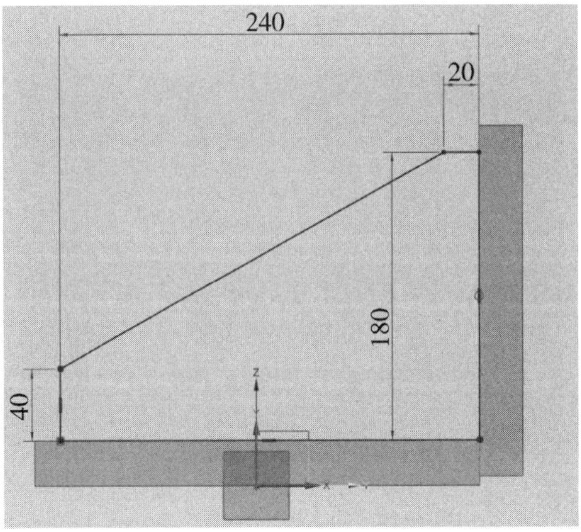

图 7-11　完成支座肋板草图

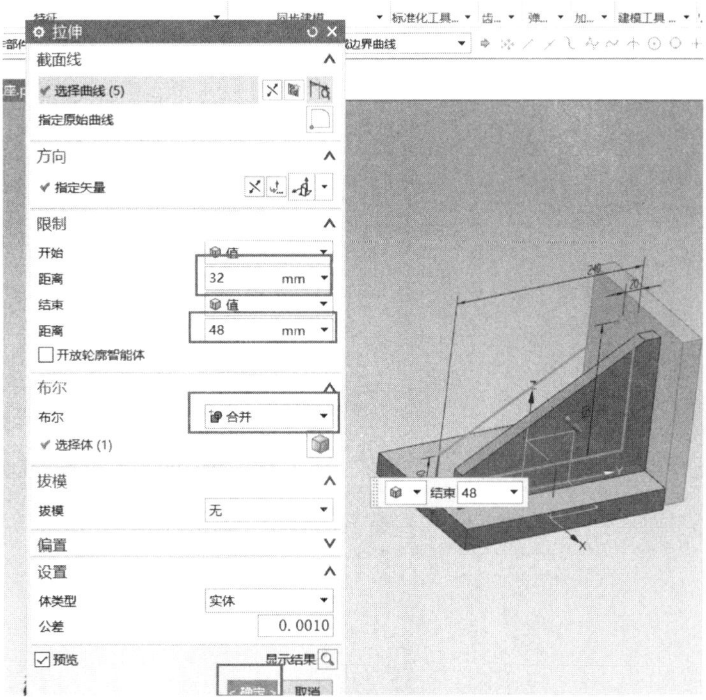

图 7-12　拉伸支座肋板生成厚度尺寸

(10) 点击[菜单]—[插入]—[关联复制]—[镜像特征],选择肋板特征,镜像平面选择 YOZ 平面,点击[确定],如图 7-13 所示。

(11) 点击[拉伸],拉伸底板通孔,进入草图界面,绘制通孔草图截面,如图 7-14 所示。

(12) 将开始距离及结束距离分别设置为 0 mm 和 65 mm,在[布尔]对话框中选择“减去”,逐一点选图 7-15 红框中的各项内容,完成拉伸。

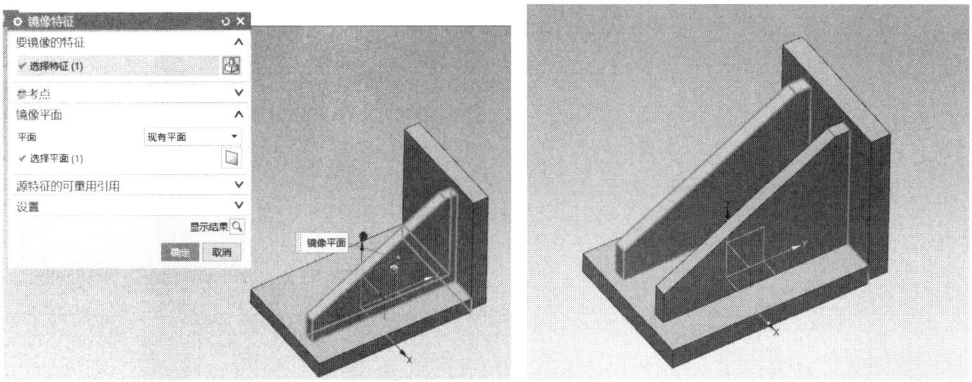

图 7-13　镜像肋板

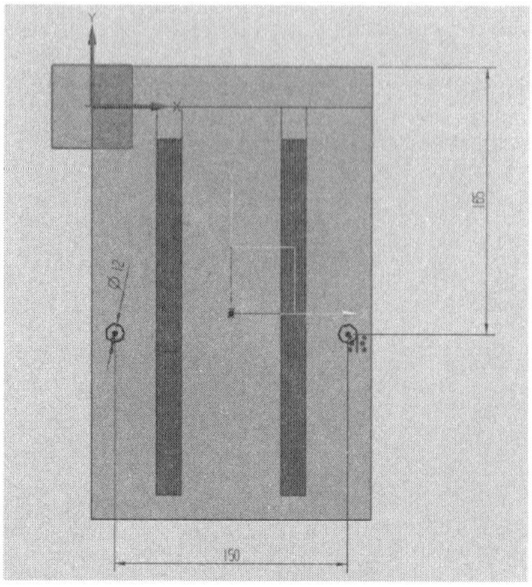

图 7-14　完成通孔草图

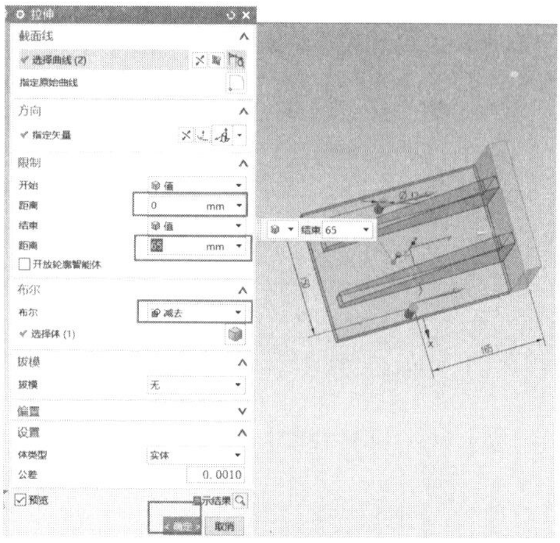

图 7-15　拉伸底板通孔生成厚度尺寸

(13) 建模完成后保存,得到支座 NX 建模图,如图 7-16 所示。

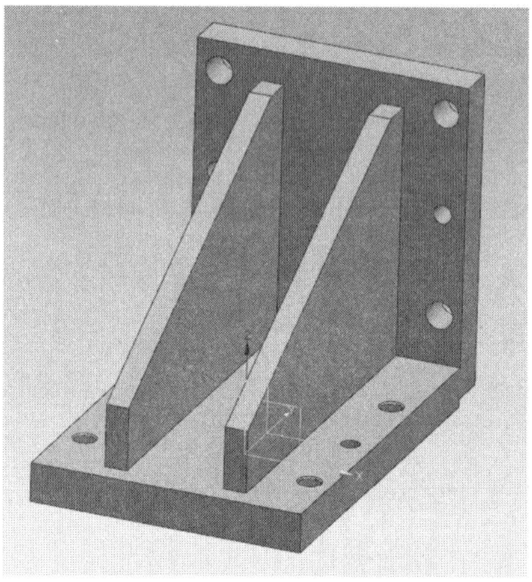

图 7-16　支座 NX 建模图

二、连接块 1 建模

完成图 7-17 所示连接块 1 的建模。

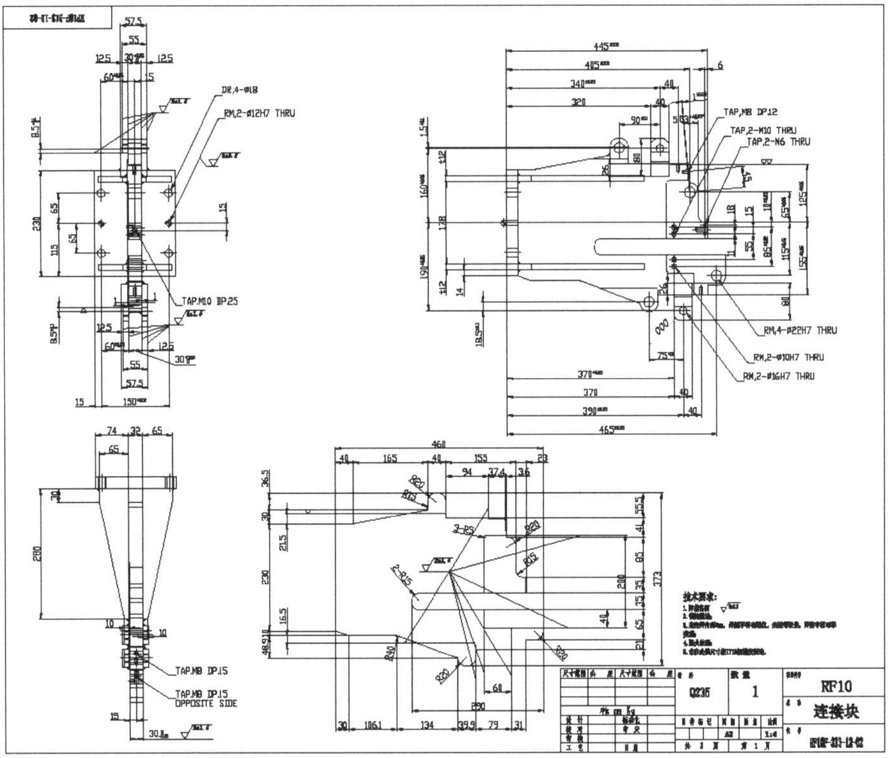

图 7-17

图 7-17　连接块 1 设计图

三、定位块 1 建模

完成图 7-18 所示定位块 1 的建模。

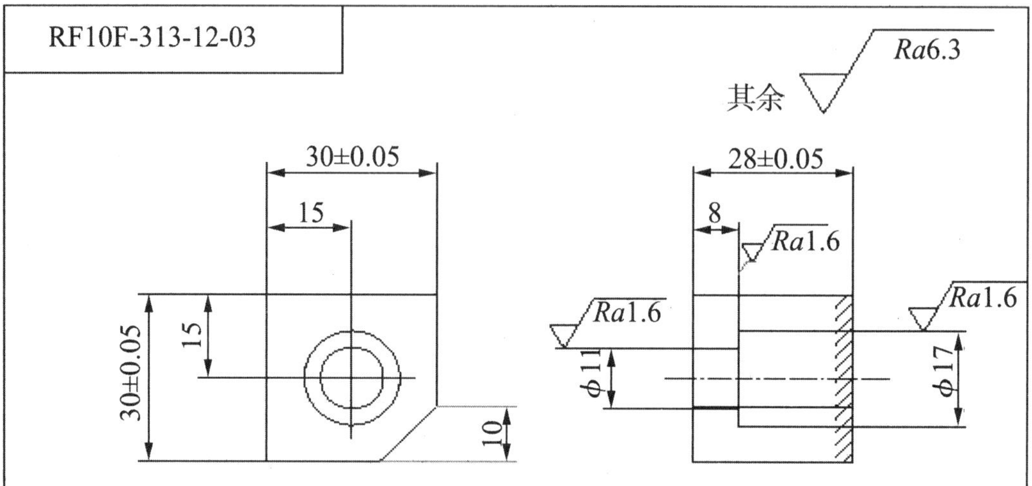

技术要求：
1.▨ 表示渗碳淬火处理45~50HRC；
2.渗碳深度0.7~0.8 mm；
3.发黑处理。

尺寸范围	公 差	尺寸范围	公 差	材料	数量	项目代号
				45号钢	1	RF10
						名称
单位 mm kg						定位块
设计		标准化		图样标记	图幅 / 质量 / 比例	代号
校对		审定			A4 / / 1∶1	RF10F-313-12-03
审校						
工艺		日期		共1页	第1页	

图 7-18　定位块 1 设计图

四、垫片 1 建模

完成图 7-19 所示垫片 1 的建模。

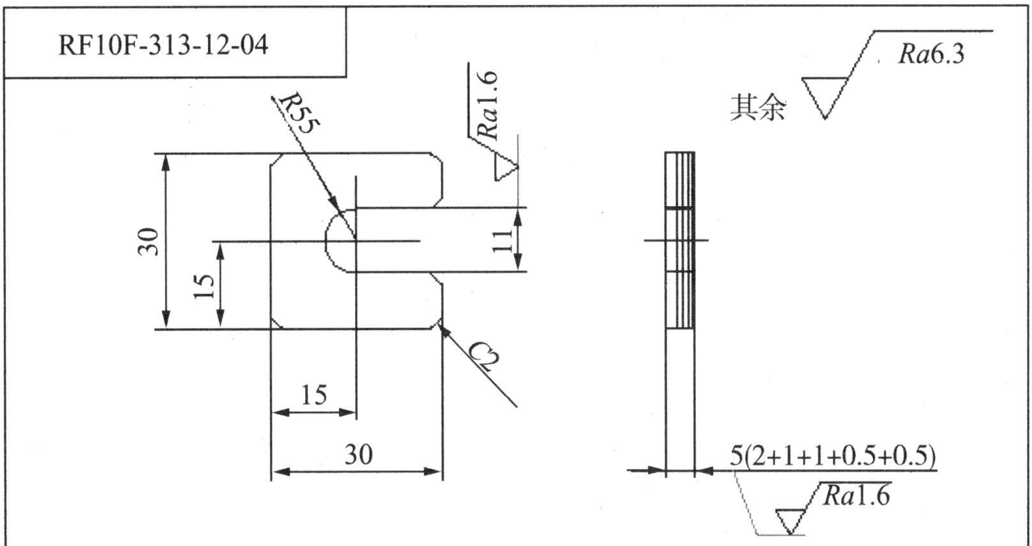

技术要求：
1.厚度均匀、板厚误差5%，上下面平行度0.05；
2.本图表示一套垫片的每种的数量；
3.厚度2 mm1件，1 mm2件，0.5 mm2件；
4.冷轧板下料。

尺寸范围	公 差	尺寸范围	公 差	材料			数量	项目代号 RF10
0<L<4				硅钢片			2	
								名称 垫片
单位 mm kg								
设计		标准化		图样标记	图幅	质量	比例	代号 RF10F-313-12-04
校对		审定			A4		1∶1	
审校				共1页		第1页		
工艺		日期						

图 7-19　垫片 1 设计图

五、挡板建模

完成图 7-20 所示挡板的建模。

RF10F-313-12-05

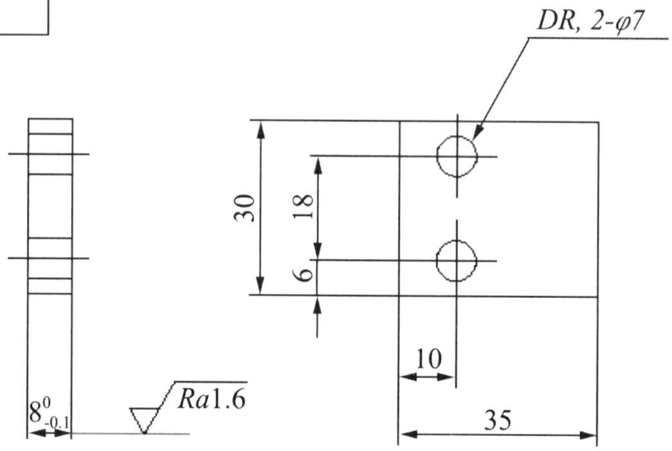

技术要求：

1.倒钝锐边；

2.未注公差尺寸按IT12级精度制造。

其余 Ra6.3

尺寸范围	公差	尺寸范围	公差
单位 mm kg			
设计		标准化	
校对		审定	
审校			
工艺		日期	

材料	数量		
Q235	1		
图样标记	图幅	质量	比例
	A4		1∶1
共1页	第1页		

项目代号	RF10
名称	挡板
代号	RF10F-313-12-05

图 7-20　挡板设计图

六、连接块 2 建模

完成图 7-21 所示连接块 2 的建模。

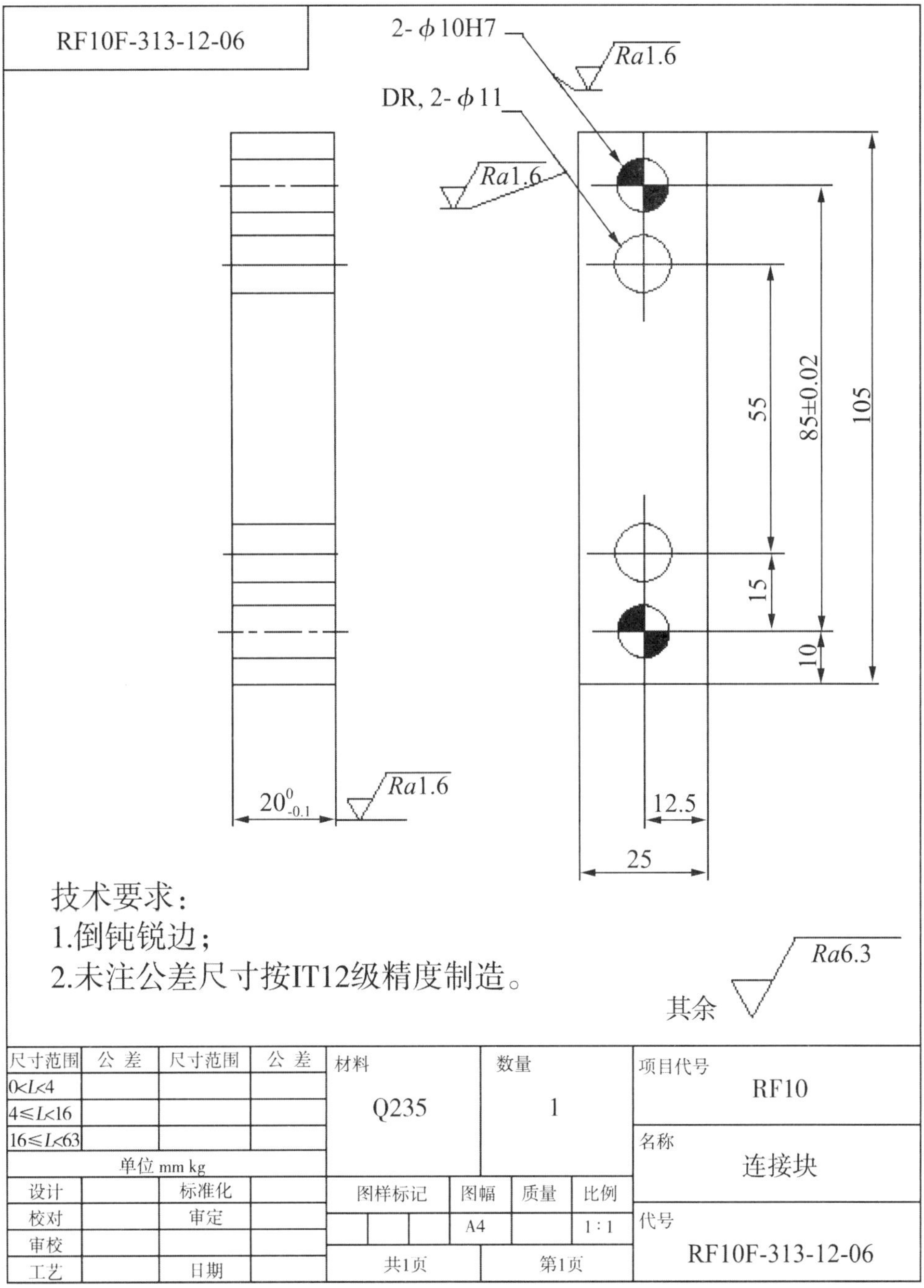

图 7-21　连接块 2 设计图

七、压臂 1 建模

完成图 7-22 所示压臂 1 的建模。

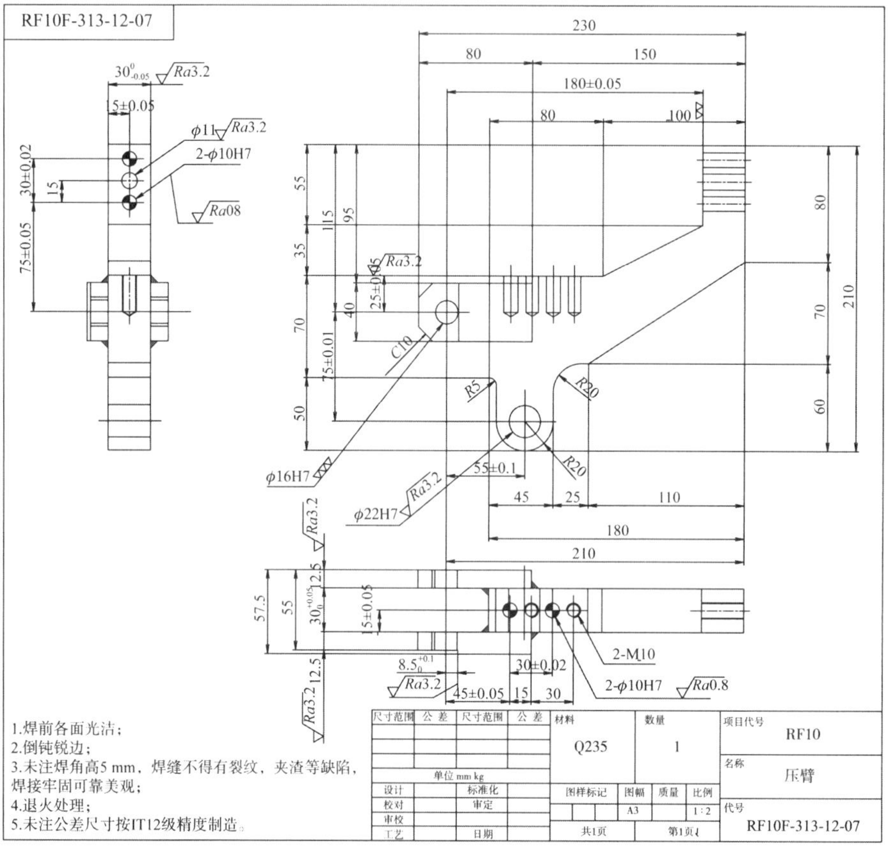

图 7-22

图 7-22　压臂 1 设计图

八、定位块 2 建模

完成图 7-23 所示定位块 2 的建模。

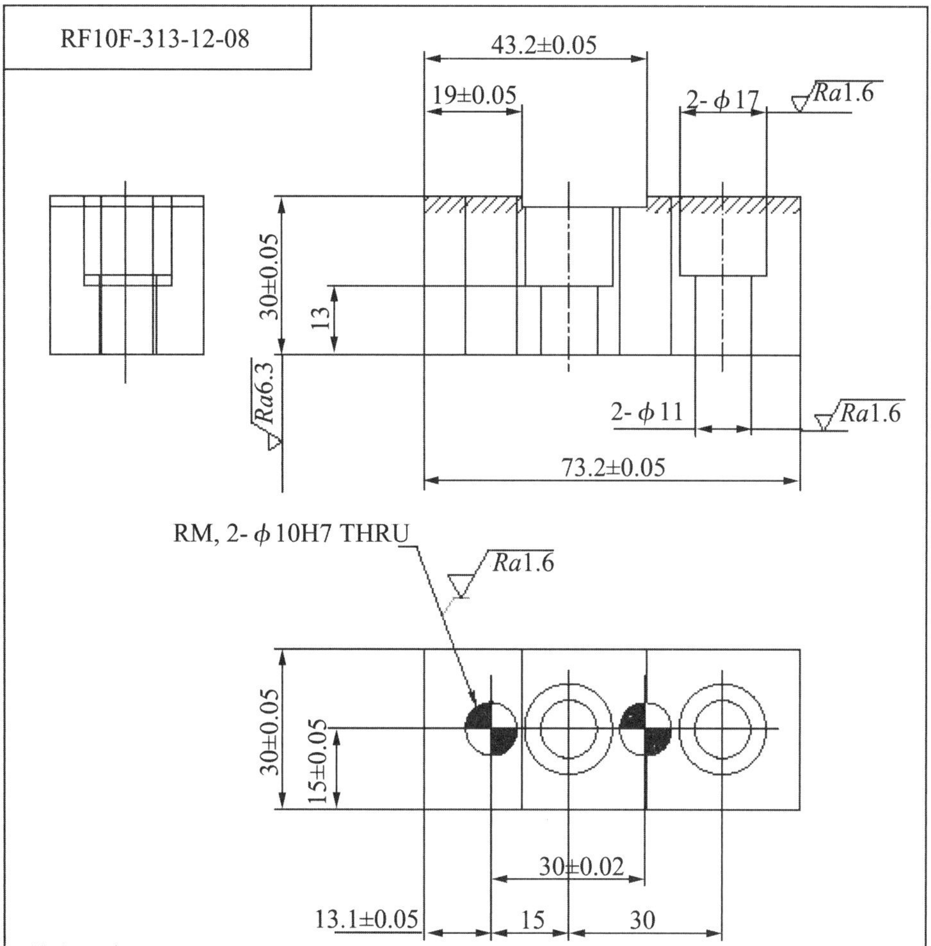

技术要求：
1. ▨渗碳淬火处理；
2.渗碳深度0.7~0.8 mm；
3.发黑处理。

其余 Ra6.3

尺寸范围	公 差	尺寸范围	公 差
单位 mm kg			
设计		标准化	
校对		审定	
审校			
工艺		日期	

材料	数量
45号钢	1

图样标记	图幅	质量	比例
	A4		1∶1
共1页	第1页		

项目代号	RF10
名称	定位块
代号	RF10F-313-12-08

图 7-23　定位块 2 设计图

九、定位块 3 建模

完成图 7-24 所示定位块 3 的建模。

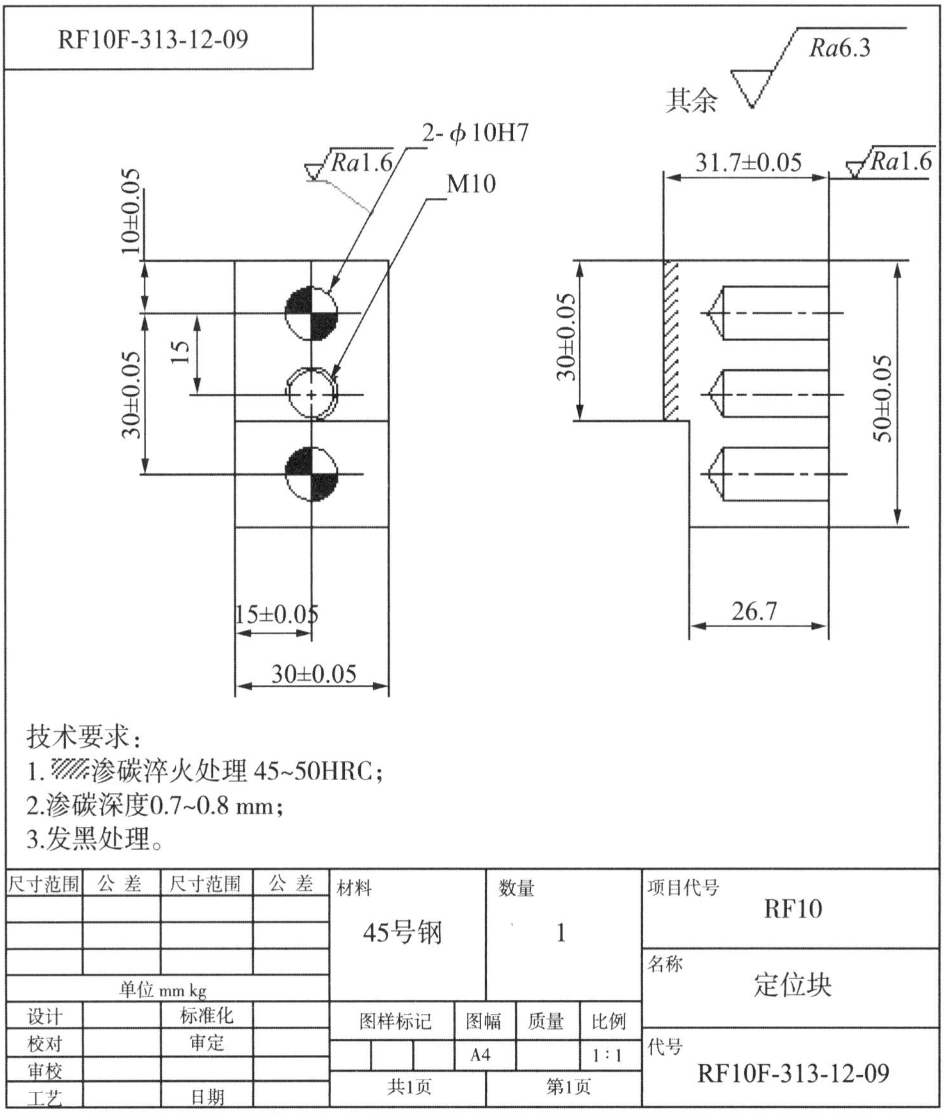

图 7-24　定位块 3 设计图

十、连接板 1 建模

完成图 7-25 所示连接板 1 的建模。

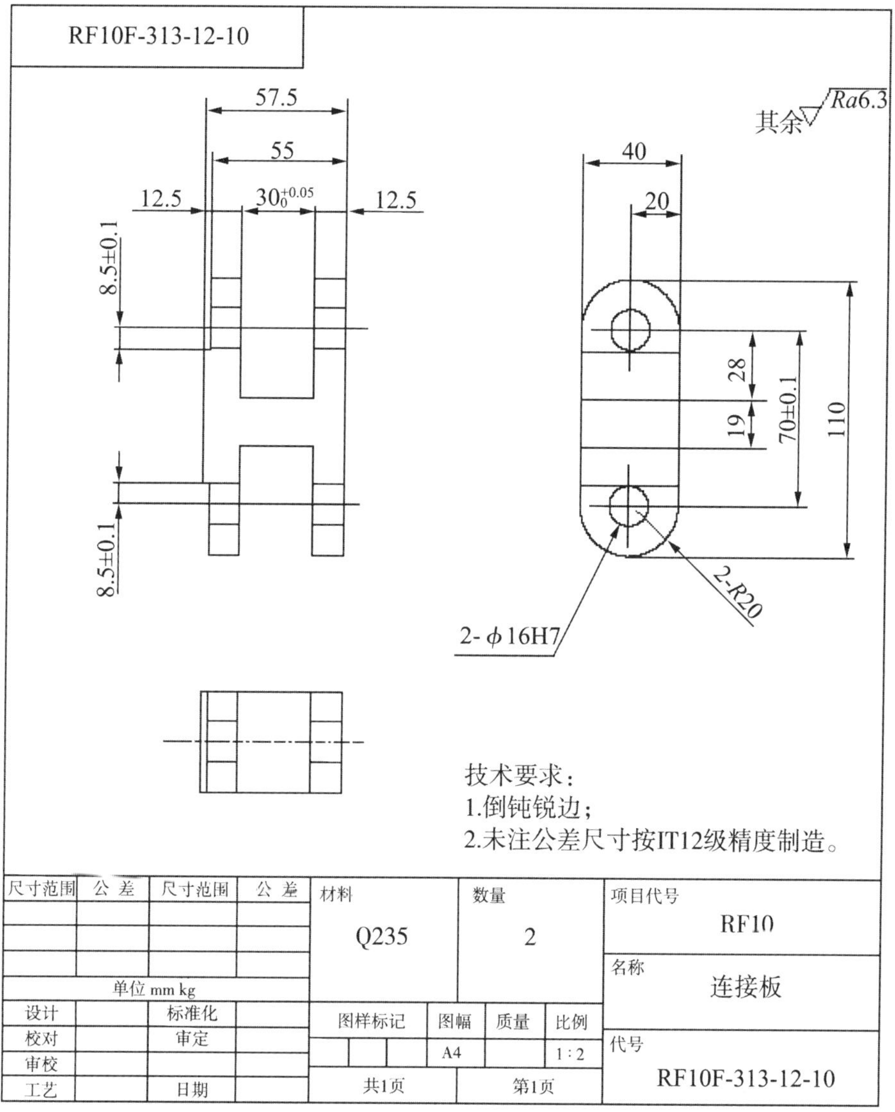

尺寸范围	公差	尺寸范围	公差	材料	数量	项目代号
				Q235	2	RF10
单位 mm kg						名称 连接板
设计		标准化		图样标记	图幅 A4	质量	比例 1:2
校对		审定				代号
审校				共1页	第1页	RF10F-313-12-10
工艺		日期				

图 7-25　连接板 1 设计图

十一、连接板 2 建模

完成图 7-26 所示连接板 2 的建模。

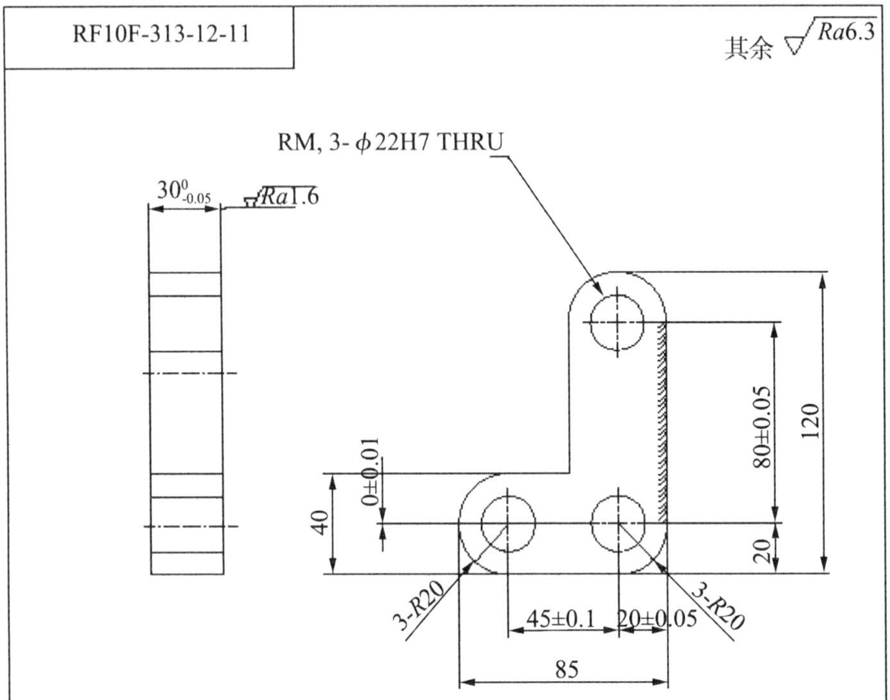

技术要求：

1. 淬火处理38~42HRC；
2. 倒钝锐边。

尺寸范围	公 差	尺寸范围	公 差	材料		数量		项目代号
				45号钢		2		RF10
								名称
单位 mm kg								连接板
设计		标准化		图样标记	图幅	质量	比例	代号
校对		审定			A4		1:2	RF10F-313-12-11
审校				共1页		第1页		
工艺		日期						

图 7-26　连接板 2 设计图

十二、气缸附件建模

完成图 7-27 所示气缸附件的建模。

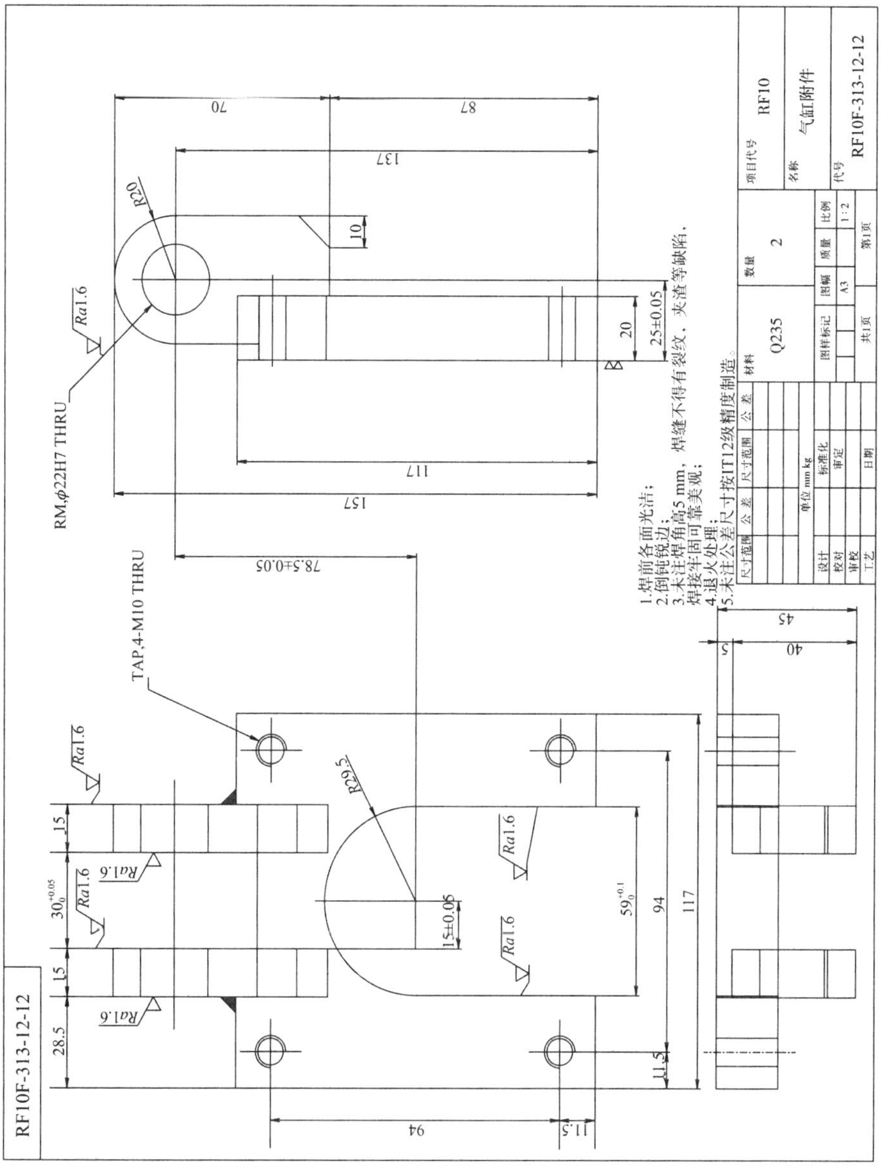

图 7-27

图 7-27 气缸附件设计图

十三、铰链销 1 建模

完成图 7-28 所示铰链销 1 的建模。

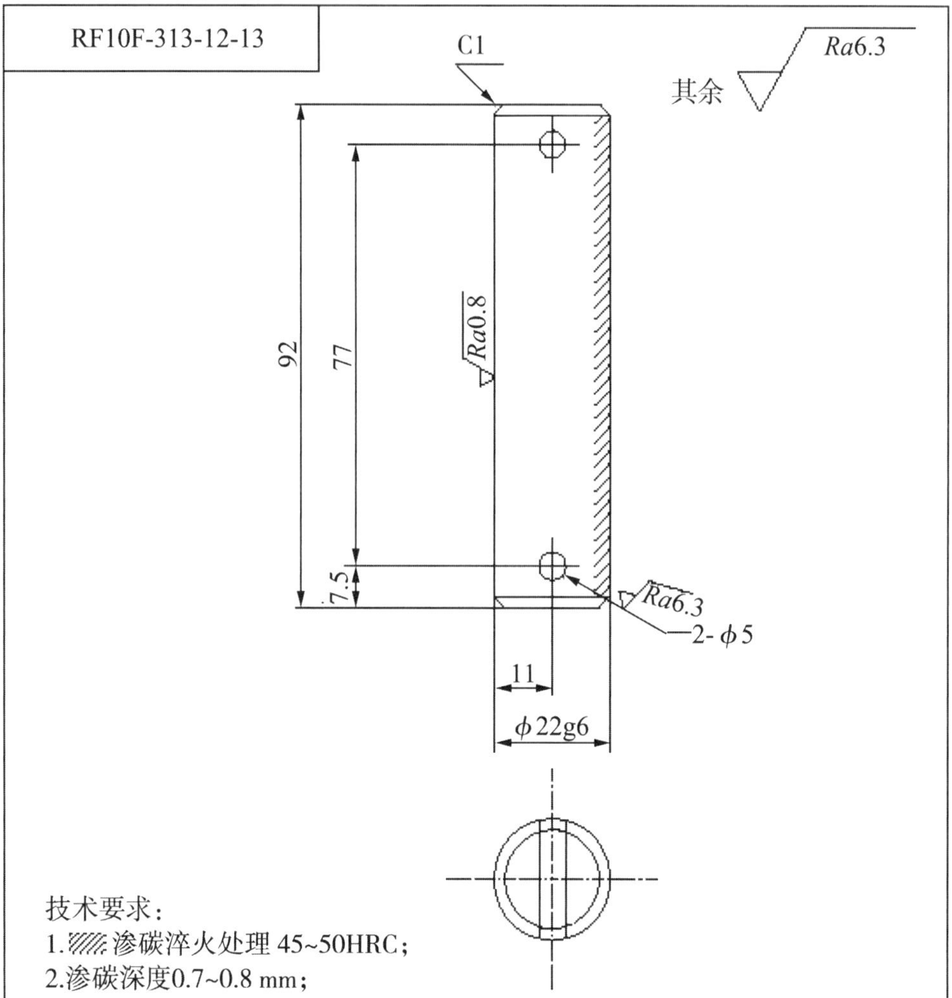

技术要求：
1.▨ 渗碳淬火处理 45~50HRC；
2.渗碳深度0.7~0.8 mm；
3.表面氧化；
4.倒钝锐边。

尺寸范围	公 差	尺寸范围	公 差	材料			数量	项目代号
				45号钢			2	RF10
								名称
单位 mm kg								铰链销
设计		标准化		图样标记	图幅	质量	比例	
校对		审定			A4		1∶1	代号
审校				共1页		第1页		RF10F-313-12-13
工艺		日期						

图 7-28　铰链销 1 设计图

十四、压臂 2 建模

完成图 7-29 所示压臂 2 的建模。

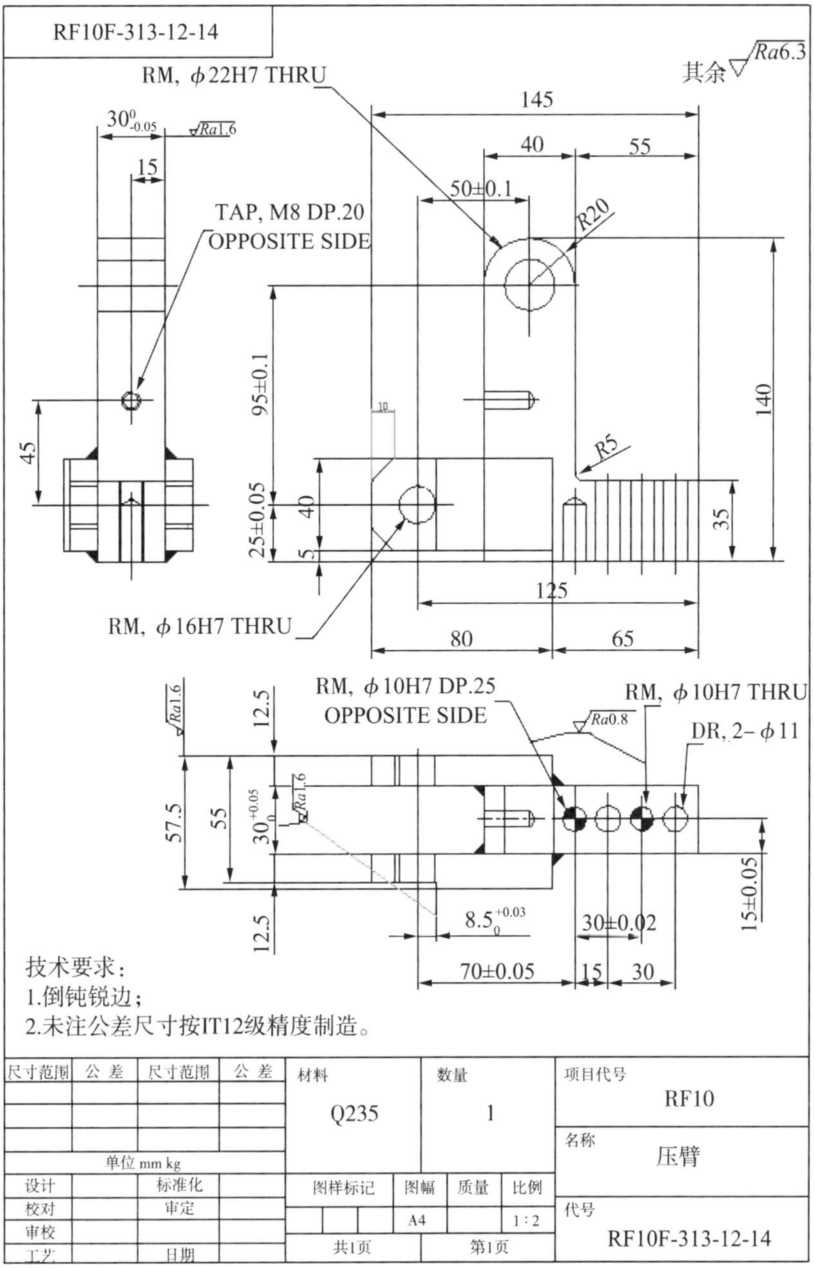

技术要求：

1.倒钝锐边；

2.未注公差尺寸按IT12级精度制造。

尺寸范围	公 差	尺寸范围	公 差	材料	数量	项目代号 RF10
				Q235	1	名称 压臂
单位 mm kg						
设计		标准化		图样标记	图幅 A4	质量	比例 1:2
校对		审定				代号 RF10F-313-12-14
审校				共1页	第1页	
工艺		日期				

图 7-29　压臂 2 设计图

十五、定位块 4 建模

完成图 7-30 所示定位块 4 的建模。

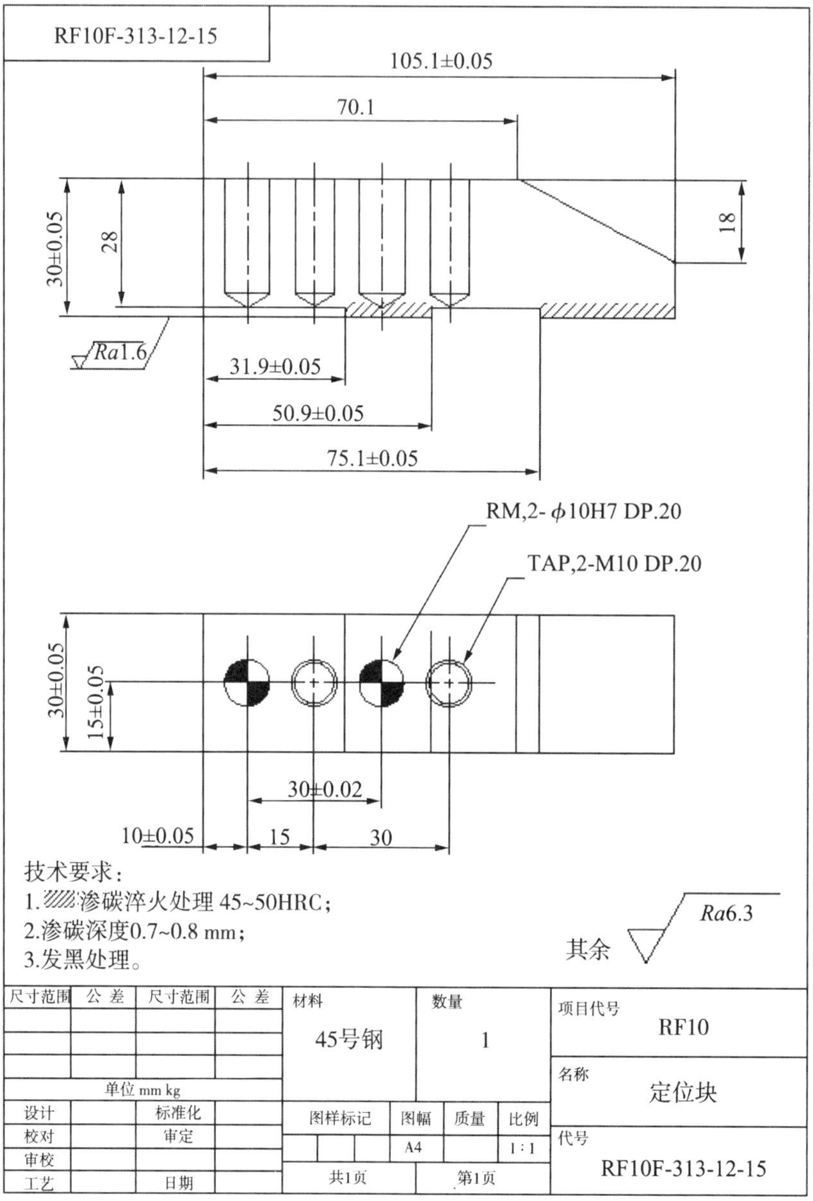

图 7-30　定位块 4 设计图

十六、铰链销 2 建模

完成图 7-31 所示铰链销 2 的建模。

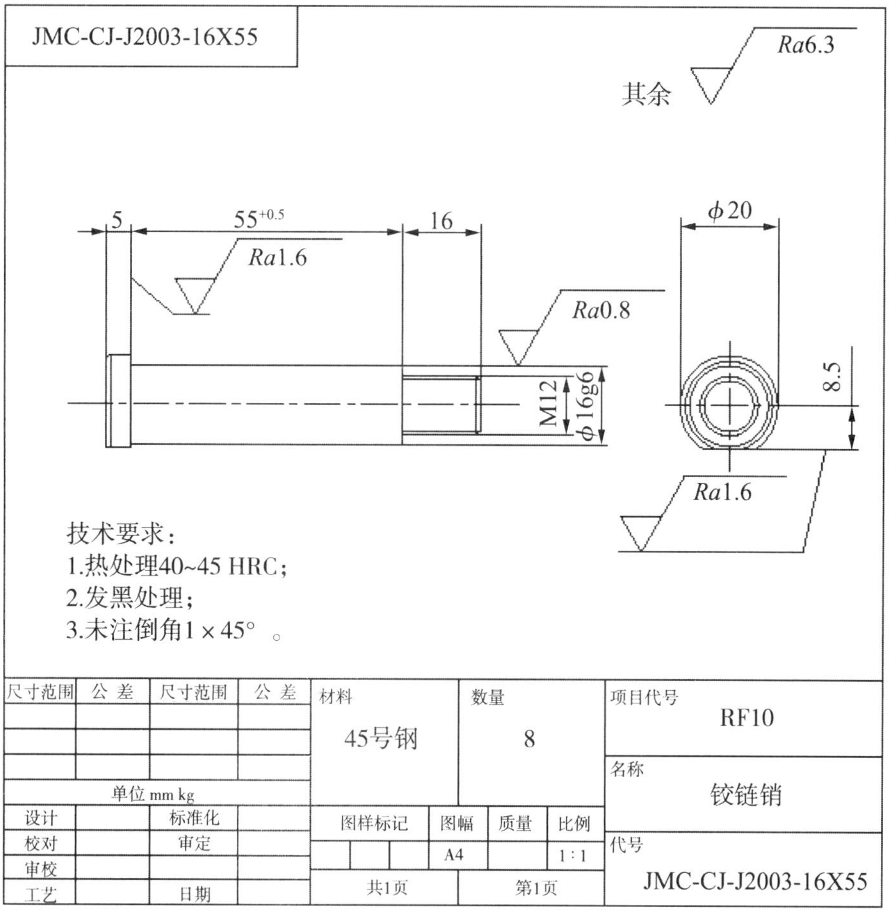

图 7-31　铰链销 2 设计图

十七、圆限位块建模

完成图 7-32 所示圆限位块的建模。

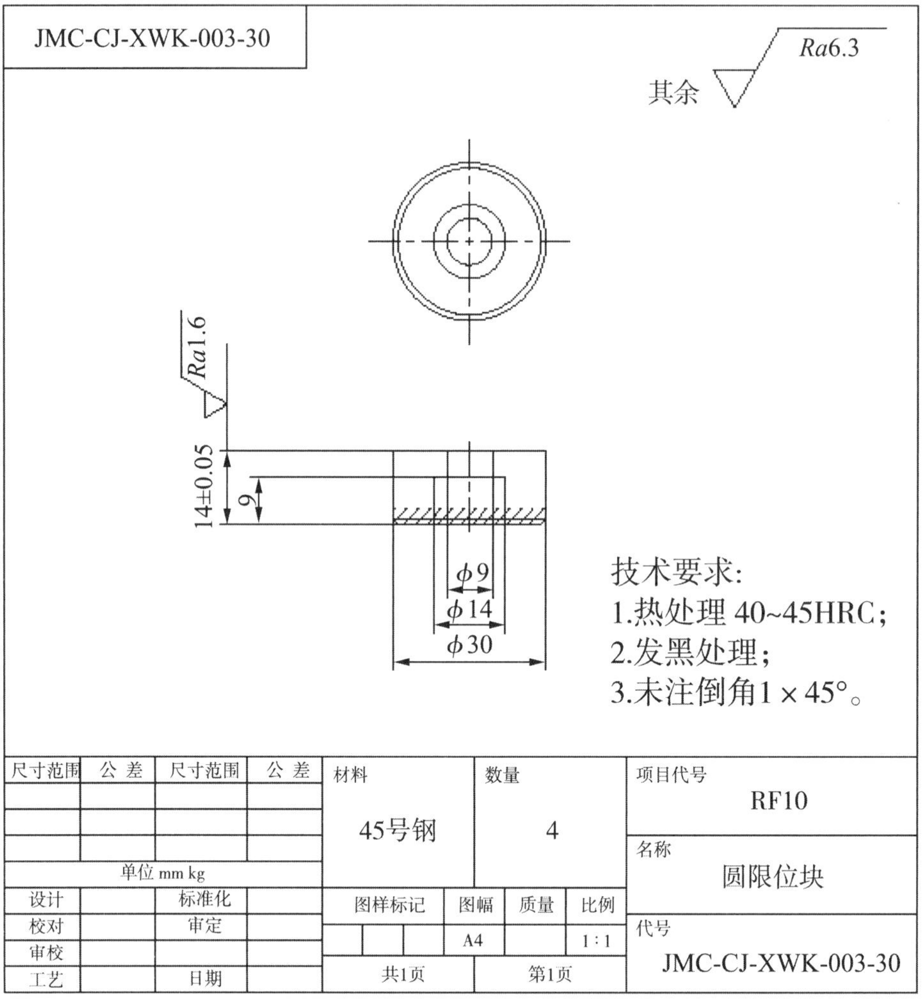

尺寸范围	公差	尺寸范围	公差	材料			数量		项目代号
				45号钢			4		RF10
									名称
									圆限位块
单位 mm kg									
设计		标准化		图样标记			图幅	质量	比例
校对		审定					A4		1:1
审校									代号
工艺		日期		共1页			第1页		JMC-CJ-XWK-003-30

图 7-32　圆限位块设计图

十八、垫片 2 建模

完成图 7-33 所示垫片 2 的建模。

JMC-DP31-30

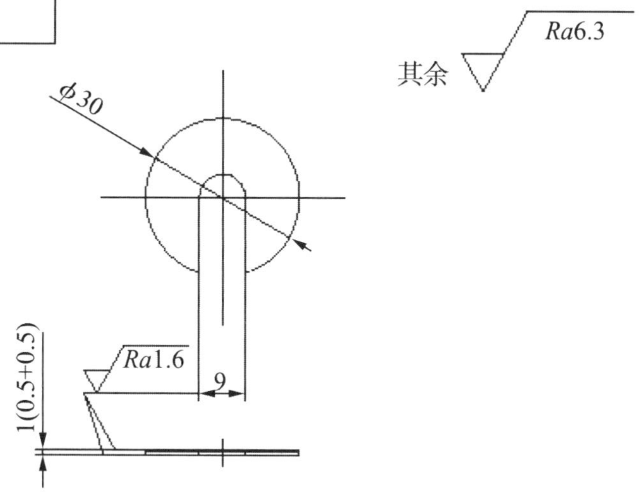

技术要求：
1.厚度均匀、板厚误差5%，上下面平行度0.05；
2.本图表示一套垫片的每种的数量；
3.厚度2 mm1件，1 mm2件，0.5 mm2件；
4.冷轧板下料。

尺寸范围	公 差	尺寸范围	公 差	材料	数量	项目代号
0<L<4				硅钢片	4	标准件
4≤L<16						
16≤L<63						名称
单位 mm kg						垫片
设计		标准化		图样标记	图幅	质量	比例
校对		审定			A4		1∶1	代号
审校						JMC-DP31-30
工艺		日期		共1页	第1页	

图 7-33　垫片 2 设计图

十九、垫片 3 建模

完成图 7-34 所示垫片 3 的建模。

JMC-DP350-30

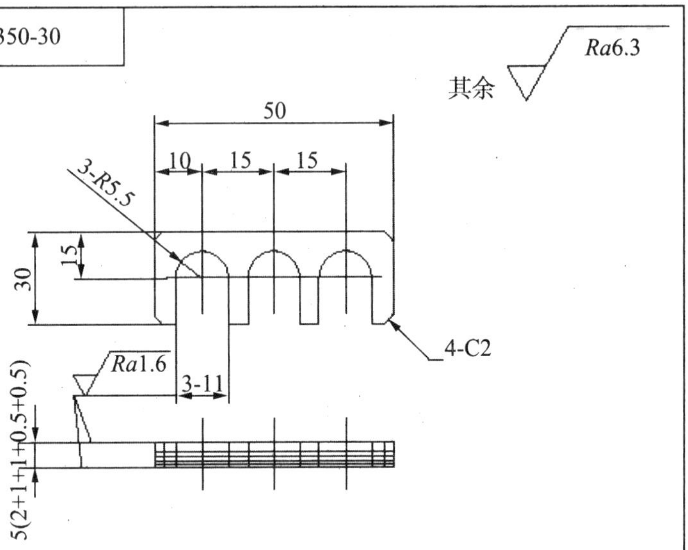

技术要求：

1.厚度均匀、板厚误差5%，上下面平行度0.05；

2.本图表示一套垫片的每种的数量；

3.厚度2 mm1件，1 mm2件，0.5 mm2件；

4.冷轧板下料。

尺寸范围	公 差	尺寸范围	公 差	材料	数量	项目代号 标准件
				硅钢片	2	
						名称 垫片
单位 mm kg						
设计		标准化		图样标记	图幅	质量	比例	代号 JMC-DP350-30
校对		审定			A4		1∶1	
审校				共1页	第1页	
工艺		日期				

图 7-34　垫片 3 设计图

二十、垫片 4 建模

完成图 7-35 所示垫片 4 的建模。

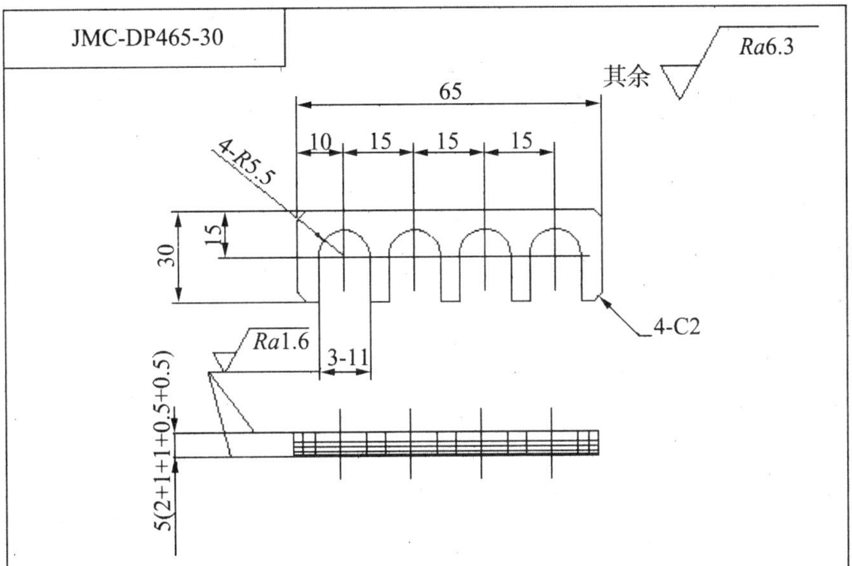

技术要求：

1.厚度均匀、板厚误差5%，上下面平行度0.05；

2.本图表示一套垫片的每种的数量；

3.厚度2 mm1件，1 mm2件，0.5 mm2件。

尺寸范围	公 差	尺寸范围	公 差	材料			数量			项目代号
				硅钢片			2			标准件
										名称
										垫片
单位 mm kg										
设计		标准化		图样标记			图幅	质量	比例	代号
校对		审定					A4		1∶1	JMC-DP465-30
审校				共1页			第1页			
工艺		日期								

图 7-35　垫片 4 设计图

任务评价

任务评价表

专业________ 班级________ 姓名________ 学号________ 组别________

项目	标准	自我评价	小组评价	教师评价
		占 50%	占 20%	占 30%
零件图	正确分析			
零件结构	正确分析			
常用件和标准件	正确分析			
NX 建模设计步骤	正确分析			
协作精神	交流、讨论顺畅			
纪律观念	课堂有序、讨论积极			
学习主动性	认真思考、积极回答问题			
知识应用情况	关键知识点内化			
完成任务过程中引以为豪的做法	简捷、高效(加分项 5～10 分)			
指导他人	帮助的人数及质量(加分项 5～10 分)			
小计				
总评				

注:每个项目得分为 2～10 分。

组长签字: 任课教师: 年 月 日

任务二　焊接夹具的定位、夹紧、支承单元结构装配建模

任务目标

1. **知识目标**

(1) 掌握利用 NX 软件进行焊接夹具装配设计的方法;

(2) 掌握焊接夹具的结构调整方法。

2. **能力目标**

(1) 能够对汽车零件焊接夹具进行设计并仿真;

(2) 能够正确对焊接夹具结构进行调整。

3. **素质目标**

(1) 培养学生爱护与保养工艺设备的意识;

(2) 培养学生对机械设备的理性与感性的认识;

(3) 培养学生吃苦耐劳、刻苦钻研技术的精神;

(4) 培养学生坚守标准化要求、履行职业规范的意识。

任务要求

设计车架焊接夹具的装配模型图。

任务分析

依据车架焊接夹具 12 工位装配图，进行各零件的 NX 建模、装配建模、运动仿真设计。

知识引入

一、定位单元结构设计

(一) 定位单元典型结构

定位单元可通过合理分布的 6 个支承点限制工件的 6 个自由度，实现完全定位。定位单元典型结构包括：

1. 定位销

采用圆柱销与菱形销组合结构，避免过定位。例如：通过滑轨与定位支撑架的配合实现横向定位。

2. 支撑块

用于工件底面定位，如支撑座通过滑动槽和调节块实现角度调节。

(二) 定位调整机构

通过滑轨和横向移动气缸驱动滑动板，可实现定位块的横向微调。此外，还可通过螺杆调节压块高度，配合滑块上下移动调整支撑座角度，以适应不同零件的定位需求。

二、夹紧单元结构设计

(一) 夹紧单元典型机构及其应用特性

1. 气动夹紧

使用竖向气缸驱动夹紧压块，压力可调，适用于自动化产线。

2. 机械夹紧

通过螺杆带动压块下降以固定工件，适合小批量生产场景。

3. 勾销结构

用于主线或往复线的主定位，兼具夹紧功能。

(二) 夹紧方向与稳定性

应优先选择从工件上方压紧，以减少变形，如可将夹紧压块与定位压块双重锁定。夹紧力需均匀分布，避免工件局部变形，可通过调节块带动零件沿支撑座左右移动实现均匀夹紧。

三、支承单元结构设计

(一) 底座与支撑架

1. 底座

底座作为夹具基准，需满足刚性和平面度要求。焊接夹具底板为核心承载结构。

2. 模块化支撑架

模块化支撑架(如支撑框与滑块组合)通过调节机构适应不同工件形状。

(二) 可调支承机构

支撑座内部设置滑动槽和调节块,可通过螺杆调整零件位置,提升对工件适应性。例如可将支撑架一和支撑架二对称布置,结合横梁支架形成稳定承托。

四、装配建模关键要点

(一) 模块化装配逻辑

应以底座为基准,依次装配定位、夹紧、支承单元,确保各组件基准统一。典型结构如勾销、限位块(STOPPER)需优先建模,随后再集成气动/液压驱动组件。

(二) 运动仿真与干涉检查

验证夹紧压块、滑轨等运动部件的行程范围,如横向移动气缸是否与滑动板运动轨迹匹配。此外,还应分析多自由度调节机构(如滑块与支撑杆)的动态干涉风险。

任务实施

进行焊接夹具的定位、夹紧、支承单元结构装配建模,如图 7-36 所示。

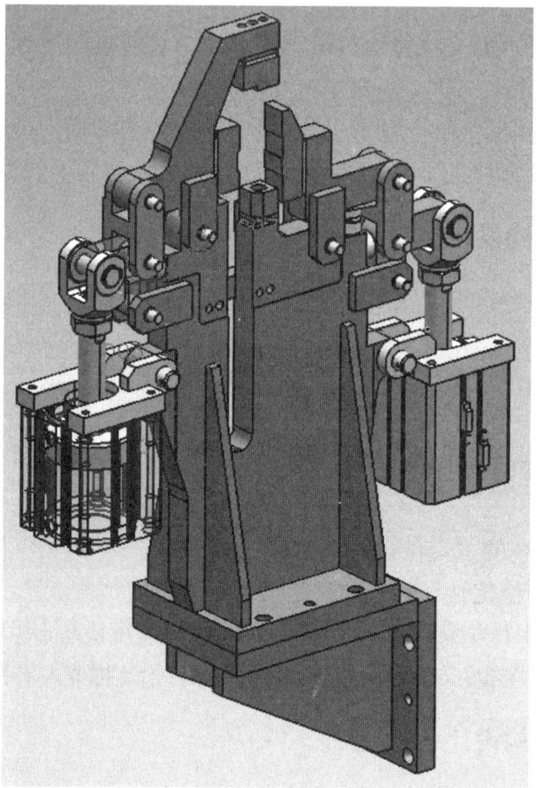

图 7-36 焊接夹具的定位、夹紧、支承单元结构

任务评价

任务评价表

专业________　班级________　姓名________　学号________　组别________

项目	标准	自我评价	小组评价	教师评价
		占 50%	占 20%	占 30%
夹具的装配图	正确分析			
装配建模操作	正确分析			
运动仿真设计	正确分析			
运动仿真操作	快速、准确			
协作精神	交流、讨论顺畅			
纪律观念	课堂有序、讨论积极			
学习主动性	认真思考、积极回答问题			
知识应用情况	关键知识点内化			
完成任务过程中引以为豪的做法	简捷、高效(加分项 5～10 分)			
指导他人	帮助的人数及质量(加分项 5～10 分)			
小计				
总评				

注:每个项目得分为 2～10 分。

组长签字:　　　　任课教师:　　　　年　月　日

任务三　培养基于标准化实践的敬业精神

任务目标

1. **知识目标**

(1) 了解标准化的基础理论;

(2) 了解行业实践中的标准化要求与职业规范;

(3) 掌握标准化实施路径与保障机制。

2. **能力目标**

(1) 具备标准化体系构建与优化能力;

(2) 具备标准实施与反馈优化能力。

3. **素质目标**

(1) 培养学生完善标准化管理机制的意识和能力;

(2) 强化职业规范教育,提升学生职业技能;

(3) 培养学生的职业文化认同感与使命感；

(4) 培养学生坚守标准化要求、履行职业规范的意识。

任务要求

标准化和规范化不仅能够提高工作效率，还能够确保工作质量和一致性。本任务将从不同的角度探讨工作岗位职责的标准化和规范化要求。

任务分析

标准化作业流程可以确保每项任务都有明确的操作步骤和责任分工，从而减少错误并提高工作效率。例如，某汽车生产企业通过标准化作业提升了效率，具体方法为：设置清晰的岗位标准，形成多套标准化作业流程，并通过滚动修订、经验交流等方式推动其全面推广。

知识引入

标准化是指在经济、技术、科学和管理等社会实践中，通过制定、发布和实施标准，使重复性的事物和概念达到统一，从而获得最佳秩序和社会效益。公司标准化是指以获得公司的最佳生产经营秩序和经济效益为目标，针对公司生产经营活动范围内的重复性事物和概念，以制定和实施公司标准，贯彻实施相关的国家、行业、地方标准等为主要内容的过程。标准化的重要意义是改进产品、过程和服务的适用性，防止贸易壁垒，促进技术合作。

标准化是组织现代化生产的重要手段和必要条件；是合理发展产品品种、组织专业化生产的前提；是实现科学管理和现代化管理的基础；是提高产品质量、确保安全卫生的技术保证；是对国家资源进行合理利用、节约能源和原材料的有效途径；是推广新材料、新技术、新科研成果的桥梁；是消除贸易障碍、促进国际贸易发展的通行证。

标准化是获得最佳秩序和经济效益的前提，是一个在任何架构中都不可缺失的专业体系。

任务实施

根据实际工作情况，制定详细的操作规程和标准，确保每项任务都有明确的操作步骤和责任分工。通过开展各类培训活动提升学生的综合素质，并通过考核激励学生严格执行标准化流程。

任务评价

任务评价表

专业________　班级________　姓名________　学号________　组别________

项目	标准	自我评价	小组评价	教师评价
		占 50%	占 20%	占 30%
标准化的基础理论	正确分析			

续表

项目	标准	自我评价	小组评价	教师评价
		占50%	占20%	占30%
行业实践中的标准化	正确分析			
实施路径与保障机制	正确分析			
标准化体系构建与优化	正确分析			
协作精神	交流、讨论顺畅			
纪律观念	课堂有序、讨论积极			
学习主动性	认真思考、积极回答问题			
知识应用情况	关键知识点内化			
完成任务过程中引以为豪的做法	简捷、高效(加分项5～10分)			
指导他人	帮助的人数及质量(加分项5～10分)			
小计				
总评				

注：每个项目得分为2～10分。

组长签字：　　　　任课教师：　　　　年　月　日

项目八　夹具的类型及智能设计

项目八　拓展微课视频

项目描述

夹具作为固定、定位和夹紧工件的核心工具，广泛应用于机床加工、模具制造及精密零部件生产领域，尤其是在汽车、航空航天等高精度制造领域中，夹具是不可或缺的。在装配生产线中，手持夹具（如扭矩扳手、螺母扳手）被用于提升机械制造、汽车组装等环节的效率。自动化夹具的设计是工业自动化升级的关键环节，其需求与智能生产线、机器人集成紧密关联，市场呈现高端化、智能化趋势。在汽车制造领域，自动化夹具被用于焊接、冲压等工艺场景，从而推动生产效率提升。

任务一　夹具类型及使用场合

任务目标

1. **知识目标**

（1）掌握现代夹具类型及使用场合；

（2）掌握组合夹具、数控加工夹具的结构及使用场合。

2. **能力目标**

（1）能够正确分析夹具机构的选择和调用方法；

（2）能够正确分析夹具标准件设计软件的特点。

3. **素质目标**

（1）培养学生爱护与保养工艺设备的意识；

（2）培养学生对机械设备的理性与感性的认识；

（3）培养学生吃苦耐劳、刻苦钻研技术的精神；

（4）培养学生以实干笃行为发展新质生产力贡献青春力量。

任务要求

夹具在机械加工、测量等众多领域发挥着关键作用，不同类型的夹具适用于不同的场合。

在实际应用中，我们需根据生产类型、工件特点、加工要求等因素合理选择夹具，以达到最佳的加工效果和经济效益。

任务分析

现代夹具类型主要有：成组夹具、可调夹具、组合夹具、拼装夹具、自动化生产线随行夹具、数控机床夹具。下面详细介绍常见夹具类型及其使用场合。

1. 成组夹具

成组夹具是机械制造领域的一种重要工具，在现代生产中发挥着关键作用。它基于成组技术原理，在零件分组基础上，针对一组或几组相似零件的一道或几道工序设计而成。

2. 可调夹具

可调夹具是一种可更换或调整元件的专用夹具，能在一定范围内适应不同工件的加工需求，灵活性介于通用夹具和专用夹具之间，适用于产品规格有一定变化的中小批量生产。

3. 组合夹具

组合夹具由不同形状、规格和用途的标准化元件组成，适用于新产品试制和产品频繁更换的单件、小批量生产以及临时任务。其具有能快速组装和调整的特点，因此在数控加工过程中，可满足零件更换周期短的需求，从而提高加工效率并降低成本。

4. 拼装夹具

拼装夹具是一种在机械加工、实验测试等多个领域广泛应用的工具，它能满足不同工件的加工与测试需求，具有灵活性高、可重复使用等优点。

5. 自动化生产线随行夹具

随行夹具是一种在自动化生产线上使用的移动式夹具。在工件进入自动线加工之前，先将工件装在夹具中，随后夹具连同工件一起沿着自动线依次从一个工位移到下一个工位，直到工件退出自动线，才将工件从夹具中卸下。

6. 数控机床夹具

在数控加工领域，机床夹具扮演着至关重要的角色。它是用于装夹工件的工艺装备，能保证工件在机床上正确定位与夹紧。

知识引入

一、现代夹具的类型及结构分析

下面我们对各类现代夹具进行分析。

(一) 成组夹具

1. 成组夹具的结构

成组夹具由基础部分和可调部分组成。

(1) 基础部分:包括夹具体、动力装置和控制机构等。

(2) 可调部分:包括可调整的定位元件、夹紧元件和对刀导向元件分度装置等。

图 8-1 所示为一种成组车床夹具,主要用于阀片零件族的外圆车削加工。多件阀片以内孔和端面为定位基准,在定位套 4 上定位,夹紧机构由气压传动拉杆驱动,经滑柱 5、压圈 6、快换垫圈 7 将工件夹紧。加工不同规格的阀片时,只需更换定位套 4 即可。定位套 4 与心轴体 1 采用 H6/h5 配合,由键 3 紧固。

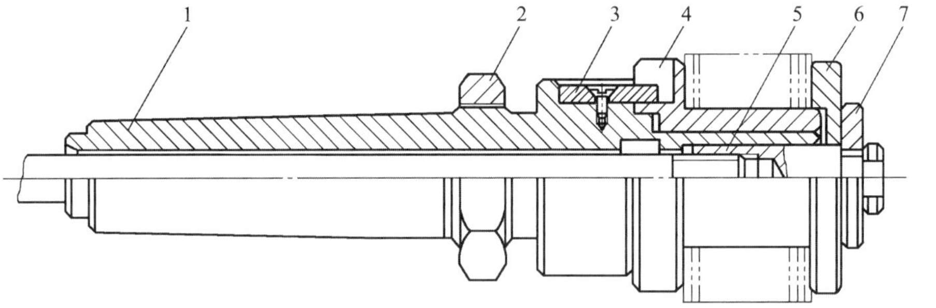

1—心轴体;2—六角螺母;3—键;4—定位套;5—滑柱;6—压圈;7—快换垫圈

图 8-1　成组车床夹具

2. 成组夹具的特点

(1) 成组夹具适用于同一零件族的多次使用,能降低设计和制造成本,适合在数控机床上使用。

(2) 成组夹具能缩短产品制造的生产准备周期。

(3) 更换工件时,只需对夹具的部分元件进行调整,这样能减少调整时间。

(4) 针对新产品开发,通过添置较少的调整元件即可满足生产需求,这样既能节约材料又能减少夹具的库存量。

(5) 具备现代先进制造技术特征,可实现夹具柔性化。

3. 成组夹具的设计原理

成组夹具是在成组工艺基础上,针对同一零件族的一个或几个工序,按相似性原理专门设计的可调整夹具。

(1) 工件的相似性原理

① 工艺相似。加工工艺路线相似的工件能使用成组夹具等工艺装备。

② 装夹表面相似。定位基准的位置表面、夹紧表面相似。

③ 形状相似。工件的基本形状要素(外圆、孔、平面、螺纹、圆锥、槽、齿形等)相似。

④ 尺寸相似。同一零件族的工件的加工尺寸和轮廓尺寸相近。工件的最大轮廓尺寸决定了夹具基体的规格尺寸。

⑤ 材料相似。工件的材料种类、毛坯形式和热处理条件等相似。

⑥ 精度相似。工件对应表面之间位置公差等级相近。

(2) 工件的分类归族

① 工件组(零件族)是指一组具有相似特征的工件群,称“族”。这些工件原本分别属于各种不同种类的产品工件。

② 零件族具有多项工艺相似的特性,主要包括铣端面、钻铰孔、铣叉口平面、铣叉口圆弧面以及钻攻螺孔等加工工序。

4. 成组夹具的结构设计

(1) 基础部分设计

基础部分主要元件是夹具体。设计时应保证在加工零件族内轮廓尺寸较小的工件时,夹具体结构不至过于笨重;加工轮廓尺寸较大工件时,夹具要有足够的刚度。基础部分的动力装置,一般制成内装式,优先采用液压装置。

(2) 可调部分设计

可调部分应具备结构简单、调整方便可靠、使用寿命长和操作安全等特点。调整件应具有良好的结构工艺性,能迅速装拆,满足生产率的要求。定位元件的调整应能保证工件的加工精度和有关的工艺要求。可通过提高调整件的通用化和标准化程度,减少调整件的数量,以便于成组夹具的使用和管理。调整件必须具有足够的刚度,尤其要注意提高调整件与夹具体间的接触刚度。

(二) 通用可调夹具

1. 特点

(1) 适用工件范围广。

(2) 适用于多种生产类型。

(3) 调整环节较多,调整较费时间。

(4) 可降低夹具成本。

2. 典型结构

通用可调夹具常见的结构有:通用可调虎钳、通用可调三爪自定心卡盘、通用可调钻模等。通用可调虎钳为五工位复合调整结构,其调整件主要由 V 形块 1、定位钳口 2 和夹紧钳口 3 等组成,如图 8-2(a)所示。通过适当组合变位,工件便可获得五个工位。如图 8-2(b)所示,钳口可使工件装夹在Ⅰ、Ⅱ两个工位上。

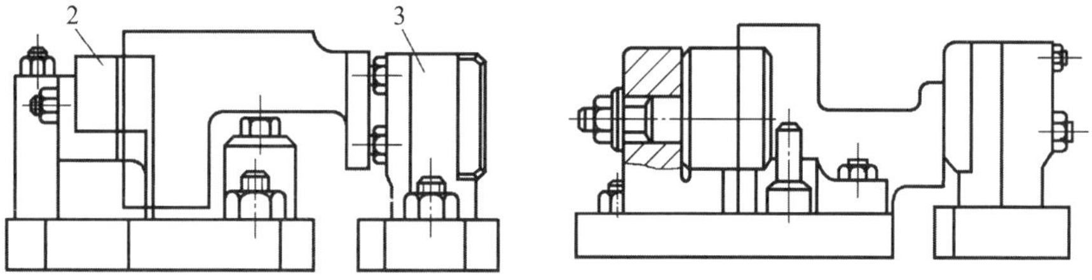

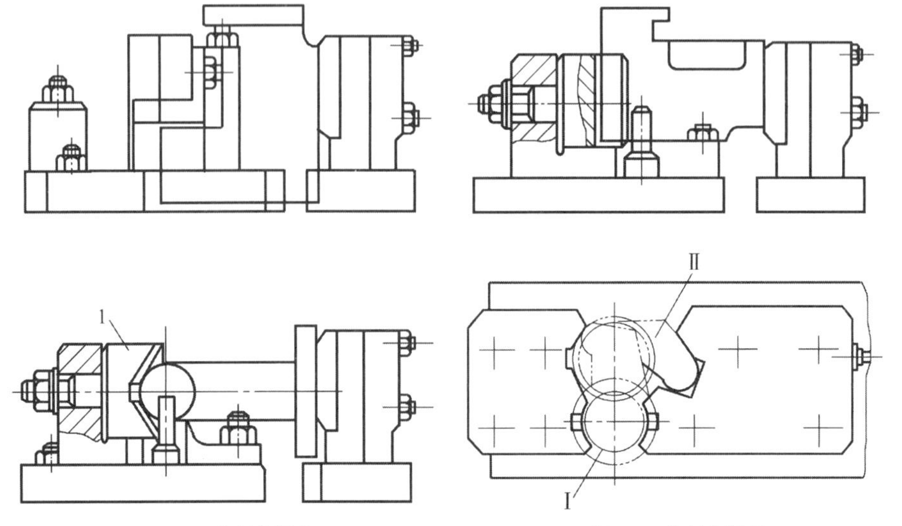

(a) 五工位复合调整　　(b) 二工位复合调整

1—V 形块；2—定位钳口；3—夹紧钳口

图 8-2　多工位复合调整

(三) 组合夹具

1. 特点

组合夹具是一种标准化、系列化、柔性化、商品化夹具，由一套预先制造好的具有不同几何形状、不同尺寸的高精度元件与合件组成。使用时，可按工件的加工要求，采用组合的方式组装成所需的夹具；使用完毕后，可将夹具拆开，擦洗并保存，以便于以后使用时再组装。组合夹具万能性好，适用范围广，可大幅度缩短生产准备周期，减少了专用夹具的成本，但其外形尺寸较大，结构较笨重，刚度较低，适用于新产品开发试制，小、中、大批量生产场合。

2. 组合夹具系统

组合夹具系统分为槽系和孔系两大类。槽系组合夹具的连接基准面为 T 形槽，其由键和螺栓等元件定位紧固连接。孔系组合夹具的连接基准面为圆柱孔和螺孔组成的坐标孔系。

(1) 槽系组合夹具元件分类

按组合夹具元件功能要素的不同，槽系组合夹具元件可分为基础件、定位件、支承件、导向件、夹紧件、紧固件、其他件以及合件，如图 8-3 所示。

(a) 基础件　　(b) 支承件　　(c) 定位件

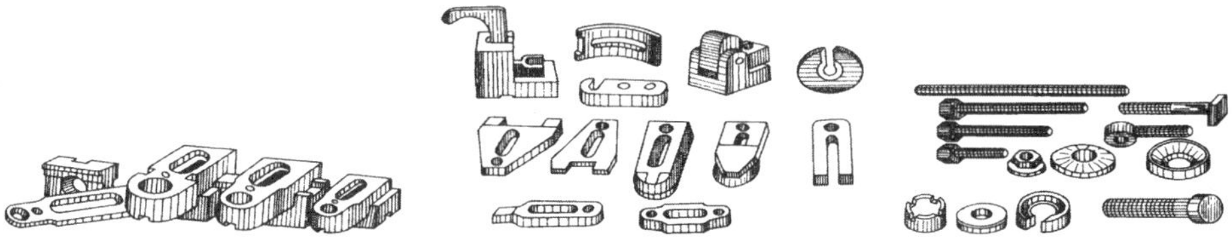

(d) 导向件　　(e) 夹紧件　　(f) 紧固件

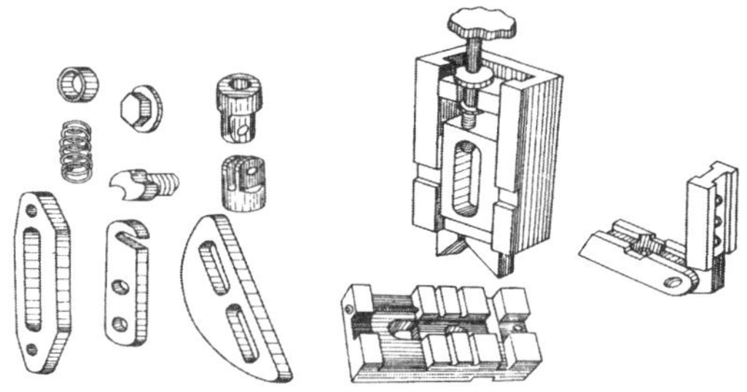

(g) 其他件　　(h) 合件

图 8-3　T 形槽系组合夹具元件

(2) 孔系组合夹具元件分类

孔系组合夹具元件按功能主要分为基础件、定位件、压紧件、支承件、紧固件，核心特征是标准化、模块化的带孔元件。不同的孔系组合夹具如图 8-4 所示。

图 8-4　不同的孔系组合夹具

(四) 拼装夹具

1. 特点

(1) 拼装夹具是一种模块化夹具，它由组合夹具发展而来，主要用于数控加工，有时也应用在普通机床上。

(2) 拼装夹具是具有模块化、柔性化特征的夹具，通常由基础件和其他模块元件组成。拼装夹具可装夹多种工件。

(3) 拼装夹具与组合夹具之间有许多共同点，例如都使用板式、六面体形、方形等基础件，且表面有网格孔系等基础件。

(4) 拼装夹具属于非标准夹具，一般是为本企业产品工件的加工需要而设计的。不同的产品品种、不同的加工方式、不同的企业，所使用的模块结构会有较大差别。

2. 典型结构

拼装夹具包含板式、六面体形、方形等基础件，如图 8-5 所示。下面我们以两个典型的拼装夹具为例，对其结构进行分析。

图 8-6 所示为一种模块化钻模，主要由基础板 7、滑柱式钻模板 1 和模块 4、5、6 等组成。基础板 7 上有网格系孔 c 和螺孔 d，在其平面 e 和侧面 a、b 上可拼装模块元件。图中夹具所配置的 V 形模块 6 和板形模块 4 的作用是使工件定位。按照被加工孔的位置要求，用方形模块 5 可调整模块 4 的轴向位置。可换钻套 3 和可换钻模板 2 按工件的加工需要加以更换调整。

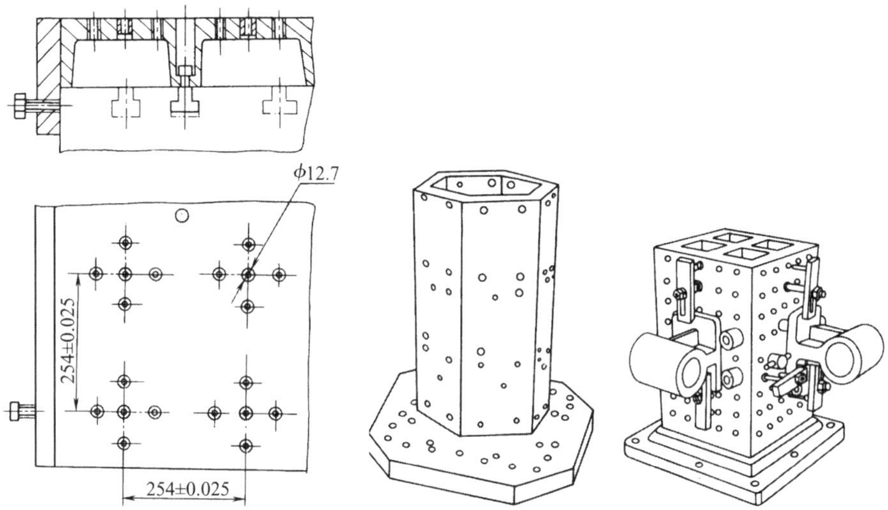

(a) 板式　　(b) 六面体形　　(c) 方形

图 8-5　拼装夹具的基础件

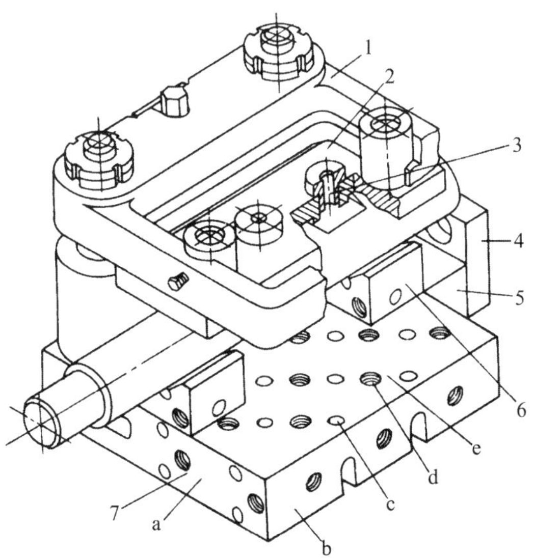

1—滑柱式钻模板；2—可换钻模板；3—可换钻套；4—板形模块；5—方形模块；6—V 形模块；7—基础板

图 8-6　模块化钻模-拼装夹具

图 8-7 所示为用于数控镗床(卧式加工中心)的拼装夹具,主要由基础板 10 和多面体模块 8、9 组成。多面体模块常用的几何角度为 30°、60°、90°等,按照工件的加工要求,可将其安装成不同的位置。左边的工件 1 由支承 2、6、7 定位,用压板 3 夹紧。

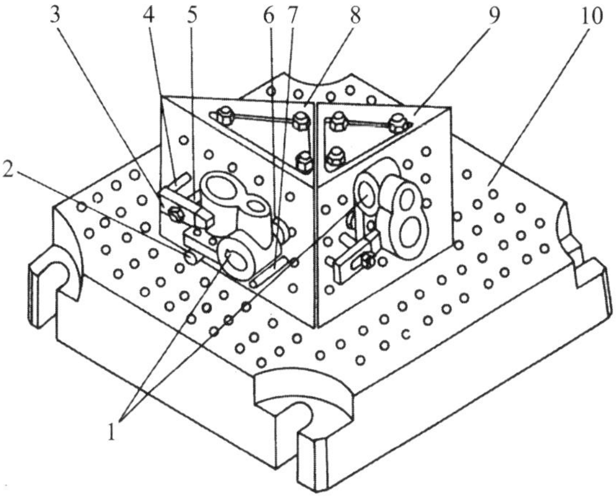

1—工件;2、6、7—支承;3—压板;4—支承螺栓;5—螺钉;8、9—多面体模块;10—基础板

图 8-7 用于数控镗床的拼装夹具

(五) 自动化生产线随行夹具

自动化生产线随行夹具是自动化生产系统中的关键组件,其结构设计需满足工件在多工序流转中的精确定位、稳定夹持及高效传输需求。以下是其核心结构的完整描述:

1. 定位系统

采用高精度定位销(圆形主定位销与菱形辅助定位销)与定位面组合结构,确保工件在加工过程中始终保持设计基准位置,定位误差控制在±0.02 mm 以内。圆形销限制 x/y 向自由度,菱形销补偿安装孔距公差,两者协同实现六点完全定位。

2. 夹紧装置

集成液压或气动驱动模块,通过楔形机构、杠杆式压板等动态夹紧元件对工件施力,夹紧力可达 500~2 000 N(根据工件材质调整),并配备压力传感器实时监控夹持状态,防止加工振动导致位移。

3. 输送接口

采用标准化快换接口(如 HSK 法兰或球锁结构),可与输送带/AGV 的抓取机构匹配,支持夹具在 10~15 s 内完成自动装卸。底部设置导向槽与生产线输送导轨啮合,确保流转过程无卡滞。

4. 柔性适配模块

可调定位单元:采用伺服电机驱动的滑台结构,定位销位置可编程调节(调节范围±50 mm),以适应不同型号工件。

弹性缓冲层:在夹具基体与工件接触面嵌入聚氨酯减振垫,以吸收切削力引起的微幅振动。

5. 辅助功能单元

RFID标签：嵌入夹具本体，存储工件加工参数并与MES系统通信。

冷却液通道：内置环形管路定向喷射冷却液，避免切屑堆积影响定位精度。

辅助功能单元通过模块化设计实现快速换型，典型换型时间≤5 min，支持混线生产模式下不同工件的连续加工需求。

随行夹具的托盘(图8-8)上设有用于工件第一次定位的定位元件，同时配置了包含定位基准面和定位销孔的二次定位系统；托盘还集成了输送面以实现机床/工位间的自动传输，并配备集屑盘装置，当运行至倒屑工位时，倒屑机构会通过翻转托盘完成振荡式自动排屑。

图8-8 随行夹具——托盘

(六) 数控机床夹具

1. 特点

数控机床夹具上应设置原点(对刀点)，因为加工时，机床、夹具、刀具、工件需始终保持严格的位置关系，无需通过对刀导向装置确定位置关系。数控机床夹具应采用敞开式结构。

2. 典型结构分类

数控机床夹具包括下列七类：通用夹具、通用可调夹具、组合夹具、成组夹具、拼装夹具、专用夹具、非标夹紧组件。

(1) 通用夹具

这类夹具已标准化、系列化，典型的通用夹具有虎钳、通用角铁、动力卡盘等。

(2) 通用可调夹具

通用可调夹具有通用可调卡盘和通用可调虎钳两种形式。

(3) 组合夹具

组合夹具有良好的柔性，是最早实现柔性化的夹具，用于装夹形状较复杂的零件，是一种很经济的夹具。

(4) 成组夹具

多品种、中/小批量生产的企业常采用成组技术,成组夹具广泛应用于数控加工单元和柔性制造系统中,它是按企业的典型零件族设计的专用可重调夹具。

(5) 拼装夹具

拼装夹具柔性化程度很高,是目前数控机床夹具中卓有成效的设计之一。拼装夹具由标准模块组成,它还包含夹紧装置系统。

(6) 专用夹具

专用夹具柔性化程度低,在数控加工中应尽量少采用。在产品较稳定的大批量生产中,对于一些形状复杂的零件,允许使用专用夹具。

(7) 非标夹紧组件

非标夹紧组件也是按柔性化要求设计的,种类繁多。其特点是通用性强,能满足多种工件的夹紧要求。常见的有液压夹紧模块、螺旋压板夹紧模块等柔性化夹紧组件。

二、夹具智能设计系统分析

夹具的设计过程主要包括:由有经验的专家对工件进行工序分析,确定工件定位与夹紧方案,选择相应的零件,开展结构设计等活动。夹具设计要遵循保证产品质量、提高自动化水平、提高生产效率、降低生产成本、确保安全生产、便于使用等原则。夹具设计发展历程包括早期的手工绘制图纸、二维 CAD 设计、三维 CAD 建模,以及引入夹具设计专家系统及人工智能技术。

当前,随着智能制造技术的发展,为了提高夹具的设计效率和质量,需要通过智能化设计实现夹具设计知识的继承、共享、重复使用。目前国内已有基于 CATIA 平台开发的夹具智能设计专家系统。

(一) 夹具智能设计专家系统设计思想

将机床夹具按结构分成若干大类,每大类通过筛选和优化组合后形成若干典型夹具模型,每个典型夹具又分为大、中、小几个规格。只要工件尺寸在某一典型夹具的加工范围之内,系统即能自动完成该夹具的设计。

对于形状奇异的工件,系统则根据定位、夹紧原理等推理设计出相应零部件,采用推理与人机交互相结合的方式完成设计。

整个设计过程都在三维环境中完成,包括三维设计与绘图。

国家标准夹具零部件、紧固件以及典型夹具中的零部件,事先都用 AutoLISP 或 C 语言编程封装为图形函数,设计时从信息库中提取数据参数并赋值,即可自动生成所需的零部件。

(二) 夹具智能设计专家系统框架

夹具智能设计专家系统框架如图 8-9 所示。

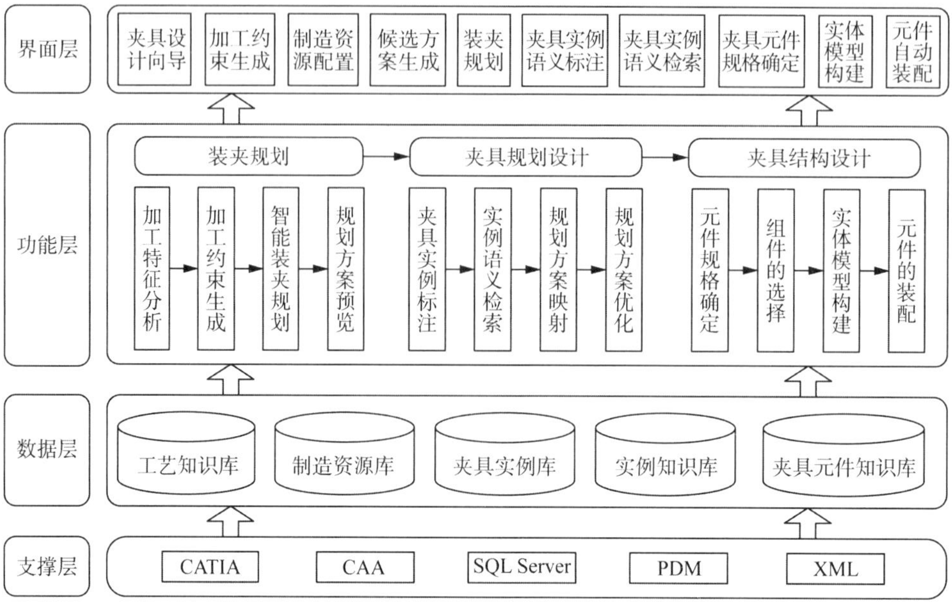

图 8-9　夹具智能设计专家系统框架

注：CATIA、CAA、SQL Server、PDM、XML 指不同的设计平台。

(三) 夹具智能设计专家系统功能模块

夹具智能设计专家系统功能模块如图 8-10 所示。

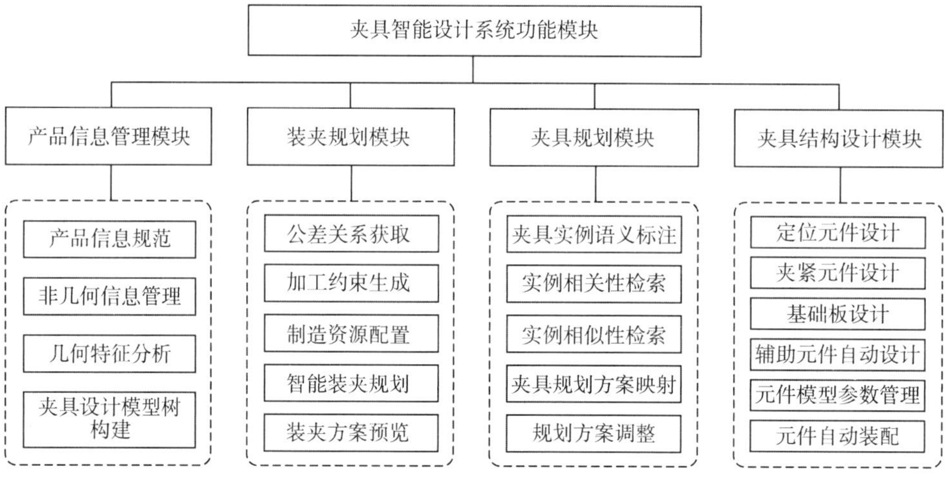

图 8-10　夹具智能设计专家系统功能模块

(四) 夹具智能设计专家系统工作流程

夹具智能设计专家系统工作流程如图 8-11 所示。

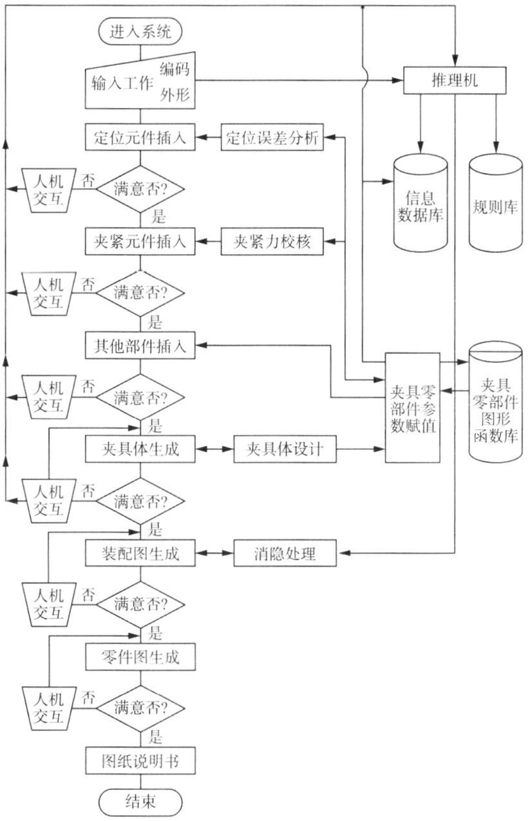

图 8-11　夹具智能设计专家系统工作流程

(五) 夹具智能设计系统运行流程

夹具智能设计系统运行流程如图 8-12 所示。

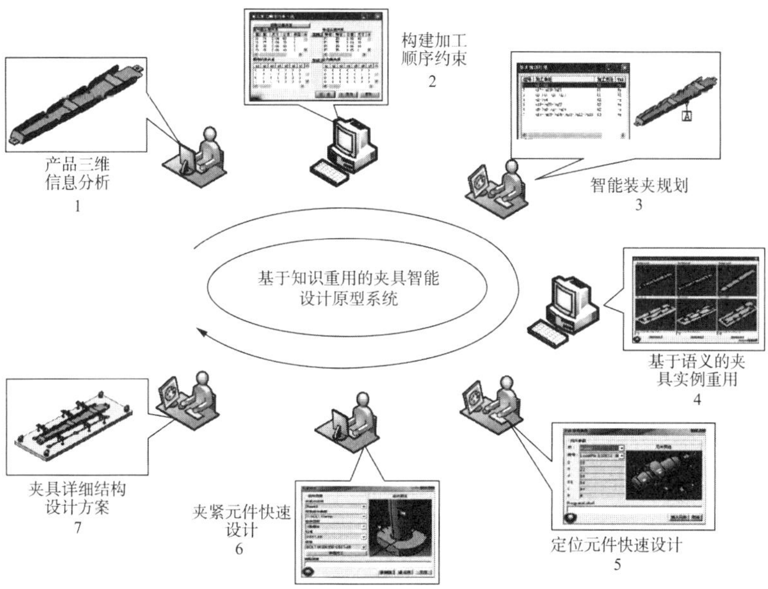

图 8-12　夹具智能设计系统运行流程

三、夹具的设计软件分析

常用的夹具设计软件有 NX、CATIA、SolidWorks 以及 MISUMI 的 CDSTART 等。

（一）NX 软件的特点

NX 软件具有强大的三维建模功能，包括实体造型、曲面造型、虚拟装配、工程图生成、机构运动分析等仿真模拟功能。它提供了一个基于过程的产品设计环境，实现了产品开发从设计到加工的全流程数据无缝集成，优化了企业的产品设计与制造过程。NX 软件面向过程驱动的技术是虚拟产品开发的关键技术，在面向过程驱动技术的环境中，用户的全部产品以及精确的数据模型能够在产品开发全过程的各个环节保持相关，从而有效地支持并行工程实施。

（二）CATIA 软件的特点

CATIA 软件作为 PLM 协同解决方案的重要组成部分，可以通过建模帮助制造厂商设计未来的产品，并支持从项目前期、具体的设计、分析、模拟、组装到维护的全部工业设计流程。

CATIA 自有标准件库，包含螺栓、螺母、螺钉、螺柱、键、销、垫圈、挡圈、密封圈、弹簧、型材、法兰等常用零部件，模型数据可被直接调用。

CATIA 软件可以读取 CAD 平面图形文件、NX 三维模型文件等。

（三）SolidWorks 软件的特点

Solid Works 软件涵盖产品生命周期管理，集成设计、工程开发、制造和产品数据管理等核心功能模块。一般而言，熟悉 Windows，就可用 SolidWorks 来设计。SolidWorks 使用拖拽功能就能完成大型装配设计。

（四）MISUMI 的 CDSTART 网络平台的特点

MISUMI 的 CDSTART 网络平台的工业用品涵盖工厂自动化零部件、冲压/塑料模具、电子电气组件、工具及 MRO（维护、维修、运行）工厂消耗品等。

本平台提供工厂自动化领域全系列气动/液压设备的技术支持，具体包括：

（1）标准化参数：完整收录导杆气缸等设备的型号、规格及 GB/ISO 标准参数。

（2）工程数据服务：开放海量 CAD 数据下载（DWG/STEP 格式）；支持 AutoCAD/NX 等软件直接调用。

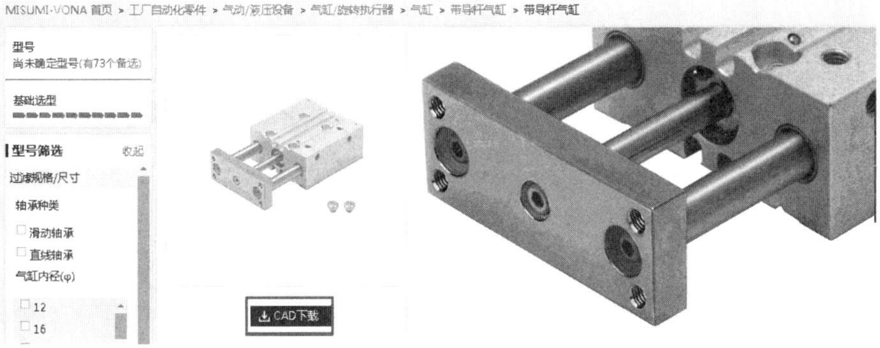

图 8-13　MISUMI 网络平台导杆气缸 CAD 下载

(3) 设计辅助优势：预置三维模型库可快速装配验证。参数化建模缩短 70%设计周期，典型应用示例：亚德客 SC 系列导杆气缸(SC32x50－S)提供完整工程图与 3D 模型，含安装尺寸/接口标准等数据，支持 SolidWorks 特征识别。

任务实施

规范的夹具使用流程与合理选型是提升生产效率、保障产品质量的关键，通过分类选型与标准化流程，可有效缩短 30%装夹时间并降低废品率，但实际操作需结合设备参数与生产节拍灵活调整夹具方案。

1. 设计阶段

设计夹具时，应优先选用工件设计基准作为定位基准，例如车床夹具需确保与主轴的同轴度。夹具的夹紧力需大于 1.5 倍切削力，以便为加工过程提供稳定的夹持力。

2. 安装阶段

夹具安装需严格执行六步法：清洁虎钳→选垫铁→工件居中→夹紧→敲击定位→二次紧固。可使用铝锤敲击消除间隙。

3. 验证阶段

验证阶段需对夹具的夹持稳定性进行测试，确保钻孔位置偏差≤1 mm。

4. 维护阶段

每月需对螺杆螺纹进行清洁，定期检查导向元件的磨损情况。

任务评价

任务评价表

专业________　班级________　姓名________　学号________　组别________

项目	标准	自我评价	小组评价	教师评价
		占 50%	占 20%	占 30%
现代夹具现状	正确分析			
现代夹具类型	正确分析			
现代夹具发展	正确分析			
现代夹具使用场合	正确分析			
协作精神	交流、讨论顺畅			
纪律观念	课堂有序、讨论积极			
学习主动性	认真思考、积极回答问题			
知识应用情况	关键知识点内化			
完成任务过程中引以为豪的做法	简捷、高效(加分项 5～10 分)			
指导他人	帮助的人数及质量(加分项 5～10 分)			
小计				
总评				

注：每个项目得分 2～10 分。

组长签字：　　　　　　任课教师：　　　　　　年　月　日

任务二　培养实干笃行、奋楫争先的信仰精神

任务目标

1. **知识目标**

(1) 掌握“实干笃行，奋楫争先”的内涵；

(2) 理解实干笃行与新质生产力的协同效应。

2. **能力目标**

(1) 提升专业素养与创新能力；

(2) 培养系统化与连接性思维能力。

3. **素质目标**

(1) 培养学生的创新驱动能力；

(2) 引导学生打破学科壁垒，促进多领域协同创新；

(3) 培养学生将个人奋斗融入高质量发展全局的意识，彰显青年使命；

(4) 培养学生实干笃行的作风，为发展新质生产力贡献青春力量。

任务要求

主动到基层、产业攻坚一线接受锻炼，通过参与科技研发、产业转型等具体任务解决实际问题，以提升创新能力。结合区域产业特色，推动新技术、新模式的应用，实现科技成果转化。

任务分析

融入产业需求与一线实践：应主动参与企业、科研机构的产学研合作项目，推动技术成果向实际生产力转化；通过基层实践锻炼解决“急难愁盼”问题，提升解决复杂问题的能力。

优化工作方法与效率：突破传统思维定式，运用数字化工具优化流程，以“钉钉子精神”落实任务，实现提质增效。

知识引入

“实干笃行，奋楫争先”意为脚踏实地、努力奋斗，不辜负美好的时光与年华。

中央经济工作会议指出，要以科技创新推动产业创新，特别是要以颠覆性技术和前沿技术催生新产业、新模式、新动能，发展新质生产力。

实干笃行与新质生产力的协同效应包括：

一、发展逻辑的深度交融

实干笃行，是新时代推动经济社会发展的核心理念之一。它强调脚踏实地、勤勉务实

的工作态度，以及将理论与实践紧密结合的工作方法。新质生产力，则是指在信息技术、人工智能、大数据等新兴技术驱动下形成的新型生产力形态。这种生产力不仅能提高生产效率，还能从根本上改变生产方式和经济结构。

实干笃行与新质生产力的结合，是实现高质量发展的关键。只有秉持实干笃行的态度，我们才可以更好地将新质生产力转化为实际的生产效能，推动经济社会持续健康发展。

二、实践案例

在某智能制造企业，公司管理层积极践行实干笃行理念，大力推进智能化改造。他们引进先进的机器人生产线和智能管理系统，实现了生产流程的自动化和智能化。同时，企业还注重员工的技能培训和知识更新，确保员工能够适应新的生产方式。通过这一系列的实践，企业的生产效率大幅提升，产品质量也得到了有力保障。

三、发展路径

可以通过以下路径进一步推动实干笃行与新质生产力的深度融合：一是加强政策引导和支持，鼓励企业加大技术创新和智能化改造力度；二是加强人才培养和引进，为新质生产力的发展提供坚实的人才保障；三是建立完善的创新体系和机制，推动产学研用深度融合，加速科技成果的转化和应用。

总之，实干笃行与新质生产力的结合是推动经济社会高质量发展的重要途径。我们需要不断总结经验、创新方法，为实现中华民族伟大复兴的中国梦贡献力量。

任务实施

围绕实干笃行理念，结合新质生产力发展要求，通过理论知识讲解、案例分析、实践操作等环节，引导学生深刻理解“实干笃行，奋楫争先”的内涵，把握实干笃行与新质生产力的内在联系，并在实践中践行这一理念。

任务评价

任务评价表

专业＿＿＿＿ 班级＿＿＿＿ 姓名＿＿＿＿ 学号＿＿＿＿ 组别＿＿＿＿

项目	标准	自我评价	小组评价	教师评价
		占 50%	占 20%	占 30%
“实干笃行，奋楫争先”内涵	正确分析			
实干笃行与新质生产力的关联	正确分析			
专业素养与创新能力内涵	正确分析			
系统化与连接性思维能力内涵	正确分析			
协作精神	交流、讨论顺畅			

续表

项目	标准	自我评价	小组评价	教师评价
		占 50%	占 20%	占 30%
纪律观念	课堂有序、讨论积极			
学习主动性	认真思考、积极回答问题			
知识应用情况	关键知识点内化			
完成任务过程中引以为豪的做法	简捷、高效(加分项 5～10 分)			
指导他人	帮助的人数及质量(加分项 5～10 分)			
小计				
总评				

注:每个项目得分 2～10 分。

组长签字: 任课教师: 年 月 日

项目九 智能夹具的设计制造与结构工艺性分析

项目九　拓展微课视频

项目描述

随着制造业对加工精度、效率和柔性化需求的提升，夹具作为关键工艺装备，其设计优化与技术创新已成为行业焦点。传统夹具（如液性塑料夹具）在高精度薄壁零件加工中具有不可替代性，而增材制造技术则为复杂结构夹具提供了低成本、高灵活性的解决方案。智能夹具设计需要综合考虑工件的形状、尺寸、加工要求和生产效率等因素，遵循定位准确、夹紧牢固、操作方便、安全可靠等基本原则。设计时需确保夹具结构稳定，能够承受加工过程中的振动和冲击，同时合理控制夹紧力大小，以保证工件的夹持精度和稳定性。此外，夹具结构应尽可能简单紧凑，便于操作和维护。

任务一　智能夹具的设计

任务目标

1. **知识目标**

(1) 掌握智能夹具的设计方法；

(2) 掌握夹具安装、调整、维护、保养的技能。

2. **能力目标**

(1) 能够正确制订夹具设计方法；

(2) 能够正确规划夹具设计步骤。

3. **素质目标**

(1) 培养学生爱护与保养工艺设备的意识；

(2) 培养学生对机械设备的理性与感性的认识；

(3) 培养学生吃苦耐劳、刻苦钻研技术的精神；

(4) 培养学生树立正确的择业观和创业观。

任务要求

夹具设计是工业生产中的重要环节，其目的是确保工件在加工过程中的稳定，以提高生产效率和产品质量。智能夹具的设计需综合传统夹具设计原则与智能化技术需求，依据工业自动化发展趋势，针对具体应用场景（如汽车制造、精密电子）进行参数细化，并通过数字孪生技术实现虚拟调试与性能优化。

任务分析

智能夹具的设计需综合考量定位精度、自动化集成、结构优化等多维度因素，其核心要素可归纳如下：

一、定位精度与误差控制

（一）自由度分析与误差溯源

需通过工件自由度分析确定完全定位方案，结合加工设备特性消除重复定位干扰。对于定位误差，应从基准不重合、元件制造公差等维度进行量化与控制，并采用传感器反馈系统实现实时误差补偿。

（二）多工况适应能力

应针对不同工件特征（如圆孔、腰形孔等）设计柔性定位装置，通过参数化调整满足多样化加工需求。

二、自动化与智能化技术集成

（一）智能设计系统开发

基于 CATIA 等平台构建参数化设计模块，通过特征提取技术自动生成夹具结构，以减少人工设计耗时（设计周期可缩短 30%以上）。引入 Python 脚本实现 MCP 文件自动解析与夹具单元快速生成。

（二）执行机构优化

采用气缸驱动与肘夹联动机构，通过力学计算验证夹紧力安全系数（如锁模压力需 2 倍冗余），并优化执行元件选型（如 ϕ40 气缸满足 12 570 N·mm 扭矩需求）。

三、结构优化与制造适配性

（一）模块化设计策略

将夹具分解为定位、夹紧、支承件等标准化功能模块，通过组合配置降低设计复杂度，制造成本可降低 15%～20%。

（二）材料工艺适配

针对易损工件，采用树脂等非金属材料制作接触部件，并结合加工环境（如焊接高温）选用耐热合金钢等特殊材质进行优化。

知识引入

一、夹具设计的要求

夹具设计应满足以下主要要求：

(1) 夹具应具备一定的制造精度，以满足零件加工工序的精度要求，确保零件的尺寸公差和几何公差等达到要求，避免不合格品的出现。

(2) 夹具设计应契合加工生产率的要求，有效缩短基本加工时间和辅助时间。

(3) 夹具应具备便捷、安全的操作特性，需配备必要的防护装置、挡屑板以及各种安全器具。

(4) 夹具应具有一定的使用寿命和较低的制造成本。定位元件以及其他主要元件宜采用力学性能较好的材料，并进行淬火热处理。

(5) 采用通用化和标准化的夹具元件。按《机床夹具零件及部件》(JB/T 8004～JB/T 10128)系列标准选用标准元件，尤其是商品化的标准元件，以缩短夹具制造周期，降低夹具成本。

(6) 夹具应具有良好的结构工艺性，以便于制造、使用和维修。

二、夹具设计的方法

夹具设计的主要内容是绘制所需的图样并制订相关的技术要求。通常，设计者在参阅相关典型夹具图样的基础上，按加工要求构思出设计方案，再经反复修改，最后确定夹具的结构。夹具的设计过程如图 9-1 所示。

目前，机床夹具计算机辅助设计(CAD)为夹具设计提供了新的途径。

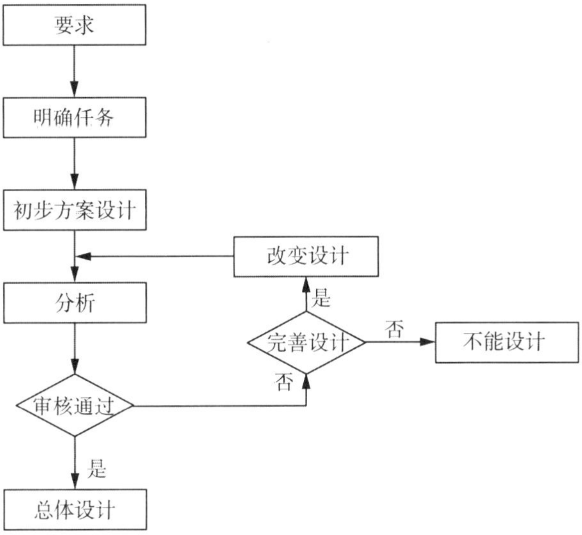

图 9-1　夹具的设计过程图

三、夹具设计的步骤

夹具的设计流程可分为六个阶段：设计准备，方案设计，审核，夹具总装配图设计，夹具零件设计，夹具的装配、调试和验证。下面我们主要对前四个阶段进行详细介绍。

（一）设计准备

这一阶段的主要工作是收集原始资料，明确设计任务，具体工作如下：

（1）分析产品零件图及装配图，明确零件的作用、结构、形状、尺寸及公差、形位公差、表面粗糙度要求、重量、刚度、材料硬度、材料导热性和其他技术要求。

（2）分析零件的加工工艺规程、毛坯种类，特别是本工序半成品的形状、尺寸、加工余量、切削用量和所使用的定位基准。

（3）分析工艺装备设计任务书。对任务书所提出的要求进行可行性研究，以便发现问题，及时与工艺人员磋商，并按操作规范进行操作分析，确保夹具设计方案的可行性。

（4）了解所使用机床的规格、性能、精度以及与夹具连接部分结构的尺寸。

（5）了解所使用刀具、量具的规格。

（6）明确零件的生产纲领以及生产组织等相关问题。

（7）收集相关设计资料，包括我国机械行业标准《机床夹具零件及部件》（JB/T 8004～JB/T 10128）、企业标准以及典型夹具图册等资料。

（8）熟悉本厂工具车间的制造工艺。

（二）方案设计

方案设计是夹具设计的重要阶段。在分析各种原始资料的基础上，应完成下列设计工作：

（1）确定夹具的类型。

（2）定位设计。根据六点定位原则确定工件的定位方式及定位点分布，选择合适的定位元件。

（3）确定工件的夹紧方式，选择合适的夹紧装置，使夹紧力与切削力静力平衡，并注意缩短辅助时间。

（4）确定刀具的对刀导向方案，选择合适的对刀元件或导向元件。

（5）确定夹具与机床的连接方式。

（6）确定其他元件和装置（如分度装置、靠模装置）的结构形式。

（7）明确夹具总体布局和夹具体的结构形式，并确定好定位元件在夹具体上的位置。

（8）选择合理的设计方案，绘制夹具方案设计草图。

（9）进行夹具工序精度分析，审核夹具的制造精度。

（10）对动力夹紧装置进行夹紧力验算。

（三）审核

技术主管部门、相关技术人员与操作者对夹具设计方案进行审核，从使用需求出发对夹具结构提出要求，并讨论需解决的技术问题。

夹具设计方案审核包括以下内容：

(1) 夹具的标志是否完整。

(2) 夹具的搬运是否方便。

(3) 夹具与机床的连接是否牢固和准确。

(4) 定位元件是否可靠和精确。

(5) 夹紧装置是否安全和可靠。

(6) 工件的装卸是否方便。

(7) 夹具与相关刀具、辅具、量具之间的协调关系是否良好。

(8) 加工过程中切屑的排除是否顺畅。

(9) 操作的安全性是否可靠。

(10) 夹具加工精度是否符合工件图样所规定的要求。

(11) 生产率能否达到工艺规定的要求。

(12) 夹具是否具有良好的结构工艺性和经济性。

(13) 夹具的标准化审核。

(四) 夹具总装配图设计

1. 夹具总装配图绘制注意事项

(1) 尽量选用 1∶1 的比例，以使所绘制的夹具能直观呈现。

(2) 尽可能选择面对操作者的方向作为主视图方向。遵循机械制图视图数量最少原则。

(3) 总图应把夹具的工作原理、结构和各种元件间的装配关系表达清楚。

(4) 用双点画线绘制工件外轮廓、定位基准面、夹紧表面和加工表面。

(5) 合理标注尺寸、公差和技术要求。

(6) 合理选择材料。

2. 总装配图的绘图步骤

(1) 用双点画线绘出工件轮廓线，作为夹具设计的参照，并规划图面布局。

(2) 绘制定位元件的详细结构。

(3) 绘制对刀及导向元件。

(4) 绘制夹紧装置。

(5) 绘制其他元件或装置。

(6) 绘制夹具体。

(7) 标注视图符号、序号、尺寸、技术要求，编制明细表。

四、夹具体的设计

(一) 夹具体的作用

夹具体是夹具的基础元件。夹具体的基面与机床连接，其他工作表面则装配各种元件和装置，以组成夹具的总体。在加工过程中，夹具体要承受工件重力、夹紧力、切削力、惯性力和振动力的作用，所以夹具体应具有足够的强度、刚度和抗振性，以保证工件的加工精度。对于大型精密夹具，需关注刚度不足引起的变形和残余应力导致的变形。

(二) 夹具体的基本要求

夹具体设计应符合以下基本要求:

(1) 夹具体的结构形式一般应由机床的相关参数和加工方式决定,主要分两大类:一类是用于车床夹具的旋转型夹具体,另一类是用于铣床、钻床、镗床夹具的固定型夹具体。旋转型夹具体与车床主轴连接,固定型夹具体则与机床工作台连接。

(2) 夹具体应有一定的制造精度和良好的结构工艺性。夹具体有三个重要表面,即夹具体在机床上的连接面、装配定位元件的表面和装配对刀或导向元件的表面等。连接面亦为夹具体基面,一般应以夹具体的基面为夹具的主要设计基准及工艺基准,这样有利于夹具的制造、装配、使用和维修。夹具体上的装配表面,一般应铸出 3～5 mm 高的凸面,以减少加工面积。铸造夹具体壁厚要均匀,转角处应有 $R5$～$R10$ 的圆角。机械加工的各表面要有良好的工艺性,其结构工艺性对比如图 9-2 所示。图 9-2(a)为焊接件局部结构的正误对比图;图 9-2(b)为局部装配结构正误对比图;图 9-2(c)为铸造夹具体的正误对比图。

(3) 夹具体应具有足够的强度和刚度,我们以镗模夹具体为例进行分析,其结构比较如图 9-3 所示。铸造夹具体的壁厚一般取 15～30 mm,焊接夹具体的壁厚为 8～15 mm。必要时可用加强肋来提高夹具体的刚度。肋的厚度取壁厚的 70%～90%。图 9-3(a)所示为镗模夹具体最初的结构,采用这样的结构时夹具体易产生变形。图 9-3(b)所示为改进的结构。图 9-3(c)为箱形结构,该结构刚性好。

(4) 在机床工作台上连接的夹具,应使其重心尽量低,夹具体的高度尺寸要小。当夹具体长度大于工作台支承面长度时,可采用图 9-3(d)所示的结构,该结构延伸部分的长度应适当。

(5) 夹具体的结构应简单、紧凑,尺寸要稳定,残余应力要小。为了使夹具体精度保持稳定,应对铸造夹具体作时效处理,对焊接夹具体进行退火处理。

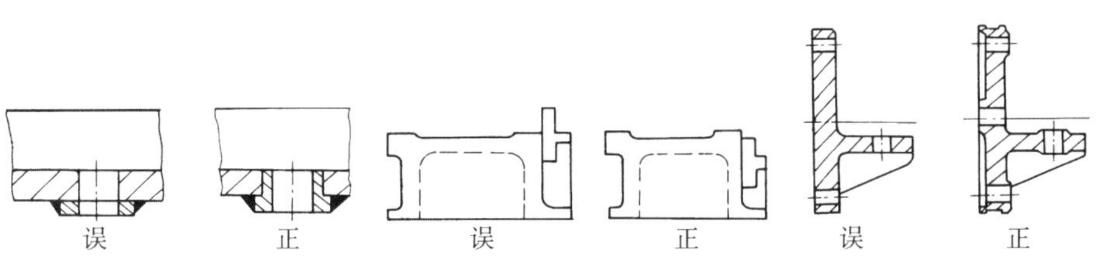

(a) 焊接结构　(b) 局部装配结构　(c) 铸造结构

图 9-2　夹具体的结构工艺性对比

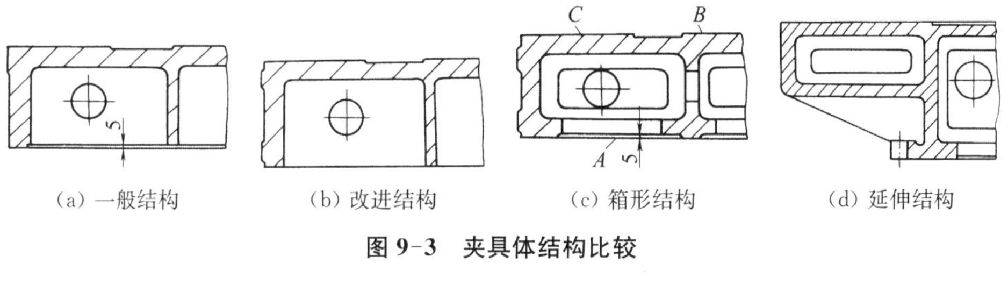

(a) 一般结构　(b) 改进结构　(c) 箱形结构　(d) 延伸结构

图 9-3　夹具体结构比较

(6) 夹具体应有适当的容屑空间和良好的排屑性能,如图 9-4 所示。切削时产生切屑不多的夹具，可增设容屑沟槽[图 9-4(a)]或加大定位元件工作表面与夹具体之间的距离[图 9-4(b)]。加工时产生大量切屑的夹具，可设置排屑缺口或斜面，如图 9-5 所示。图 9-5(a)所示为钻床夹具所采用的一种排屑结构，该结构在被加工孔的下部设置斜面，使切屑自动滚落。车床夹具常用排屑孔，借离心力将切屑从孔中甩出，如图 9-5(b)所示。

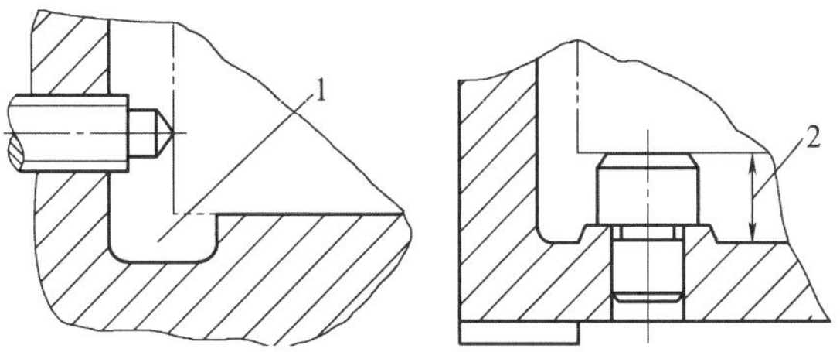

(a) 容屑沟槽　　(b) 容屑空间

1—容屑沟槽；2—容屑空间

图 9-4　容屑空间

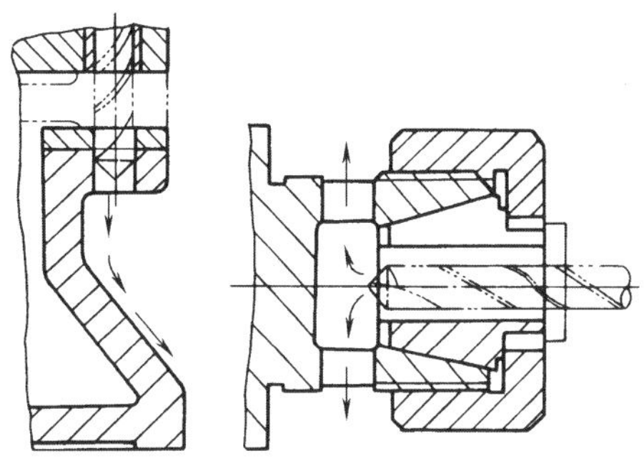

(a) 排屑斜面　　(b) 排屑孔

图 9-5　各种排屑结构

(三) 夹具体结构的设计

1. 铸造结构

图 9-6 所示为铸造结构的夹具体。铸造结构的优点是工艺性好，容易获得形状复杂的内、外轮廓，且具有较好的强度、刚度和抗振性；缺点是制造周期长，单件制造成本较高。

铸件材料一般用灰铸铁 HT150 或 HT200。高精度夹具可用合金铸铁或高磷铸铁。采用铸钢件有利于减轻重量，如铸钢 ZG310 - 570。轻型夹具可采用铸铝(如 ZAlSiMg)。

铸件均需进行时效处理，精密夹具体在粗加工后，需进行二次时效处理。铸造结构分箱形结构和板形结构，分别如图 9-6(a)、(b)所示。它们的特点是夹具体的基面 1 和夹具体的装配面 2 相互平行。

下面我们按使用机床的不同对铸造结构的夹具体进行举例说明。

(1) 图 9-7 所示为镗模的箱形夹具体，其具有较高刚度和强度。

(2) 图 9-8 所示为钻模夹具体，它将钻套、钻模板、定位元件及夹紧装置等组合在一起，形成一个完整的钻模系统，保证钻模能够稳定地安装在机床上，并实现对工件的准确加工。

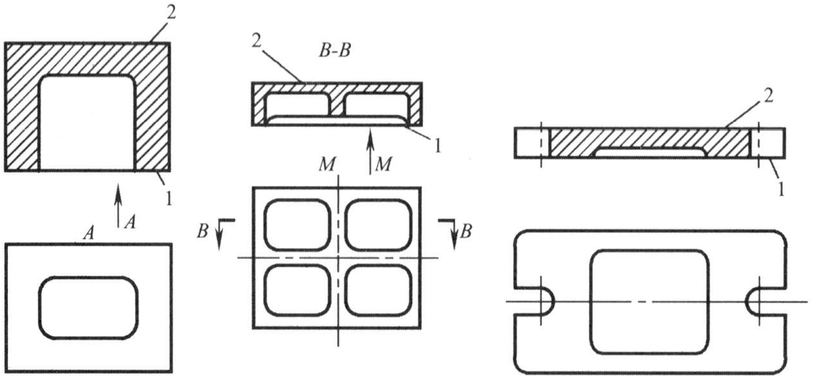

（a）箱形　　（b）板形

1—基面；2—装配面

图 9-6　铸造结构的夹具体

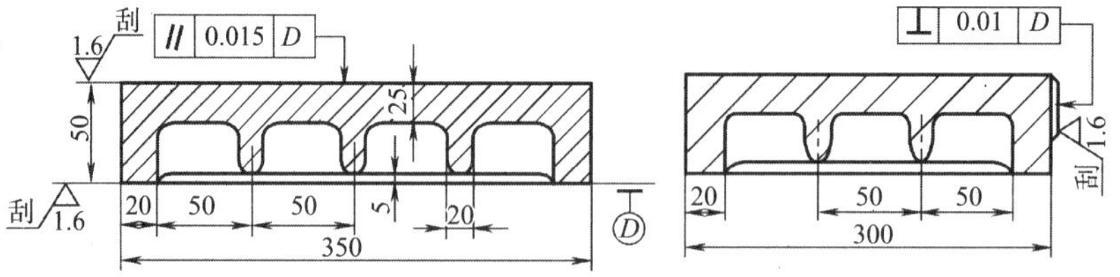

图 9-7　镗模夹具体

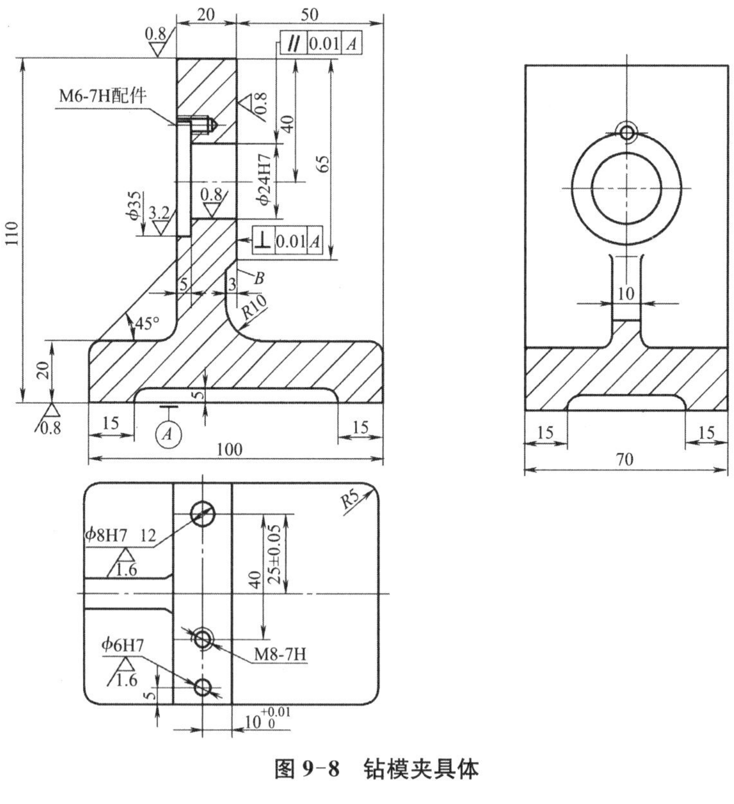

图 9-8　钻模夹具体

(3) 图 9-9 所示为角铁式车床夹具体示例。其特点是夹具体的基面 A 和夹具体的装配面 B 相垂直。由于车床夹具体为旋转型，故设置了校正圆 C，以确定夹具旋转轴线的位置。

2. 锻造结构

对于受力较大、尺寸较大、形状简单的夹具体，可采用锻造结构，该结构有较高的强度和刚度。锻造夹具体常采用优质碳素结构钢，如 40 号钢，合金结构钢 40Cr、38CrMoAlA 等材料。锻造后需进行调质、正火或回火处理。

3. 焊接结构

图 9-10 所示为焊接结构夹具体。该结构夹具体易于制造、制造周期短、成本低，使用也较灵活，可用肋板和隔板增加刚度。其适用材料有碳素结构钢 Q195、Q215、Q235，以及优质碳素结构钢 20 号钢、15Mn 等。焊接完成后需经退火处理，局部热处理的部位则需在热处理后进行低温回火。图 9-10 所示为用型材焊接成的钻模夹具体，其制造成本比铸造结构低 25%。常用的型材有工字钢、角铁、槽钢等。

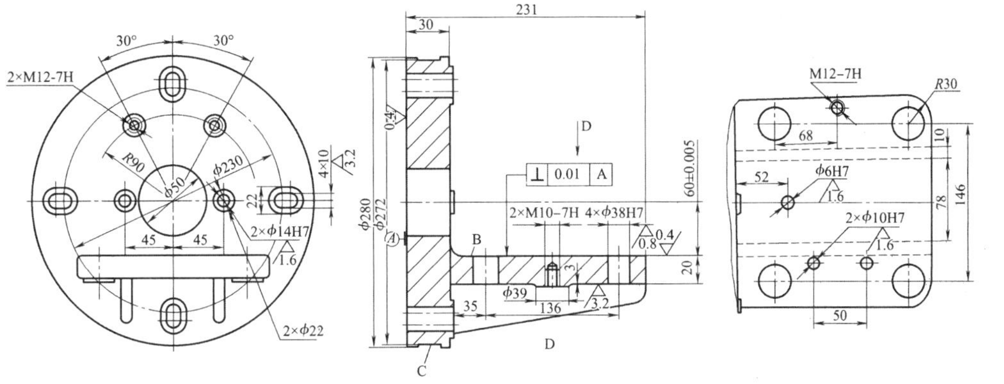

A—夹具体基面；B—装配面；C—校正圆

图 9-9　角铁式车床夹具体

4. 拼装结构

拼装结构选用标准零部件拼装成夹具体，可以缩短生产准备周期，降低生产成本。图 9-11 所示的拼装结构夹具体，主要由直支架 1、夹具体底板 6 和左侧的角铁 2 拼装而成。

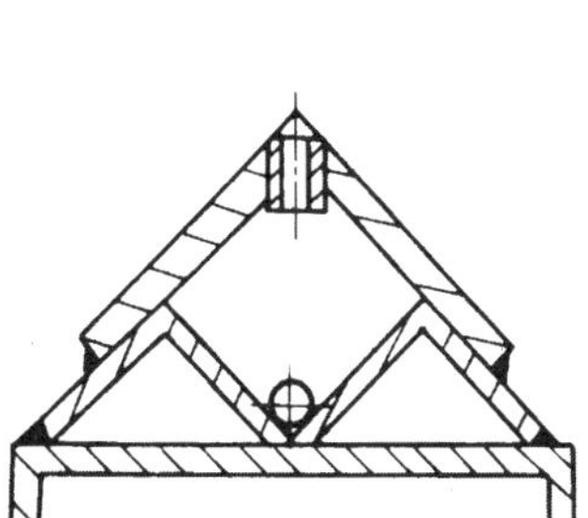

图 9-10　焊接结构夹具体

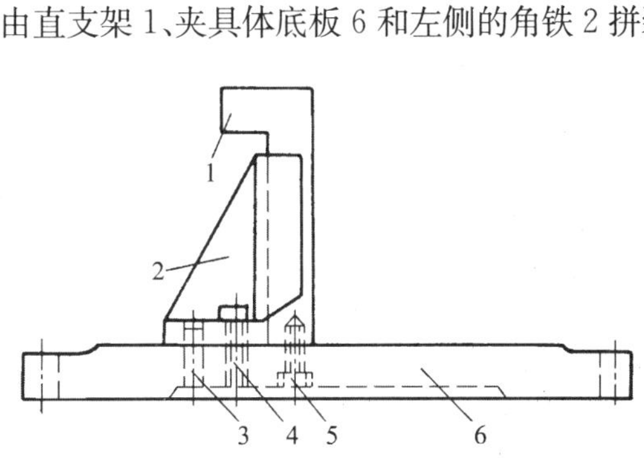

1—直支架；2—角铁；3—圆柱销；4、5—螺钉；6—夹具体底板

图 9-11　拼装结构夹具体

任务实施

在加工初始阶段，工件以最佳夹紧力固定。加工开始后，力监控模块监控夹紧力。一旦夹紧力超过预定的阈值，系统发送各种调节指令，如增加/减小压紧力，提升或降低进给速度等。

目前，国内前沿企业已展出不少轻量化夹具，而智能化夹具看起来发展较慢，但现在很多企业正在逐步应用具备气检、自动除屑、夹紧检测控制等功能的夹具，这些夹具是未来智能化夹具的雏形。当自动化控制与数字分析系统发展到一定程度的时候，轻量、智能化夹具的变革将水到渠成，就像当初手动装夹到动力系统控制的转变一样。

任务评价

任务评价表

专业________　班级________　姓名________　学号________　组别________

项目	标准	自我评价 占 50%	小组评价 占 20%	教师评价 占 30%
夹具设计的要求	正确分析			
夹具设计的方法	正确分析			
夹具设计的步骤	正确分析			
夹具体的设计	正确分析			
协作精神	交流、讨论顺畅			
纪律观念	课堂有序、讨论积极			
学习主动性	认真思考、积极回答问题			
知识应用情况	关键知识点内化			
完成任务过程中引以为豪的做法	简捷、高效(加分项 5～10 分)			
指导他人	帮助的人数及质量(加分项 5～10 分)			
小计				
总评				

注：每个项目得分为 2～10 分。

组长签字：　　　　任课教师：　　　　年　月　日

任务二　智能夹具的制造

任务目标

1. 知识目标

(1) 掌握夹具的精度分析方法，明确夹具的制造精度；

(2) 掌握总图尺寸、公差配合与技术要求的标注规范。

2. 能力目标

(1) 能够掌握保证夹具制造精度的方法；

(2) 能够正确验证夹具。

3. 素质目标

(1) 培养学生爱护与保养工艺设备的意识；

(2) 培养学生对机械设备的理性与感性的认识；

(3) 培养学生吃苦耐劳、刻苦钻研技术的精神；

(4) 引导学生树立正确的择业观和创业观。

任务要求

智能夹具的制造涉及多个方面，包括装夹效率的提高、定位精度的优化，以及利用先进技术(如 3D 打印)来实现夹具的快速、灵活生产。智能夹具的制造旨在满足制造和测量过程中的精益化需求，通过提供专业的工装夹具系统，帮助客户减少装夹辅助工时，提高姿态重复定位精度。

任务分析

智能夹具制造需结合先进的技术和设计理念，以提高装夹效率和定位精度，同时实现快速、灵活的生产，满足日益增长的精益化生产需求。

知识引入

一、夹具的精度分析及制造精度

为了保证夹具设计的正确性，首先要在设计图样上对夹具的精度进行分析，以验证夹具制造精度。

用夹具装夹工件进行加工时，其加工误差采用概率计算法求解：

$$\sqrt{\Delta_D^2+\Delta_A^2+\Delta_T^2+\Delta_G^2}\leqslant\delta_k \tag{9-1}$$

式中：Δ_D^2——夹具位置误差；

Δ_A^2——定位误差；

Δ_T^2——刀具相对夹具的位置误差；

Δ_G^2——与加工过程中机床、刀具、变形、磨损等有关的加工误差；

δ_k——工件的工序公差。

二、总图尺寸、公差配合与技术要求的标注

（一）总图应标注的尺寸及公差配合

通常总装配图应标注以下五种尺寸：

1. 夹具外形的最大轮廓尺寸

这类尺寸按夹具结构尺寸的大小和机床参数设计，用以表示夹具在机床上所占据的空间尺寸和可活动的范围。

2. 工件与定位元件之间的联系尺寸

这类尺寸属制造精度范畴，主要包括圆柱定位销工作部分的配合尺寸公差等技术参数，用以控制工件的定位误差。

3. 对刀或导向元件与定位元件之间的联系尺寸

这类尺寸主要是指对刀块的对刀面与定位元件之间的尺寸、塞尺的尺寸、钻套与定位元件间的中心距尺寸、钻套导向孔尺寸和钻套之间的孔距尺寸等。

4. 与夹具位置有关的尺寸

这类尺寸用以确定夹具体的基面相对于定位元件的正确位置，如铣床夹具定位键与机床工作台 T 形槽的配合尺寸、角铁式车床夹具连接表面的圆柱孔尺寸、角铁式车床夹具中心至定位元件定位面间的尺寸等。这些尺寸精度对夹具的位置误差会有不同程度的影响。

5. 其他装配尺寸

其他装配尺寸包括定位销与夹具体的配合尺寸和配合代号等，这类尺寸通常与加工精度无关或对其无直接影响。

上述五种尺寸中，第 2、3、4 种尺寸为夹具的制造精度要求。

（二）总图应标注的位置公差

总图应标注以下三种位置公差：

(1) 定位元件之间的位置公差。这类位置公差直接影响夹具的定位误差。

(2) 连接元件(含夹具体基面)与定位元件之间的位置公差。这类位置公差会造成夹具位置误差。

(3) 对刀或导向元件的位置公差。这类位置公差通常以定位元件为对刀基准。为了使夹具的工艺基准统一，也可取夹具体的基面为对刀基准。

上述三项公差都是夹具的制造精度要求。

（三）公差数值的确定

由式(9-1)可以看出，为满足加工精度的要求，夹具本身应具有较高的制造精度。由于目前分析计算方法还不够完善，夹具公差仍然需根据实践经验来确定。对于生产规模较大，要求夹具有一定使用寿命的情况，应选取较小的公差；对于加工精度较低的夹具，则

可取较大的公差。公差值一般可按以下方式选取：

(1) 夹具上的尺寸公差和角度公差取(1/3～1/2)δ_k，δ_k 表示工件的工序公差。

(2) 夹具上的位置公差取(1/3～1/2)δ_k，δ_k 表示工件的工序公差。

(3) 当加工工件尺寸为未注公差时，夹具公差取±0.1 mm。

(4) 工件为未注几何公差的加工面时，公差值应按 GB/T 1184 标准中 7 级和 8 级精度的规定选取。夹具公差都应在工件公差带的中间位置，即不管工件公差对称与否，都要将其化成对称公差，然后确定夹具的有关公差。

(四) 公差配合的选择

导向元件的配合要求可参考钻套、镗套的设计规范。常用夹具元件的公差配合可参见本书附表 6。对于工作时有相对运动但无精度要求的部分(如夹紧机构为铰链连接)，则可选用 H9/d9、H11/c11 等配合。对于需要固定的构件可选用 H7/n6、H7/p6、H7/r6 等配合。若用 H7/js6、H7/k6、H7/m6 等配合，则应增设紧固螺钉使构件固定。

(五) 夹具的其他技术要求

夹具在制造和使用上的其他要求(如夹具的平衡和密封、装配性能和要求、相关机构的调整参数、主要元件的磨损范围和极限、打钢印标记和编号以及使用中应注意的事项等)，要用文字标注在夹具总图上。

三、夹具的制造特点

夹具通常是单件制造的，制造周期很短。为了满足工件的加工要求，很多夹具要求有较高的制造精度。企业的工具车间有多种加工设备，如加工孔系的坐标镗床、加工复杂形面的万能铣床、精密车床、各种磨床等，这些设备都具有较好的加工性和加工精度。夹具的生产方式与一般产品不同，在应用互换性原则方面也有一定的限制，以确保夹具的制造精度。

四、保证夹具制造精度的方法

在夹具制造过程中，对于与工件加工尺寸直接相关且精度较高的部位，通常用修配法和调整法来保证夹具制造精度。

(一) 修配法

对于需要采用修配法加工的零件，可在其图样上注明“装配时精加工”或“装配时与××件配作”字样等。如图 9-12 所示，支承板和支承钉装配后，与夹具体合并加工定位面 B，使它们在同一平面上，以保证定位面对夹具体基面 A 的平行度公差。

图 9-13 所示为利用钻床夹具保证钻套孔距尺寸为(10±0.02)mm 的加工方法。在夹具体 2 和钻模板 1 的图样上分别注明“配作”字样，其中钻模板上的孔可先加工至留 1 mm 余量的尺寸，待测量出正确的孔距尺寸后，即可与夹具体合并加工出销孔 B。显然，原图上的 A_1、A_2 尺寸已被修正。这种方法又称“单配”。

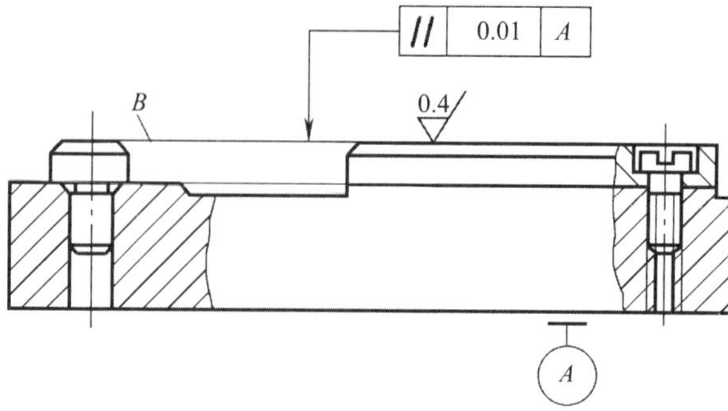

图 9-12　利用支承板和支承钉保证装配位置精度

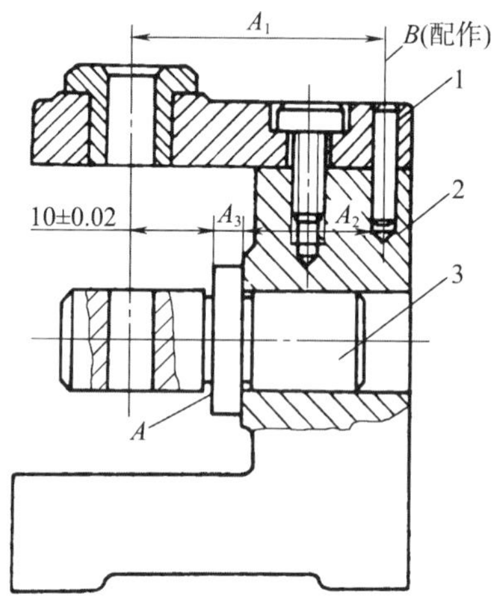

1—钻模板；2—夹具体；3—定位心轴

图 9-13　利用钻床夹具保证钻套孔距尺寸

图 9-14 所示的铣床夹具也用相同的方法来保证 V 形块标准圆轴线对夹具体找正面 A 的平行度公差。

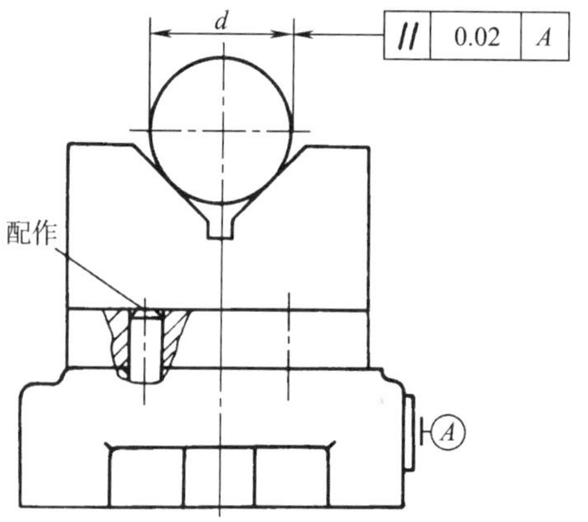

图 9-14　利用铣床夹具保证位置精度

图 9-15 所示为采用机床自身加工的方法(即三爪自定心卡盘修配法)来保证夹具制造精度。加工时需夹持一个与装夹直径相同的试件(夹紧力也相似),然后车削软爪,即可使三爪自定心卡盘达到较高的精度,卡盘重新安装时需再加工卡爪的定位面。

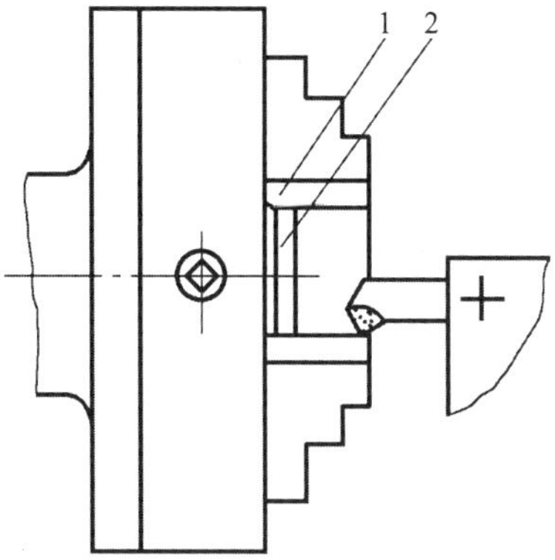

1—软爪;2—试件

图 9-15　三爪自定心卡盘修配法

(二) 调整法

调整法与修配法相似,通常可通过为夹具设置调整垫圈、调整垫板、调整套等元件来控制装配尺寸。这种方法较简易,调整件选择得当即可补偿其他元件的误差,以提高夹具的制造精度。

将钻模改为可调整结构的方案如图 9-16 所示,只要为钻模增设一个支承板,待钻模板装配后再按测量尺寸修正支承板的尺寸 A 即可。

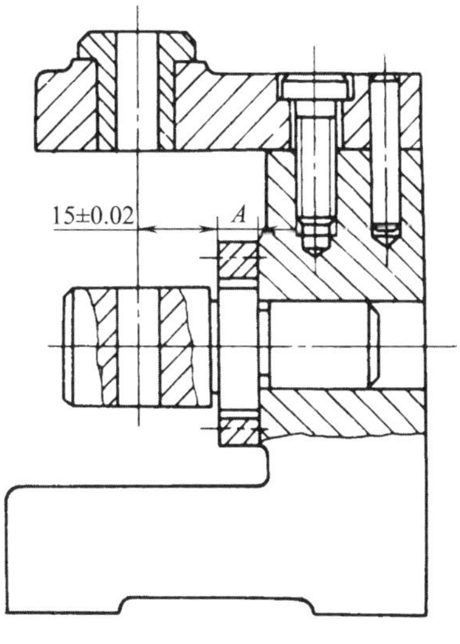

图 9-16　钻模的调整

五、夹具的验证

夹具的验证是夹具设计的最终环节，主要包括精度验证和生产率验证两部分内容。

（一）夹具精度的验证

夹具的实际精度以能否加工出合格的工件为标准，故夹具精度的验证是一种动态的精度分析。

（1）当夹具加工误差的方向和数值稳定时，可参照下列因素对夹具加以修正。

①夹具的制造精度不足。

②夹具连接不正确或安装时夹具体变形。

③导向元件精度不足或刀具磨损。

④所选用的机床精度偏低。

⑤车床夹具受离心力影响。

⑥夹具体刚度不足。

⑦机床刚度不足。

⑧工件刚度不足。

（2）当夹具加工误差方向不变但数值不稳定时，可按以下情况分析原因：

①工件基面的误差。

②夹紧误差的影响。

③由切削力引起的变形。

④毛刺的影响。

⑤夹紧时工件的移动。

⑥因基准不重合产生的影响。

为了提高夹具的整体精度，可采用以下几项主要措施：（1）提高关键元件的制造精度，减小由配合产生的误差。（2）在条件允许的情况下，尽量在关键元件间设置调整环节，以提高其位置精度。影响加工精度的因素是多方面的，设计时应抓住其中的主要因素，确保所设计的夹具符合加工精度要求。

（二）夹具生产率的验证

影响生产率的主要因素有以下几点：

（1）操作过程中需要装卸部位的配合间隙太小。

（2）装夹工件的动作烦琐，不能快速夹紧。

（3）辅助支承的操作不便。

（4）切屑的排除不顺畅。

（5）因夹具刚度不足而减小切削用量。

（6）切削时空行程太长。

除了夹具本身的问题外，有时工艺路线的制订对夹具精度也有很大影响，因此必须全面考虑。

任务实施

当夹具加工误差的方向和数值稳定时,参照下列内容对夹具加以修正。

(1) 夹具的制造精度不足。

(2) 夹具连接不正确或安装时夹具体变形。

(3) 导向元件精度不足或刀具磨损。

(4) 所选用的机床精度偏低。

(5) 车床夹具受离心力影响。

(6) 夹具体刚度不足。

(7) 机床刚度不足。

(8) 工件刚度不足。

任务评价

任务评价表

专业________　班级________　姓名________　学号________　组别________

项目	标准	自我评价	小组评价	教师评价
		占 50%	占 20%	占 30%
夹具的精度分析	正确分析			
总图尺寸、公差配合与技术要求的标注	正确分析			
保证夹具制造精度的方法	正确分析			
夹具的验证	快速、准确			
协作精神	交流、讨论顺畅			
纪律观念	课堂有序、讨论积极			
学习主动性	认真思考、积极回答问题			
知识应用情况	关键知识点内化			
完成任务过程中引以为豪的做法	简捷、高效(加分项 5～10 分)			
指导他人	帮助的人数及质量(加分项 5～10 分)			
小计				
总评				

注:每个项目得分为 2～10 分。

组长签字:　　　　　　　　任课教师:　　　　　　　　年　月　日

任务三　夹具的结构工艺性分析

任务目标

1. 知识目标

(1) 掌握夹具的结构工艺性相关知识；

(2) 掌握夹具的磨损机理与维护方法。

2. 能力目标

(1) 能够根据工件加工需求正确选择夹具；

(2) 能够系统评估夹具的结构工艺性。

3. 素质目标

(1) 培养学生爱护与保养工艺设备的意识；

(2) 培养学生对机械设备的理性与感性的认识；

(3) 培养学生吃苦耐劳、刻苦钻研技术的精神；

(4) 引导学生树立正确的择业观和创业观。

任务要求

夹具的类型选择和材料选择应与工件的加工需求相匹配，以确保夹具的强度和耐用性。夹具的设计应考虑操作的便捷性，如要易于安装、调试和维护，以提高工作效率。夹具的结构应能适应不同的工作角度和位置，以满足多样化的加工需求。

任务分析

全面评估和分析夹具的结构工艺性，能为夹具的设计、使用和维护提供指导，从而提高生产效率和产品质量。

知识引入

一、夹具的结构工艺性

夹具的结构工艺性主要表现为夹具零件在制造、装配、调试、检测、使用等方面的综合性能。为满足这些要求，应对夹具结构进行改进。夹具零件的一般标准和铸件的结构要素等，均可查阅相关手册。下面针对夹具零部件的加工、维修、装配、测量等环节的工艺性进行分析。

(一) 加工和维修的工艺性

夹具的结构应便于加工和维修，下面我们以两个示例对夹具加工和维修的工艺性进行说明。

图 9-17 所示为销、孔连接的工艺性分析。图中夹具主要元件的连接定位采用螺钉和

销钉。图 9-17(a)所示的销钉孔制成通孔，便于维修时将销钉压出；图 9-17(b)所示为便于拆卸的结构，销钉可以利用销钉孔底部的横向孔拆卸；图 9-17(c)所示为常用的带内螺纹的圆锥销，这种设计既能保证连接的稳定性，又便于通过拔销器实现快速拆卸，避免传统敲击方式对零件的损伤。

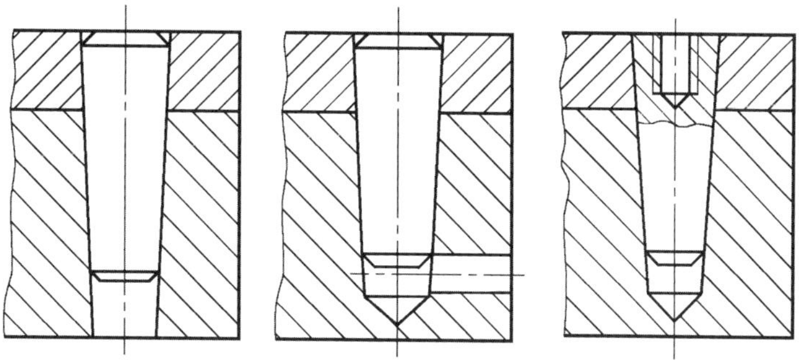

(a) 贯穿的销钉孔　(b) 便于拆卸的结构　(c) 带内螺纹的圆锥销

图 9-17　销、孔连接的工艺性

图 9-18 所示为两种可维修的衬套结构，衬套的底部设有螺孔或缺口槽，以便借助工具将其拔出。

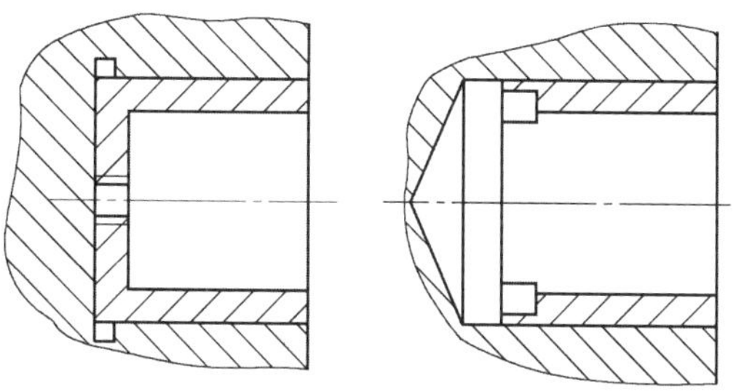

(a) 带螺孔的衬套　(b) 带缺口槽的衬套

图 9-18　可维修的衬套结构

(二) 装配及精度检测的工艺性

夹具的装配及精度检测是夹具制造的重要环节。无论是采用修配法或调整法进行装配，还是采用检具检测夹具精度，都应处理好基准问题。为了优化夹具的装配、精度检测的工艺性，应遵循基准统一原则，以夹具体的基准面为统一的基准，从而保证夹具的制造精度。

图 9-19 展示了三种典型的夹具精度测量方法。图 9-19(a)所示为用数显高度游标尺测量钻模孔距的示意图。由于盖板式钻模没有夹具体，故直接以钻模板及定位元件为测量基准。图 9-19(b)所示为用检验棒和量块测量 V 形块标准圆中心高和平行度的示意图。图 9-19(c)所示为用检验棒测量镗模导向孔平行度的示意图。装配时可通过修刮支架的底面来保证镗模的中心高尺寸和平行度符合要求。

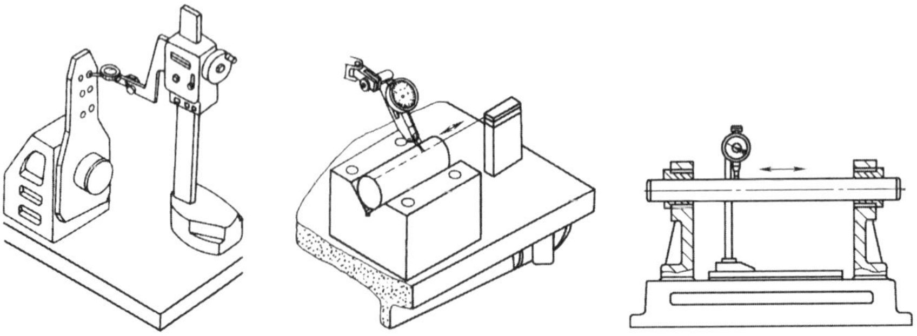

(a) 数显高度游标尺测量钻模　(b) 检验棒和量块测量 V 形块　(c) 检验棒测量镗模导向孔

图 9-19　夹具精度的检测

(三) 夹具的使用性能的工艺性

夹具的结构设计应确保操作便捷性,并协调好其与加工工艺的关系,防止工件产生热变形或受力变形。下面我们以两个示例对夹具使用性能的工艺性进行说明。

图 9-20 所示为用于外圆磨床的内冷却心轴的冷却液通道,冷却液从 a 孔注入 b 腔,冷却工件后由 c 孔排出,以减小工件热变形对加工精度的影响,此结构设计构思巧妙。

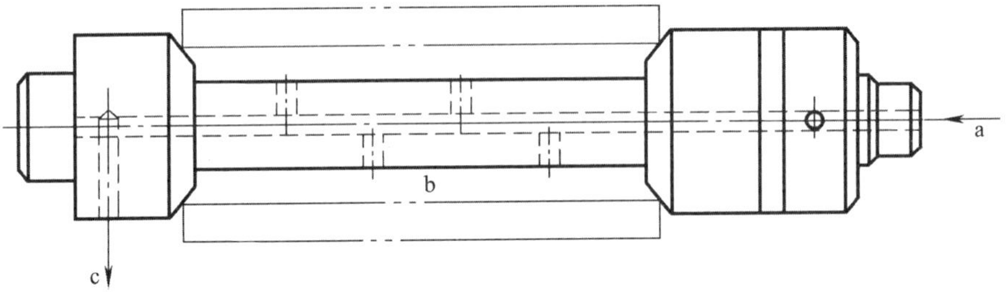

图 9-20　内冷却心轴的冷却液通道

图 9-21 所示为采用顶尖定中心、端面夹紧的心轴,该设计可减小薄壁工件受力变形对加工精度的影响。

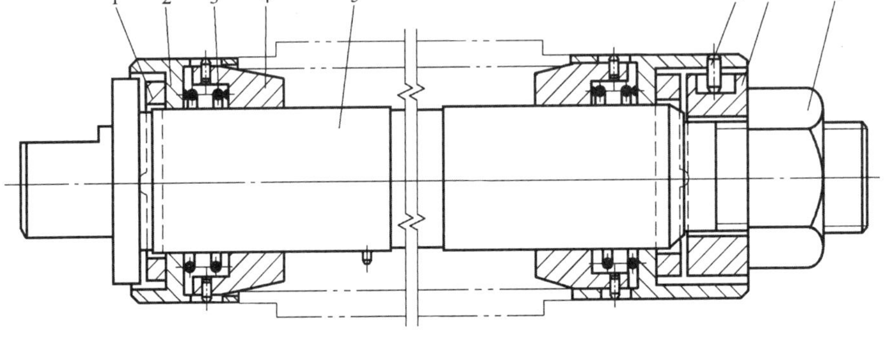

1—十字垫圈;2—压环;3—弹簧;4—顶尖;5—心轴;6—圆柱销;7—垫圈;8—螺母

图 9-21　端面夹紧心轴

二、夹具的磨损与夹具的维护

夹具的磨损会影响加工精度。对于易磨损的元件，如心轴、定位销、可换钻套、V形块等元件，应按企业标准制定元件的磨损公差，并定期检测更换，以保证夹具的精度。也可以建立夹具检测历史卡片，记录夹具的磨损量以及精度情况。丧失精度的夹具应及时更换。专用夹具有一定的使用寿命，可使用可换钻套的钻模，以延长夹具使用寿命。

任务实施

图9-22所示为铣削顶尖套的双槽工序图，已知其余表面已加工完毕，试设计大批量生产时的铣削槽夹具。

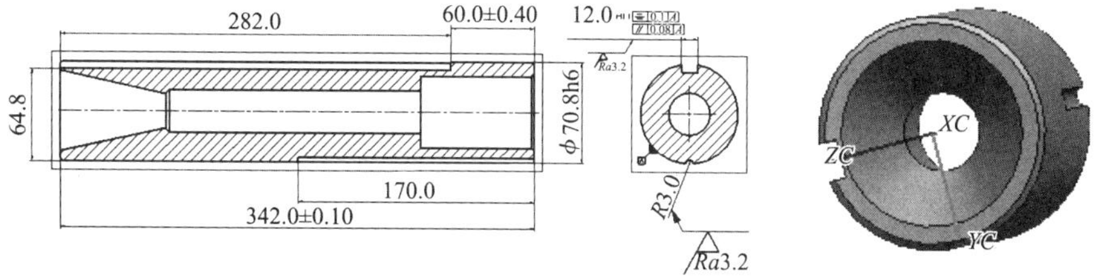

图9-22　铣削顶尖套的双槽工序图

设计步骤如下：

1. 工艺分析

(1) 工件的加工要求

平键槽宽度为12H11，平键槽侧面相对ϕ70.8h6的轴线的对称度为0.1 mm，平行度为0.08 mm，槽深64.8 mm，槽长度为(60±0.4) mm；圆弧形油槽半径为3 mm，圆心在轴的圆柱面上，长度170 mm；平键槽和圆弧形油槽的对称面在同一平面上。

(2) 工序基准

铣削双槽工序的基准为ϕ70.8h6外圆轴线和顶尖套的两端面。

2. 定位方案设计

根据铣削顶尖套的双槽工序图和技术要求，铣削平键槽应限制5个自由度，圆弧形油槽应限制6个自由度。按大批量生产类型的需求，为提高生产率，可在卧式铣床上同时安装两把铣刀，同时铣削工件的平键槽和圆弧形油槽。现拟定两套定位方案，如图9-23(a)、(b)所示。

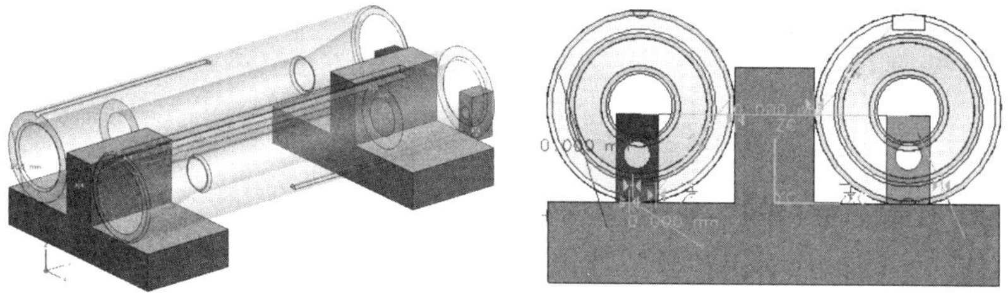

(a) 采用相互垂直的平面定位，端面加定位挡块

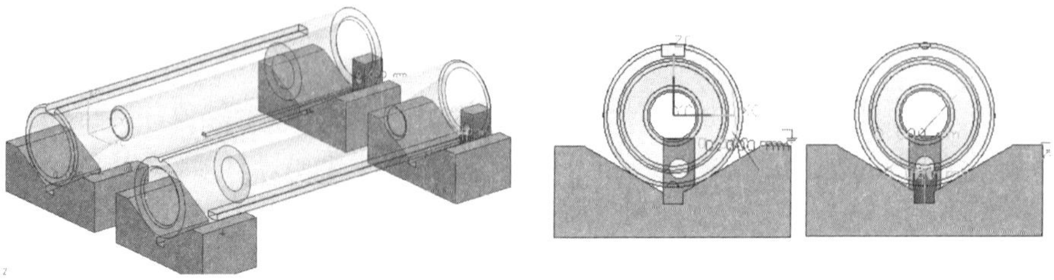

(b) 采用V形块定位，端面加定位挡块

图 9-23　铣削顶尖套的双槽的定位方案

图 9-23(a)所示方案可使加工尺寸 64.8 mm 的定位误差为零；图 9-23(b)所示方案可使对称的定位误差为零。综合考虑技术要求与切削力，图 9-23(b)所示方案较好。

3. 夹紧装置设计

根据夹紧力的确定原则，采用铰链压板机构将工件夹紧。为了保证夹紧力可靠并提高效率，采用液压缸为夹紧动力装置，驱动夹紧机构使压板压紧工件。夹紧装置工程图及 NX 模型图参见图 9-24。

4. 对刀装置设计

由于需要同时铣削平键槽和油槽，需安装两把铣刀，且需要在两个方向上对刀，因此选择直角对刀块。两把铣刀的直径需相等，油槽深度根据两工位 V 形块定位高度差确定，两铣刀的距离根据两铣刀间的轴套长度确定。设计一个对刀块就能够满足同时铣削平键槽和油槽的加工要求。

5. 夹具体和定位键

为了在夹具体上安装液压缸和联动夹紧机构，夹具需具备足够的高度和宽度；为了保证安装的刚性和稳定性，夹具体高宽比应不大于 1.25，且需在两端设置耳座，以便于固定。为了保证平键槽和油槽的对称度，夹具底面应设置定位键。两定位键的侧面应与 V 形块的对称面平行。

6. 绘制总装配图

根据上述分析，在定位、夹紧、对刀等方案的基础上，完成夹具的总装配图设计。铣削顶尖套的双槽的夹具的 NX 模型图如图 9-24 所示。

7. 尺寸、公差、技术要求标注

根据以上内容，夹具总图上应标注的尺寸和公差如下：

(1) 最大轮廓尺寸：550 mm×240 mm×238 mm。

(2) 影响工件定位精度的尺寸和公差：ϕ70.80 mm；(110±0.1) mm；ϕ12h8。

(3) 影响夹具在机床上安装精度的尺寸和公差：定位键与 T 形槽的配合尺寸 18h8。

(4) 影响夹具精度的尺寸和公差：两组 V 形块的定位高度(65.06±0.02) mm、(62.06±0.02) mm；两组 V 形块设计心轴轴线相对定位键侧面 B 的平行度 0.03 mm，相对夹具底面 A 的平行度 0.05 mm。两工位 V 形块的距离尺寸和公差(125±0.03) mm；V 形块设计心轴轴线 C 平行度误差为 0.03 mm；对刀的位置尺寸 $11_{-0.077}^{-0.047}$ mm、$24.4_{+0.08}^{+0.11}$ mm。

(5) 影响对刀精度的尺寸和公差：塞尺的厚度尺寸 5h8。

需要标注的技术要求：铣削平键槽和油槽的两把铣刀的直径要求相等。

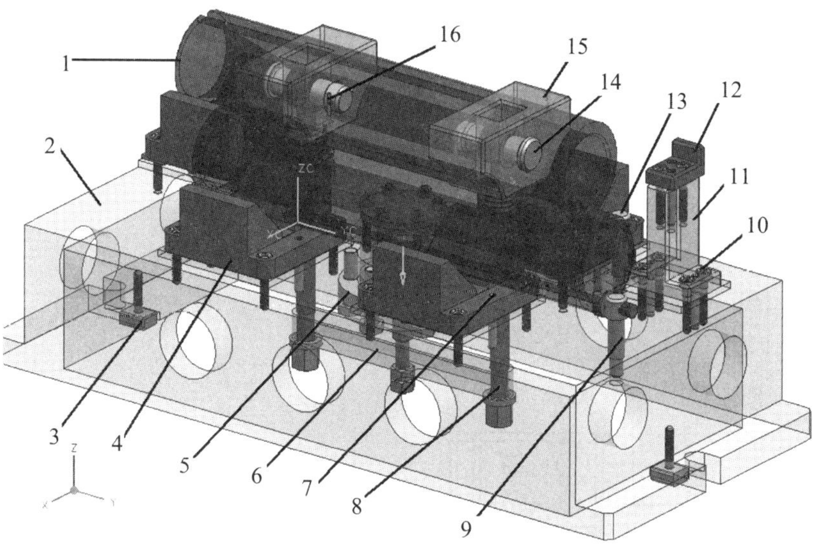

1—顶尖套(工件)；2—夹体；3—定位键；4—V形定位块；5—液压缸组件；6—杠杆；7—圆柱销；8—拉杆；9、13—定位挡销组件；10—内六角螺钉；11—对刀座；12—对刀块；14—轴销；15—压块；16—开口销

图 9-24　铣削顶尖套的双槽的夹具的NX模型图

8. 绘制零件工程图

绘制图9-25、9-26、9-27所示的零件工程图。

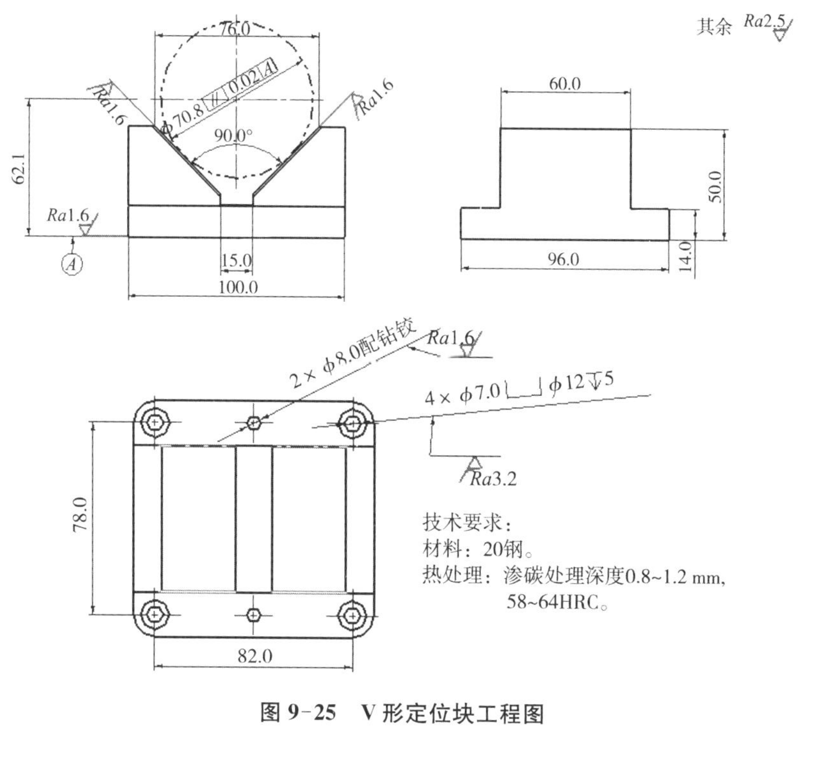

图 9-25　V形定位块工程图

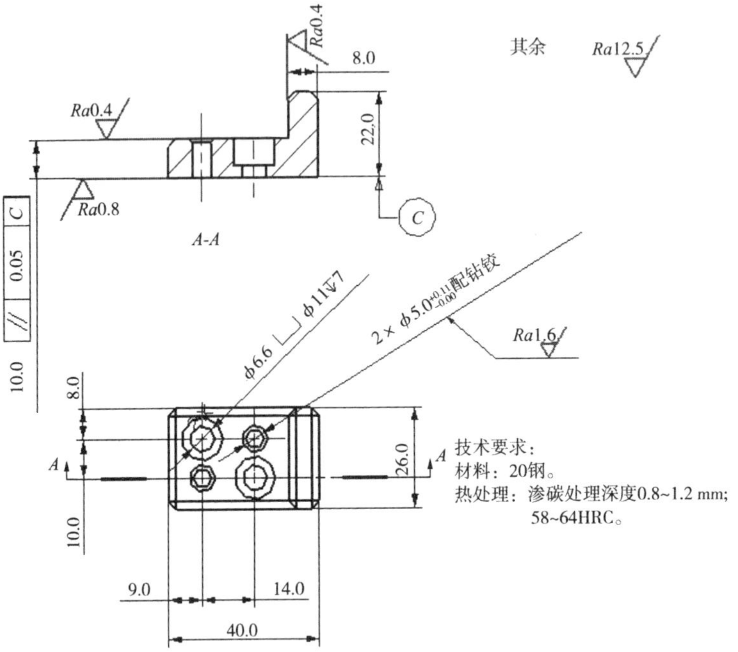

图 9-26　对刀块工程图

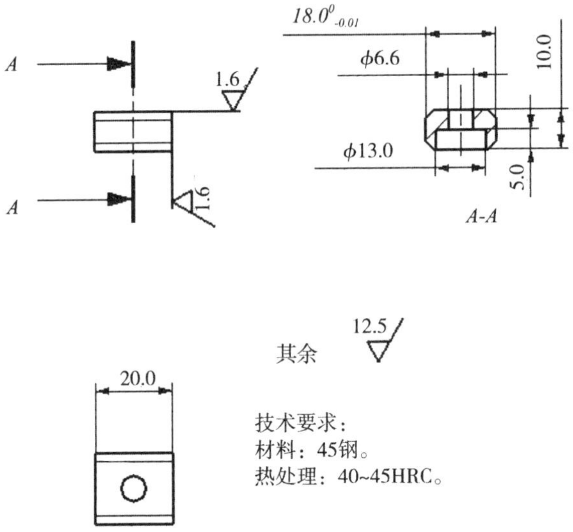

图 9-27　定位键工程图

9. 夹具加工要求

(1) 2 组 4 个 V 形块的 V 形斜面与夹具体试装配后，一并磨削 V 形斜面，使平面度小于 0.02 mm，平行度小于 0.02 mm。

(2) 夹具体上所有 10×ϕ6 圆柱销孔与 4 个 V 形块上的 2×ϕ6 圆柱销孔，在装配时需经调试、精度检测，在初装配后进行钻孔铰孔，并装入 $\phi 6$ 圆柱销固定。

(3) 对刀座、对刀块与夹具体上的 $2\times\phi 6$ 圆柱销孔，需经调试、精度检测，在初装配后进行钻孔铰孔，并装入 $\phi 6$ 圆柱销固定。

任务评价

任务评价表

专业_______　　班级_______　　姓名_______　　学号_______　　组别_______

项目	标准	自我评价	小组评价	教师评价
		占 50%	占 20%	占 30%
加工和维修的工艺性	正确分析			
装配及精度检测的工艺性	正确分析			
夹具的使用性能	正确分析			
夹具的磨损与夹具的维护	正确分析			
协作精神	交流、讨论顺畅			
纪律观念	课堂有序、讨论积极			
学习主动性	认真思考、积极回答问题			
知识应用情况	关键知识点内化			
完成任务过程中引以为豪的做法	简捷、高效(加分项 5～10 分)			
指导他人	帮助的人数及质量(加分项 5～10 分)			
小计				
总评				

注：每个项目得分为 2～10 分。

组长签字：　　　　　　　　　　任课教师：　　　　　　　　　　年　月　日

任务四　培养循序渐进、锐意进取的择业观与创业观

任务目标

1. 知识目标

(1) 掌握择业观的核心知识；

(2) 掌握创业观的核心知识。

2. 能力目标

(1) 能够把握择业观的核心要素与能力目标；

(2) 能够构建科学创业观并明晰能力图谱。

3. **素质目标**

(1) 培养学生的理性认知与职业定位能力;

(2) 培养学生的科学职业理想与社会责任感;

(3) 培养学生的竞争意识与能力储备意识;

(4) 引导学生树立正确的择业观和创业观。

任务要求

树立正确的择业观和创业观是高校毕业生实现高质量就业的重要基础,这需要结合个人发展与社会需求综合考量。个人应制订系统的学习计划,按照知识的难易程度和内在逻辑,逐步深入学习专业知识和技能;积极参与实践活动,从简单的项目入手,逐步积累经验、增强信心。在实践过程中,要勇于尝试新的思路和方法,不惧怕失败;培养坚韧不拔的意志,面对困难和挫折时不气馁、不放弃。在创业过程中,要保持冷静和理智,分析问题的本质,寻找解决问题的方法;同时保持积极乐观的心态,相信自己的能力和选择,勇于追求梦想。

知识引入

择业是指个人根据自己的意愿和社会的需要,主动选择所从事工作的过程;创业则是通过发挥自身的主动性和创造性,开辟新的工作岗位、拓展职业活动范围、创造新的业绩的实践过程。在个人的职业生涯中,择业与创业并非两个孤立的环节,择业是创业的基础,创业又是择业的内在延伸。在实际生活中,二者往往相互联系,无法截然分开。

对大学生而言,树立正确的择业观和创业观,应树立崇高的职业理想、服从社会发展的需要、做好充分的择业准备。

创业能力的培养可以从以下几个方面努力:

(一) 前期准备

自我评估:对自身的兴趣、技能、知识水平、性格特点等进行全面评估,明确自己的优势与劣势,判断自身在创业方面的潜力及可能面临的挑战。例如,若沟通能力较强但专业技术知识不足,可在后续实施过程中有针对性地加强。

市场调研:了解所在行业的市场需求、竞争状况、发展趋势等信息。可通过查阅行业报告、实地考察、与业内人士交流等方式开展调研。比如,计划进行餐饮创业,就需了解当地餐饮市场的热门菜品、消费者的口味偏好、竞争对手的经营状况等。

目标设定:结合自我评估和市场调研的结果,明确创业目标。目标可分为短期目标和长期目标,每个目标都应具体、可衡量,并设定合理的时间表。例如,短期目标可以是在三个月内完成创业项目的初步策划,长期目标则是在三年内实现企业盈利。

(二) 学习与提升

知识学习:通过多种途径学习创业相关知识,例如参加创业培训课程、阅读专业书籍和文章、进行在线学习等。学习内容涵盖市场营销、财务管理、人力资源管理、法律法规等方面。例如,学习财务管理知识能帮助创业者合理规划资金,规避财务风险。

技能培养:根据创业目标和自身需求,有针对性地培养相关技能,如提升沟通能力、团队协作能力、创新能力等。可通过参与实践活动、模拟项目、与他人合作等方式培养技能。比如，参与志愿者活动能锻炼沟通与团队协作能力。

经验积累：多向有创业经验的人请教，借鉴他们的成功经验和失败教训。可以参加创业交流活动、加入创业社群等，与其他创业者交流互动；同时，尝试参与一些小型创业项目或兼职工作，积累实际操作经验。

（三）实践与探索

项目策划：结合前期的准备与学习，制定详细的创业项目策划书。策划书应包含项目概述、市场分析、产品或服务介绍、营销策略、财务预算等内容，确保项目具备可行性与创新性。

组建团队：寻找志同道合、优势互补的合作伙伴，组建创业团队。团队成员需具备不同的专业技能和经验，能在创业过程中相互支持、密切协作。例如，技术型创业者可寻找具备市场营销和管理经验的伙伴共同创业。

小规模实践：在正式启动创业项目前，可开展小规模实践，如推出试点项目、进行产品测试等。通过小规模实践，检验项目的可行性和市场反馈，及时发现问题并加以调整。

（四）持续改进与创新

总结反思：定期对创业过程中的工作进行总结与反思，找出问题所在并分析原因。例如，每月对项目运营情况进行一次总结，分析销售额、成本、客户反馈等数据，梳理影响项目发展的因素。

改进措施：根据总结反思的结果，制定相应的改进措施并严格执行。如发现产品某一功能不受客户欢迎，应及时对产品进行优化升级；同时，要持续关注市场变化和竞争对手动态，适时调整创业策略。

创新思维培养：鼓励团队成员保持创新思维，不断探索新的商业模式、产品或服务。可通过组织头脑风暴会议、参加创新培训等方式激发创新灵感。例如，科技行业的创业者需时刻关注技术发展趋势，及时将新技术应用于创业项目中。

任务实施

本任务旨在引导高校毕业生树立正确择业观与创业观，结合个人发展与社会需求，通过系统学习专业知识、参与实践积累经验，掌握自我评估、市场调研、项目策划等创业步骤，培养创新思维与风险应对能力，在实践中学会总结改进，以积极心态应对挑战，实现高质量就业与创业发展。

任务评价

任务评价表

专业________　班级________　姓名________　学号________　组别________

项目	标准	自我评价	小组评价	教师评价
		占 50%	占 20%	占 30%
择业观核心知识	正确分析			

续表

项目	标准	自我评价	小组评价	教师评价
		占 50%	占 20%	占 30%
创业观核心知识	正确分析			
择业观核心要素与能力目标	正确分析			
构建科学创业观并明晰能力图谱	快速、准确			
协作精神	交流、讨论顺畅			
纪律观念	课堂有序、讨论积极			
学习主动性	认真思考、积极回答问题			
知识应用情况	关键知识点内化			
完成任务过程中引以为豪的做法	简捷、高效(加分项 5～10 分)			
指导他人	帮助的人数及质量(加分项 5～10 分)			
小计				
总评				

注：每个项目得分为 2～10 分。

组长签字：　　　　任课教师：　　　　年　月　日

附录

附表 1　定位夹紧符号

标注位置分类		独立		联动	
		标注在视图轮廓线上	标注在视图正面上	标注在视图轮廓线上	标注在视图正面上
定位点	固定式		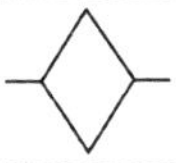	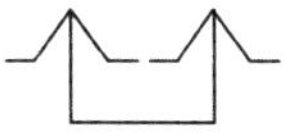	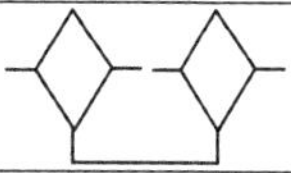
	活动式		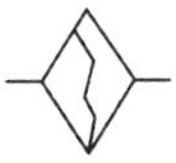	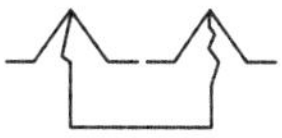	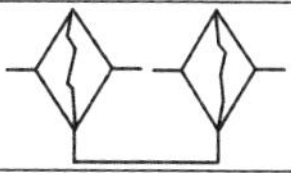
辅助支承			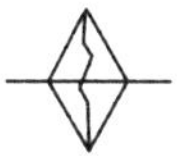	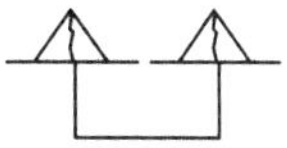	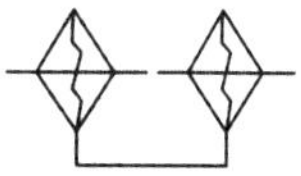
机械夹紧				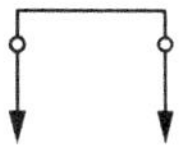	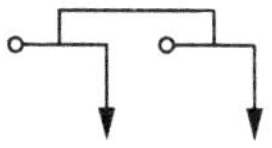
液压夹紧			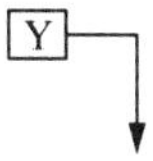	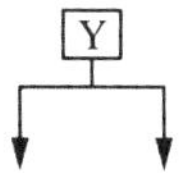	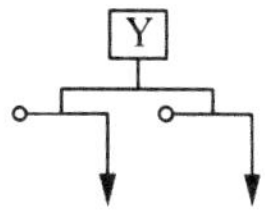
气动夹紧			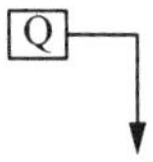	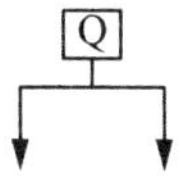	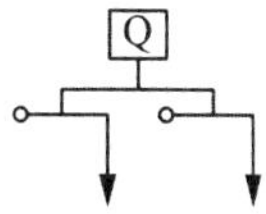

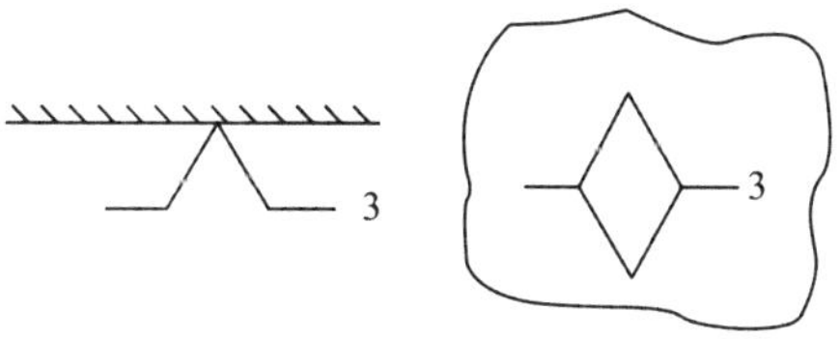

附图 1　定位夹紧符号标注示意图

注:图中阿拉伯数字表示所限制的自由度数。

附表 2　固定式定位销(JB/T 8014.2—1999)

单位：mm

D	H	d 基本尺寸	d 极限偏差 r6	D_1	L	h	h_1	B	b	b_1
>3~6	8	6	+0.023 +0.015	12	16	3	—	$D-0.5$	2	1
	14				22	7				
>6~8	10	8	+0.028 +0.019	14	20	3		$D-1$	3	2
	18				28	7				
>8~10	12	10		16	24	4		$D-2$	4	3
	22				34	8				
>10~14	14	12	+0.034 +0.023	18	26	4				
	24				36	9				
>14~18	16	15		22	30	5				
	26				40	10				
>18~20	12	12		—	26	—	1			
	18				32					
	28				42					

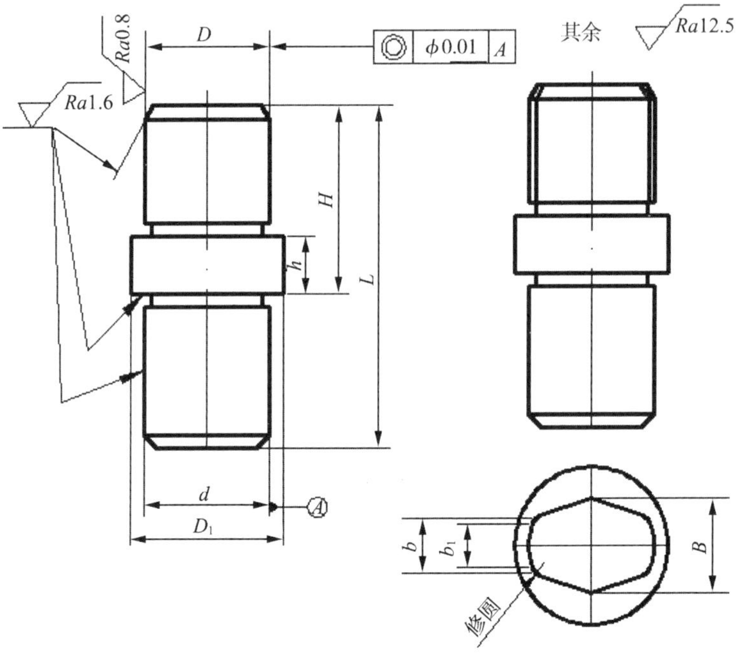

附图 2　固定式定位销工程图

附表 3　铣床工作台及 T 形槽尺寸

单位:mm

型号	B	B_1	l	m	L	L_1	E	m_1	m_2	a	b	h	c
X5030	300	222	60	—	1 120	900	75	40	40	14	24	11	16
X52	320	255	70	15	1 325	1 130	75	25	50	18	32	14	18
X6130	300	222	60	11	1 120	900	—	40	40	14	24	11	16
X62W	320	220	70	16	1 250	1 055	75	25	50	18	30	14	18

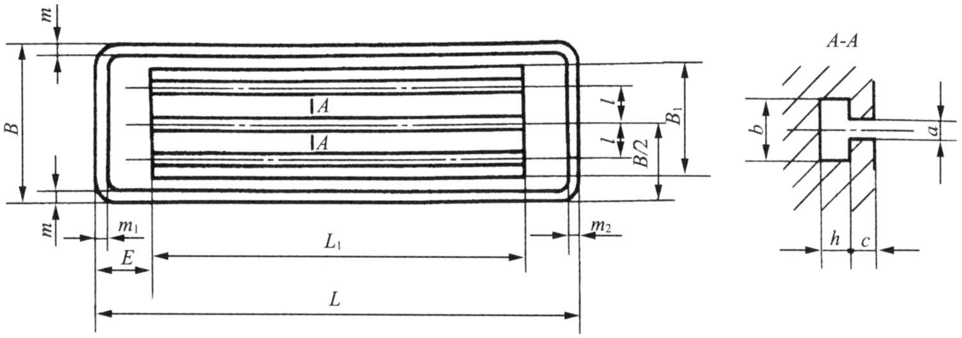

附图 3　铣床工作台及 T 形槽

附表 4　定位键(JB/T 8016—1999)

单位:mm

<table>
<tr><th colspan="3" rowspan="2">B</th><th rowspan="3">B₁</th><th rowspan="3">L</th><th rowspan="3">H</th><th rowspan="3">h</th><th rowspan="3">h₁</th><th rowspan="3">d</th><th rowspan="3">d₁</th><th rowspan="3">d₂</th><th colspan="7">相配件</th></tr>
<tr><th>T形槽宽度</th><th colspan="3">B₂</th><th rowspan="2">h₂</th><th rowspan="2">h₃</th><th rowspan="2">螺钉满足GB/T 65相关要求</th></tr>
<tr><th>基本尺寸</th><th>极限偏差h6</th><th>极限偏差h8</th><th>b</th><th>基本尺寸</th><th>极限偏差H7</th><th>极限偏差js6</th></tr>
<tr><td>12</td><td rowspan="4">0
−0.011</td><td rowspan="4">0
−0.027</td><td>12</td><td rowspan="2">20</td><td rowspan="2">8</td><td rowspan="2">3</td><td rowspan="2">5.7</td><td rowspan="2">5.5</td><td rowspan="2">10</td><td rowspan="4">—</td><td>12</td><td>12</td><td rowspan="4">+0.018
0</td><td rowspan="4">±0.005</td><td rowspan="2">4</td><td rowspan="2">10</td><td rowspan="2">M5×12</td></tr>
<tr><td>14</td><td>14</td><td>14</td><td>14</td></tr>
<tr><td>16</td><td>16</td><td rowspan="2">25</td><td>10</td><td>4</td><td rowspan="2">6.8</td><td rowspan="2">6.6</td><td rowspan="2">11</td><td>16</td><td>16</td><td>5</td><td rowspan="2">13</td><td rowspan="2">M6×16</td></tr>
<tr><td>18</td><td>18</td><td>12</td><td>5</td><td>18</td><td>18</td><td>6</td></tr>
</table>

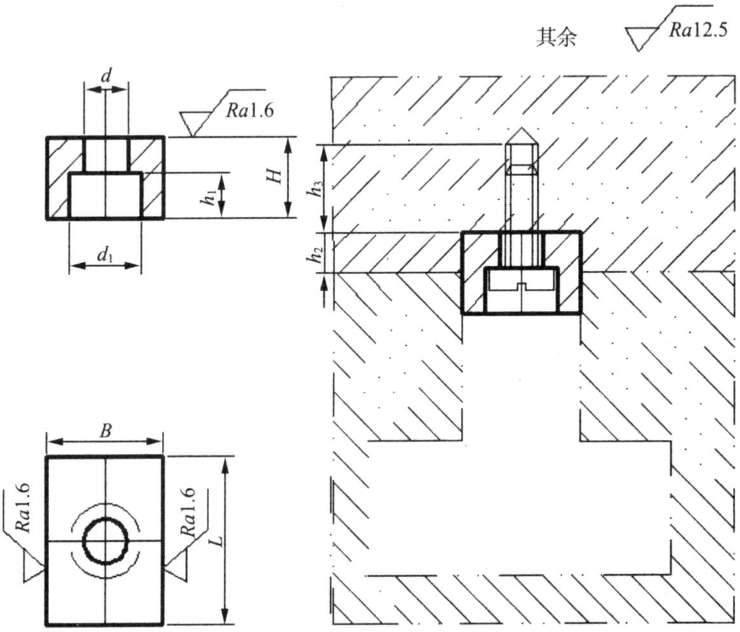

附图 4　定位键工程图

附表 5　常用夹具元件的材料及热处理

名称		推荐材料	热处理要求
定位元件	支承钉	$D\leqslant12$ mm 时，采用 T7A $D>12$ mm 时，采用 20 钢	淬火 60～64HRC 渗碳深度 0.8～1.2 mm，淬火 60～64HRC
	支承板	20 钢	渗碳深度 0.8～1.2 mm，淬火 60～64HRC
	可调支承钉	45 钢	头部淬火 38～42HRC
	定位销	$D\leqslant16$ mm 时，采用 T7A $D>16$ mm 时，采用 20 钢	淬火 53～58HRC 渗碳深度 0.8～1.2 mm，淬火 53～58HRC
	定位心轴	$D\leqslant35$ mm 时，采用 T8A $D>35$ mm 时，采用 45 钢	淬火 55～60HRC 淬火 43～48HRC
	V 形块	20 钢	渗碳深度 0.8～1.2 mm，淬火 60～64HRC
夹紧元件	斜楔	20 钢 45 钢	渗碳深度 0.8～1.2 mm，淬火 58～62HRC 淬火 43～48HRC
	压紧螺钉	45 钢	淬火 43～48HRC
	螺母	45 钢	淬火 43～48HRC
	压板	45 钢	淬火 43～48HRC
	偏心轮	20 钢 或优质工具钢	渗碳深度 0.8～1.2 mm，淬火 60～64HRC 淬火 50～55HRC
其他专用元件	对刀块	20 钢	渗碳深度 0.8～1.2 mm，淬火 60～64HRC
	塞尺	T7A	淬火 60～64HRC
	定位键	45 钢	淬火 43～48HRC
	钻套	$D\leqslant25$ mm 时，采用 T10A $D>25$ mm 时，采用 20 钢	淬火 60～64HRC 渗碳深度 0.8～1.2 mm，淬火 60～64HRC
	衬套	$D\leqslant25$ mm 时，采用 T10A $D>25$ mm 时，采用 20 钢	淬火 60～64HRC 渗碳深度 0.8～1.2 mm，淬火 60～64HRC
	固定式镗套	20 钢	渗碳深度 0.8～1.2 mm，淬火 60～64HRC
	夹具体	HT150 或 HT200 Q195，Q215，Q235	时效处理 退火处理

注：D 表示直径。

附表 6　常用夹具元件的公差配合

元件名称	部位及配合		备注
衬套	外径与本体 $\frac{H7}{r6}$ 或 $\frac{H7}{n6}$		
	内径 F7 或 F6		
固定钻套	外径与本体 $\frac{H7}{r6}$ 或 $\frac{H7}{n6}$		
	内径 G7 或 F8		基本尺寸是刀具的最大尺寸
可换钻套	外径与本体 $\frac{H7}{r6}$ 或 $\frac{H7}{n6}$		
	内径	钻孔扩孔时 F8	基本尺寸是刀具的最大尺寸
		粗铰时 G7	
		精铰时 G6	
镗套	外径与衬套 $\frac{H6}{h5}\left(\frac{H6}{j5}\right)$ 或 $\frac{H7}{h6}\left(\frac{H7}{js6}\right)$		滑动式回转镗套
	内径与镗杆 $\frac{H6}{g5}\left(\frac{H6}{h5}\right)$ 或 $\frac{H7}{g6}\left(\frac{H7}{h6}\right)$		滑动式回转镗套
支承钉	与夹具体配合 $\frac{H7}{r6}$ 或 $\frac{H7}{n6}$		
定位销	与工件定位基准面配合 $\frac{H7}{g6}$、$\frac{H7}{f7}$，或 $\frac{H6}{g5}$、$\frac{H6}{f6}$		
可换定位销	与衬套配合 $\frac{H7}{h6}$		
钻模板铰链轴	轴与孔配合 $\frac{G7}{h6}$，$\frac{F8}{h6}$		

参考文献

[1] 王光斗,王春福.机床夹具设计手册[M].3版.上海:上海科学技术出版社,2000.
[2] 朱耀祥,浦林祥.现代夹具设计手册[M].北京:机械工业出版社,2010.
[3] 丁步温.机械制造工艺及夹具设计[M].北京:北京大学出版社,2011.
[4] 石志云.基于遗传算法的柔性薄板冲压件定位位置优化设计[D].成都:西华大学,2012.
[5] 张权民.机床夹具设计[M].北京:科学出版社,2013.
[6] 陈旭东.机床夹具设计[M].2版.北京:清华大学出版社,2014.
[7] 洪惠良.机床夹具[M].5版.北京:中国劳动社会保障出版社,2018.
[8] 王先逵.机械加工工艺手册[M].2版.北京:机械工业出版社,2015.
[9] 杜国玲.工业机器人技术基础[M].北京:北京航空航天大学出版社,2016.
[10] 薛源顺.机床夹具设计[M].2版.北京:机械工业出版社,2016.
[11] 邓朝晖.智能制造技术基础[M].武汉:华中科技大学出版社,2018.